中国职业技术教育学会科研项目优秀成果

The Excellent Achievements in Scientific Research Project of The Chinese Society Vocational and Technical Education

高等职业教育数控技术专业“双证课程”培养方案规划教材

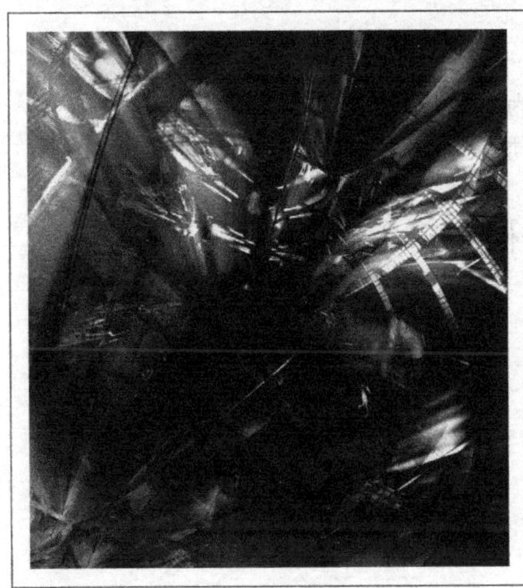

数控加工仿真与实训

景海平 张武奎 主编

姜庆华 邹洪斌 副主编

NC Machining Simulation and Training

人民邮电出版社

北京

图书在版编目（CIP）数据

数控加工仿真与实训 / 景海平，张武奎主编. -- 北京 : 人民邮电出版社，2010.9（2019.1 重印）
中国职业技术教育学会科研项目优秀成果
ISBN 978-7-115-23341-7

Ⅰ. ①数… Ⅱ. ①景… ②张… Ⅲ. ①数控机床－加工－计算机仿真－职业教育－教材 Ⅳ. ①TG659-39

中国版本图书馆CIP数据核字(2010)第145652号

内容提要

本书以宇龙数控仿真软件为依托，FANUC 0i 系列数控系统为基础介绍数控加工仿真实训，全书内容包括基础操作篇、数控车床加工实训篇、数控铣床和加工中心加工实训篇 3 部分。书中每一个实例、程序均经过严格测试。

本书可作为高等职业院校的机械类专业教材，也可供自学者使用。

◆ 主　　编　景海平　张武奎
　副 主 编　姜庆华　邹洪斌
　责任编辑　潘新文
◆ 人民邮电出版社出版发行　　北京市丰台区成寿寺路 11 号
　邮编　100164　　电子邮件　315@ptpress.com.cn
　网址　http://www.ptpress.com.cn
　北京捷迅佳彩印刷有限公司印刷
◆ 开本：787×1092　1/16
　印张：14.75　　2010 年 9 月第 1 版
　字数：369 千字　　2019 年 1 月北京第 9 次印刷

ISBN 978-7-115-23341-7

定价：27.00 元

读者服务热线：(010)81055256　印装质量热线：(010)81055316
反盗版热线：(010)81055315

前　言

随着我国高等职业教育的飞速发展，以及数控加工技术在机械制造领域的广泛应用，大批数控机床操作人员的专业培训成为迫切需要解决的问题。在传统的操作培训中，数控机床编程与操作的有效培训必须在真实的机床上进行。可是随着学生人数的增加，有限的机床数量难以保证每位学生都有足够的上机操作时间，同时，学生在真实的机床上操作还具有一定的不安全性，培训中的误操作经常会导致设备、刀具等的损坏，甚至可能引发人身伤害事故，增加了培训成本。因此，传统的机床操作培训方法效率低，教师工作量大，培训费用高，需要用更有效的方法来取代。

随着计算机技术的发展，尤其是虚拟现实理论和技术的发展，产生了可以模拟实际设备加工环境及其工作状态的计算机数控加工仿真系统。用计算机仿真技术进行培训，不仅可以迅速提高操作者的编程、操作技能，而且安全可靠、费用低。宇龙数控仿真软件是源自美国的基于虚拟现实技术的仿真软件，是一种富有价值的教学辅助工具，它可以实现对数控铣床、加工中心和数控车床加工零件全过程的仿真，其中包括工件的定义与选用，模拟加工，零件测量，数控程序输入、编辑和调试。它拥有 FANUC 数控系统、SIEMENS 数控系统、华中数控系统、广州数控系统等多种数控系统，具有多系统、多机床、多零件的加工仿真模拟功能。

本书是以宇龙数控仿真软件为依托，以普及率较高的 FANUC 0i 系列数控系统为基础编写的数控加工仿真实训配套教材。本书包括基础操作篇、数控车床加工实训篇、数控铣床和加工中心加工实训篇 3 部分，书中每一个实例、程序均经过严格测试，具有一定的参考价值。

本书由唐山职业学院姜庆华、太原城市职业技术学院张莉、太原城市职业技术学院雷丽萍、湖南城建职业学院邹洪斌编写第一篇，山西职业技术学院景海平、关锐钟、花峰编写第二篇，山西职业技术学院张武奎、谢永岗、蔡启培编写第三篇，参加本书图形处理、软件测试、录像制作的人员还有侯志利、武海燕。本书在编写过程中得到了上海宇龙软件有限公司的大力支持在此表示感谢！由于编者水平有限，书中存在疏漏之处在所难免，敬请读者批评指正。

本书的辅助教学资料和实训项目操作录像等可从人民邮电出版社教学服务与资源网下载。

编者

2010 年 6 月

目 录

第一篇 基础操作

第二篇 数控车床加工实训

第三篇 数控铣床和加工中心加工实训

第一篇

基础操作

第1章 数控加工仿真基础知识

1.1 数控加工仿真系统介绍

上海宇龙软件工程有限公司的“数控加工仿真系统”是一个应用虚拟现实技术进行数控加工操作技能培训和考核的仿真软件。

1.1.1 软件功能介绍

数控加工仿真系统具备对数控机床操作全过程和加工运行全环境的仿真功能，可以辅助进行数控编程及整个加工操作过程的教学，使原来需要在数控设备上才能完成的大部分教学功能可以在虚拟制造的环境中实现。由于大部分的实训活动可以在仿真系统中实现，使用仿真软件将大大减少在数控机床设备上的资金投入，从而可以加快当前紧缺的数控加工操作技术人员的培训速度，降低培训成本。

由于使用仿真软件不存在安全问题，学生可以大胆地、独立地进行学习和练习。仿真软件不仅具有对学生编制的数控程序进行自动检测，具体指出错误原因的功能，还具有在真实设备上无法实现的三维测量功能。这些功能使学生可以进行自我学习，自己检测加工零件几何形状的精度，大大降低了教师的工作强度。

数控操作考试中的工件精确测量是一件非常繁复的工作，仿真软件的考试功能不仅能记录考试的最后结果，还能把整个操作过程完整地记录下来，通过回放功能可以查看考试操作的全过程。仿真软件能够对加工完成后的工件进行完全自动的、智能化的测量，如果事先设定了评分规则，还可以进行全自动的评分。数控加工仿真系统的基本功能如表1-1-1所示。

表1-1-1　　数控加工仿真系统的基本功能

功能		描述
1	丰富的刀具材料库	采用数据库统一管理刀具材料、特性参数；含数百种不同材料、类型和形状的车刀、铣刀；支持用户自定义刀具及相关特性参数

续表

功能		描述
2	机床操作全过程仿真	仿真机床操作的整个过程，包括毛坯定义、工件装夹、压板安装、基准对刀、刀具安装及机床手动操作
3	加工运行全环境仿真	具有多种数控程序的运行模式，可以进行三维工件的实时切削，三维刀具轨迹的显示，也可进行刀具补偿、坐标系设置等系统参数的设定
4	全面的碰撞检测	可进行手动、自动加工等模式下的实时碰撞检测，包括刀柄、刀具与夹具、压板之间的碰撞，机床行程越界，主轴不转时刀柄、刀具与工件等的碰撞
5	数控程序处理	可以导入各种 CAD/CAM 软件生成或自行编写的数控程序，如 Pro/E、UG、CAXA-ME、Mastercam 等；可进行数控程序的编辑、输入（支持键盘输入）、输出；特有数控程序预检查和运行中的动态检查功能
6	加工工件测量	可实现对零件模型的三维测量，可以对加工工件的直径、长度、圆弧半径、端面距离等进行测量
7	考试及自动评分	可实现仿真考试的自动评分，即可根据考试前事先设定的评分标准对考试的操作过程及工件的尺寸（直径、长度、圆弧半径、端面距离等）进行自动评分；可实现考试结果的自动保存、考试操作过程的自动记录以及考试过程的回放（亦可快速回放到错误点）
8	互动教学	在局域网内可以实现教师、学生操作过程的实时双向互动观察

1.1.2 运行环境要求

数控加工仿真系统采用客户机—服务器结构，运行于局域网系统，要求安装有 TCP/IP。

- 硬件配置：CPU PII 350 以上、主内存 64MB 及以上、显存 8MB 及以上、显示分辨率 1 024 × 768 及以上。
- 操作系统：中文版 Windows 98、Windows 2000、Windows XP、Windows7 均可使用。

1.2 仿真系统安装

1.2.1 系统安装

将“数控加工仿真系统”的安装光盘放入光驱。在“资源管理器”中打开光盘，在显示的文件夹目录中单击“数控加工仿真系统”的文件夹，打开文件夹后，在显示的文件名目录中双击 setup 图标，系统弹出如图 1-1-1 所示的安装向导界面。

安装准备完成后，系统接着弹出“欢迎”界面，如图 1-1-2 所示。

单击“下一步”按钮进入“选择安装类型”界面，如图 1-1-3 所示，选择“教师机”或“学生机”。

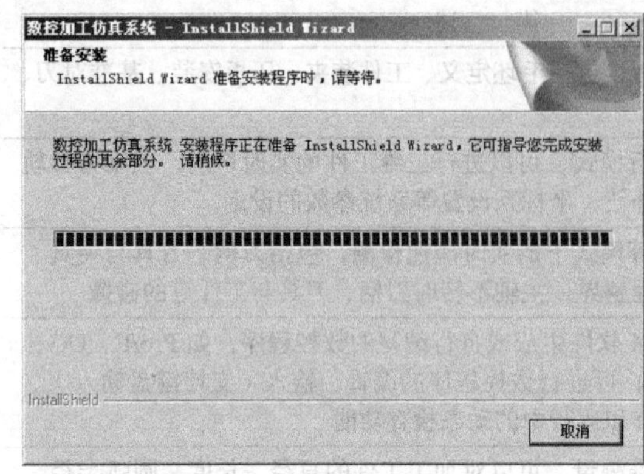

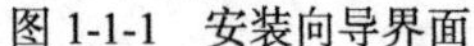

图 1-1-1　安装向导界面

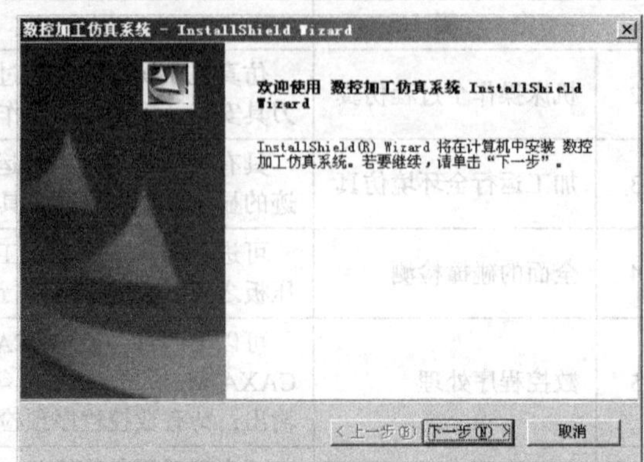

图 1-1-2　数控加工仿真系统“欢迎”界面

选择合适的安装类型后单击“下一步”按钮，系统接着弹出“许可证协议”界面，如图 1-1-4 所示，选择“我接受许可证协议中的条款”单选按钮。

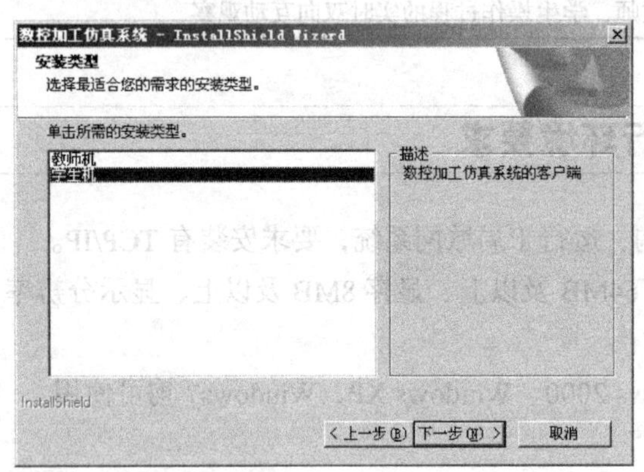

图 1-1-3　“选择安装类型”界面

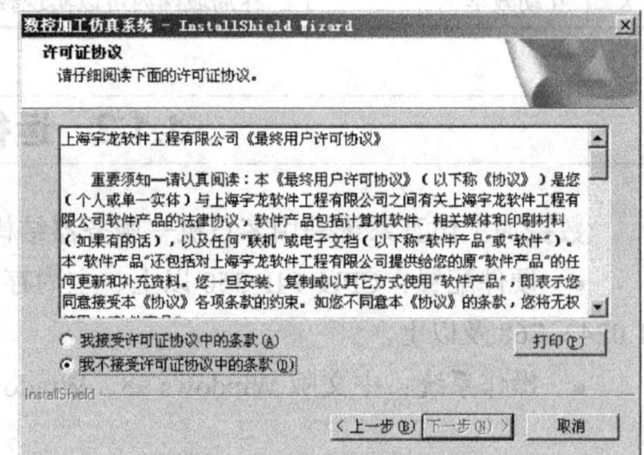

图 1-1-4　“许可证协议”界面

如果选择了“我不接受许可证协议中的条款”，安装将被终止。

单击“下一步”按钮，系统弹出“选择目的地位置”界面，如图 1-1-5 所示在“目的地文件夹”中单击“浏览”按钮，选择所需的目的地文件夹，默认的是“C:\Program Files\数控加工仿真系统”。

目的地文件夹选择完成后，单击“下一步”按钮，系统进入“可以安装该程序了”界面，如图 1-1-6 所示。

单击“安装”按钮，此时弹出数控加工仿真系统的安装界面，如图 1-1-7 所示。

安装完成后，系统会弹出“问题”对话框，询问“是否要在桌面上安装数控加工仿真系统的快捷方式？”如图 1-1-8 所示。

创建快捷方式后，即可单击“完成”按钮，完成仿真软件的安装，如图 1-1-9 所示。

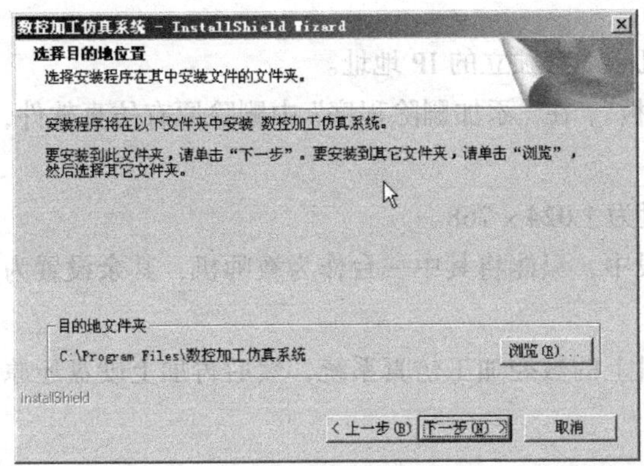

图 1-1-5 “选择目的地位置”界面

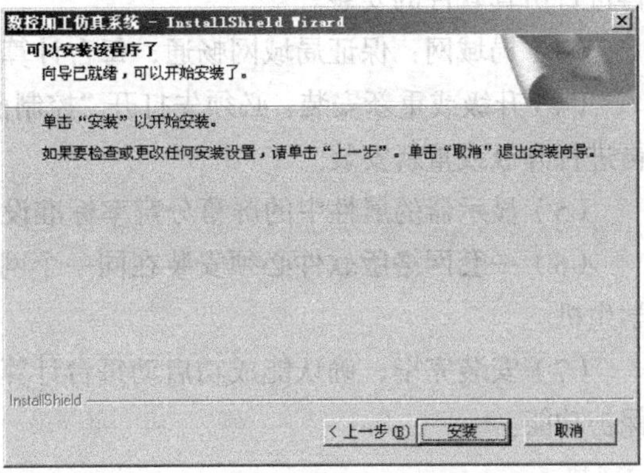

图 1-1-6 “可以安装该程序了”界面

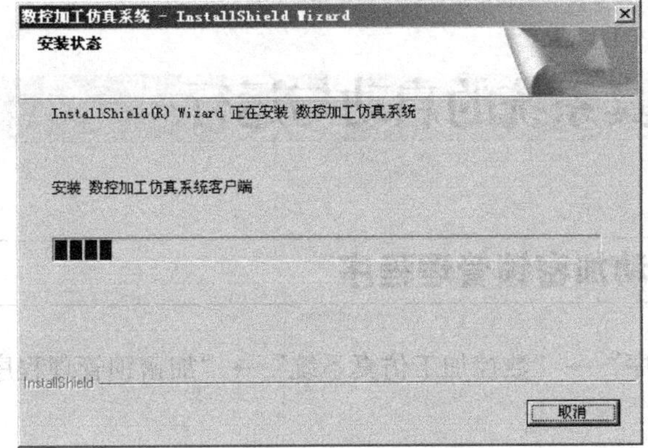

图 1-1-7 数控加工仿真系统安装界面

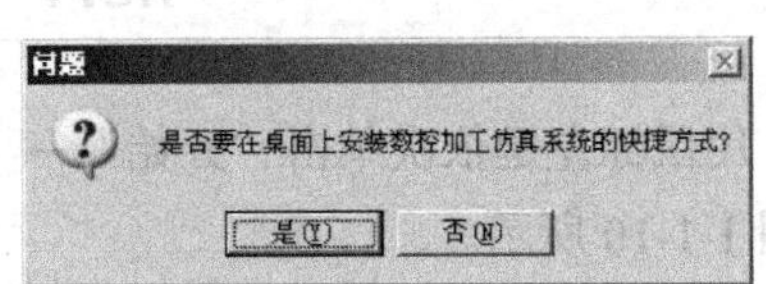

图 1-1-8 “问题”对话框

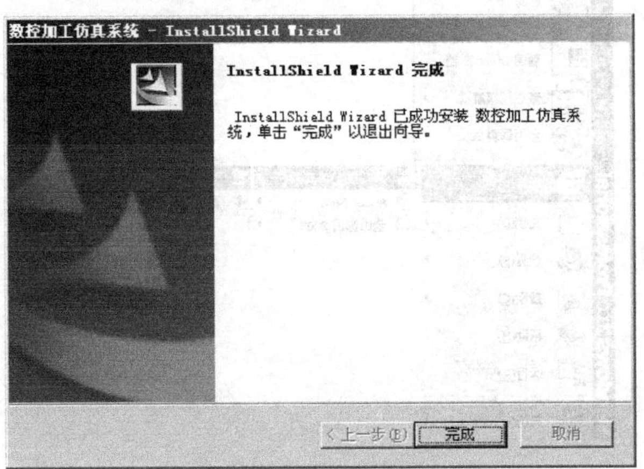

图 1-1-9 安装完成界面

1.2.2 安装准备工作及注意事项

（1）安装光盘：安装前可将光盘内容复制到硬盘，并将该目录设置为共享目录，以提高安装速度，便于多台学生机（无光驱）同时进行安装。

（2）有硬盘保护的情况：如计算机装有硬盘还原保护软件，在安装前须取消还原保护功能，再进行仿真软件的安装。

（3）局域网：保证局域网畅通，每台计算机必须有独立的 IP 地址。

（4）升级或重新安装：必须先打开"控制面板"，在"添加删除程序"中删除原有仿真软件，再进行升级或重新安装。

（5）显示器的属性中的屏幕分辨率标准设置为 1 024 × 768。

（6）一套网络版软件必须安装在同一个网段中，只能将其中一台作为教师机，其余设置为学生机。

（7）安装完毕，确认能成功启动每台计算机上的数控加工仿真系统，然后再加上硬盘还原保护功能。

1.3 仿真系统的启动与运行

1.3.1 启动加密锁管理程序

用鼠标左键依次单击"开始"→"程序"→"数控加工仿真系统"→"加密锁管理程序"，如图 1-1-10 所示。

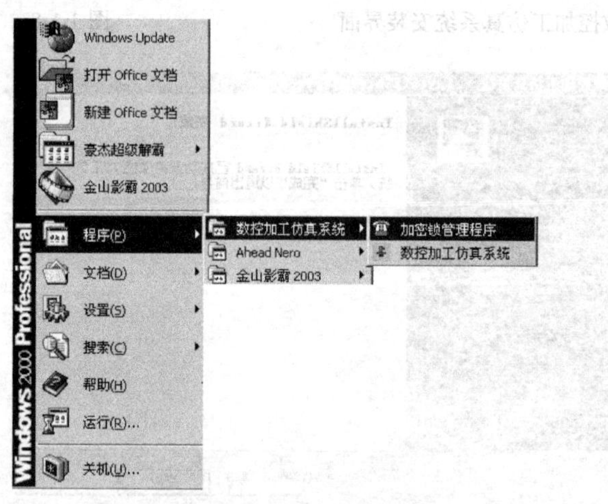

图 1-1-10　启动加密锁管理程序

加密锁程序启动成功后，屏幕右下方的工具栏中将出现"☎"图标。

1.3.2 运行数控加工仿真系统

依次单击"开始"→"程序"→"数控加工仿真系统"→"数控加工仿真系统"（也可以双击桌面快捷方式图标），系统将弹出如图 1-1-11 所示的"用户登录"界面。

图 1-1-11 “用户登录”界面

此时，可以通过单击“快速登录”按钮进入数控加工仿真系统的操作界面或通过输入用户名和密码，再单击“登录”按钮，进入数控加工仿真系统。

在局域网内使用本软件时，必须按上述方法先在教师机上启动“加密锁管理程序”，等到教师机屏幕右下方的工具栏中出现“☎”图标后，才可以在学生机上依次单击“开始”→“程序”→“数控加工仿真系统”→“数控加工仿真系统”登录到软件的操作界面。

1.3.3 用户名与密码

宇龙数控仿真软件默认有如下两个用户名。

（1）管理员用户名：manage；密码：system；一般用于系统设置和考试模式。

（2）一般用户名：guest；密码：guest。

一般情况下，在使用授课模式和练习模式时，单击“快速登录”按钮登录即可。

1.4 仿真系统的工作界面

宇龙仿真软件界面由菜单栏、工具栏、机床显示区和操作面板 4 部分组成，其中操作面板包括右上角的数控系统面板和右下角的机床操作面板，如图 1-1-12 所示。

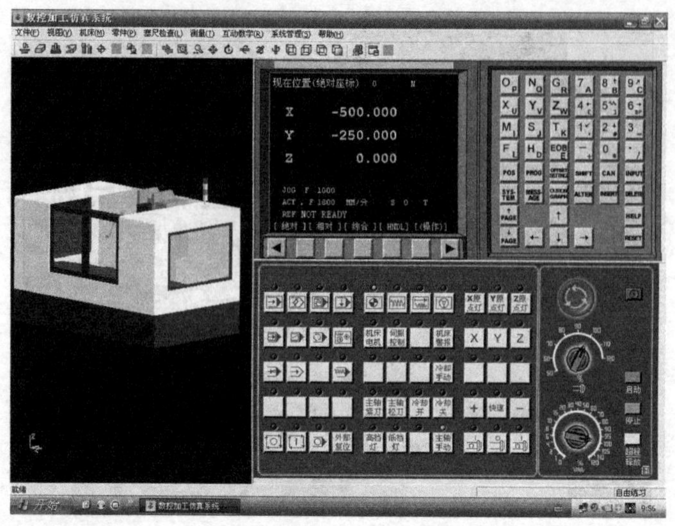

图 1-1-12　仿真系统工作界面

1.4.1　软件菜单

宇龙仿真软件菜单栏包括软件本身所有功能指令，主要有：文件、视图、机床、零件、塞尺检查、测量等，如图 1-1-13 所示。

文件(F)　视图(V)　机床(M)　零件(P)　塞尺检查(L)　测量(T)　互动教学(R)　系统管理(S)　帮助(H)

图 1-1-13　菜单栏

- 文件：“项目”的保存、“零件模型”的导入与导出、操作过程“记录”与“演示”等。
- 视图：旋转、缩放、移动视图。
- 机床：选择机床、刀具、基准工具等。
- 零件：定义毛坯、夹具、工件安装等。
- 塞尺检查：用于铣床对刀。
- 测量：测量零件尺寸。
- 互动教学：选择授课模式或考试模式。
- 系统管理：机床、用户、刀具管理以及系统设置。

1.4.2　工具栏

宇龙仿真软件的工具栏包括软件操作的一些常用功能按钮，如图 1-1-14 所示，单击快捷按钮可以快速进行相应的操作。当光标指向各按钮时，系统会立即提示其功能名称，同时在屏幕底部的状态栏里显示该功能的详细说明。

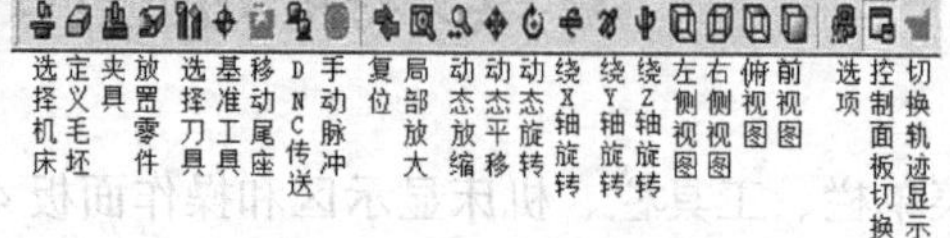

图 1-1-14　工具栏

1.4.3 机床显示区

在机床显示区，可以通过视图菜单或通过单击右键，控制机床的显示效果，包括机床及图形轨迹的显示，还能对视图进行动态平移、旋转、放缩，可勾选“控制面板切换”选项进行全屏显示等，如图 1-1-15 所示。

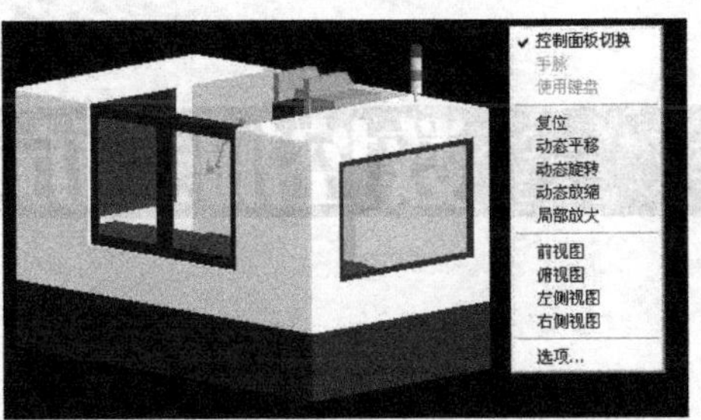

图 1-1-15 机床显示区

1.4.4 数控系统面板

数控系统面板如图 1-1-16 所示，左侧为屏幕，右侧为键盘区。

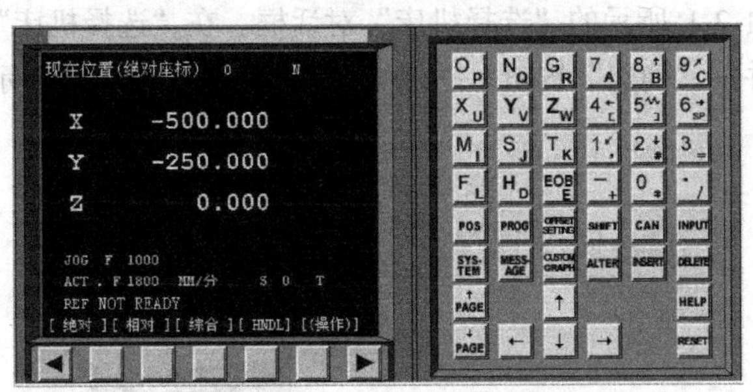

图 1-1-16 数控系统面板

1.4.5 机床操作面板

机床操作面板如图 1-1-17 所示，左侧为功能按钮，右侧为开关、旋钮等。

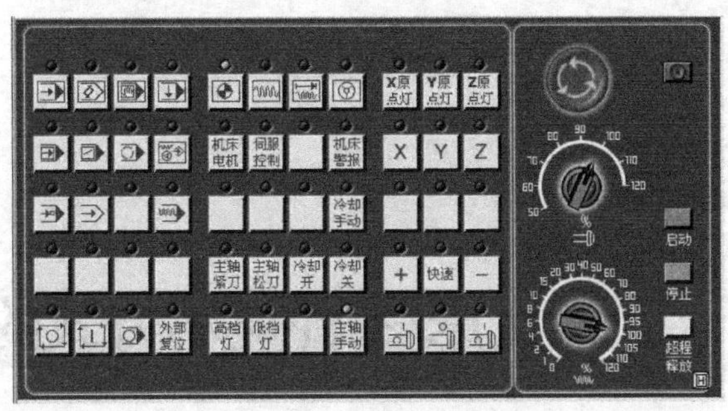

图 1-1-17 机床操作面板

第2章 数控加工仿真基本操作

2.1 数控系统与机床的选择

在数控加工仿真系统中，选择菜单“机床“→”选择机床...”或在工具栏上单击“ ”按钮，系统将弹出如图 1-2-1 所示的“选择机床”对话框。在“选择机床”对话框中选择控制系统类型和相应的机床并按“确定”按钮，三维仿真机床将显示在机床显示区。

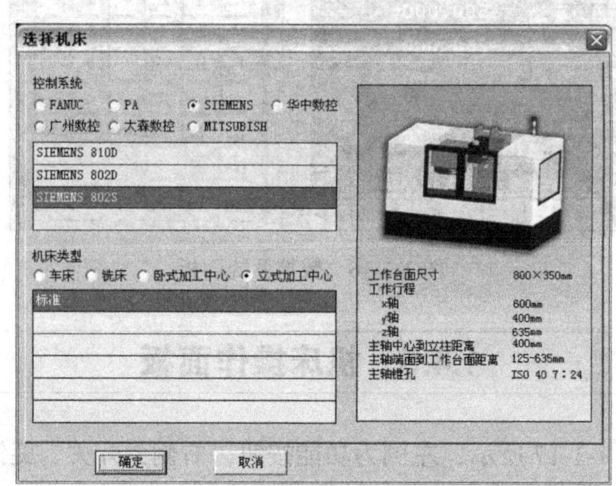

图 1-2-1 “选择机床”对话框

2.2 机床/零件显示方式的设置

选择菜单“视图”→“选项”或单击工具条上的“ ”按钮，弹出“视图选项”对话框，如图 1-2-2 所示。

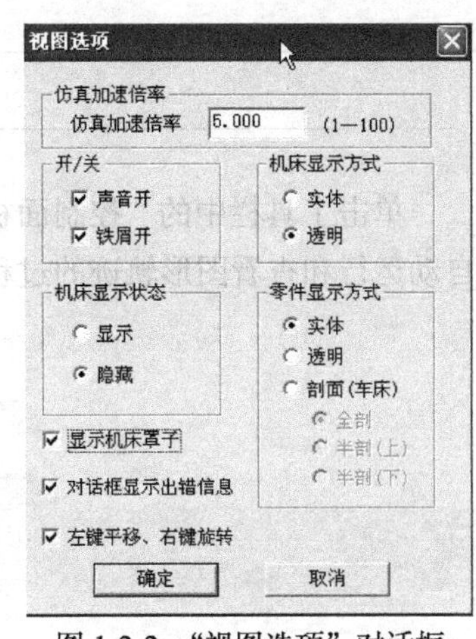

图 1-2-2 “视图选项”对话框

- 仿真加速倍率：加快自动运行速度。默认仿真加速倍率为 5，建议不要超过 40，否则显示过快，不便于观察。
- 声音、铁屑：可以打开或关闭声效及铁屑显示。
- 机床显示方式：选择机床实体/透明显示。
- 机床显示状态：选择“隐藏”单选项时仅显示工件和刀具。
- 零件显示方式：选择零件实体/透明显示。对于车床上加工的带孔零件，可选择全剖、半剖显示方式。
- 显示机床罩子：显示或不显示加工中心或铣床的机床罩子。
- 对话框显示出错信息：显示或不显示提示出错信息的对话框。
- 左键平移、右键旋转：当选中“左键平移、右键旋转”选项时，通过鼠标随时可实现按左键拖动平移，通过鼠标滚轮进行缩放，按右键拖动任意旋转。

2.3 视图变换

2.3.1 视图变换

选择菜单“视图”中的“动态平移”、“动态旋转”、“绕 *X* 轴旋转”等命令，如图 1-2-3 所示，或单击工具栏中的相应按钮均可进行视图变换。在机床显示区中按住鼠标左键或右键不放，同时移动鼠标，也可实现平移、旋转等操作，用鼠标滚轮还可进行缩放操作。

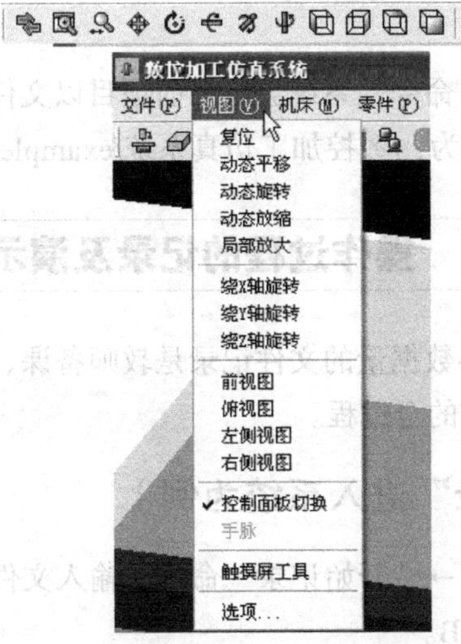

图 1-2-3 “视图”菜单

2.3.2 控制面板切换

单击工具栏中的“控制面板切换”按钮“🗔”可将机床显示区放大至全屏幕显示，便于在自动运行和查看图形轨迹的过程中进行放大观看。

2.4 文件管理

2.4.1 项目的新建、打开与保存

“项目”是数控仿真系统操作结果的保存形式，包括所选的设备、刀具，输入的程序、刀具参数以及加工零件的结果等，但不包括操作过程。

1. 新建项目

选择“文件”→“新建项目”命令，系统将终止当前项目的操作，重新建立一个没有刀具、工件和参数的项目。

2. 打开项目

选择“文件”→“打开项目”命令，在弹出的“打开”对话框中搜索包含项目的文件夹，在文件夹中选中并打开后缀名为“.MAC”的文件，将调入一个已保存的项目作为当前的操作对象。

3. 保存项目

选择“文件”→“保存项目”命令，系统会将当前项目以文件夹的形式存放，一般包含自动生成的 9 个文件。默认保存路径为：/数控加工仿真系统/examples/“数控系统名”/“项目名”。

2.4.2 操作过程的记录及演示

操作过程的记录和回放以及小数据量的文件记录是教师备课、辅助教学的有效工具，可以帮助学生查看老师或其他同学操作的全过程。

1. 记录（以“快速登录”进入系统为例）

（1）开始记录：选择“文件”→“开始记录”命令，输入文件名后进行正常的操作，正常操作 1h 的记录文件大小约为 200KB。

（2）停止记录：选择“文件”→“结束记录”命令。

2. 演示

（1）选择“文件”→“演示”命令，弹出“打开”对话框，打开记录文件（后缀名为.opr），系统弹出提示“此记录是在机床操作过程中开始记录的，是否快速到开始记录位置？”选择“Y”从开始记录处播放，选择“N”播放整个项目操作的内容。

（2）单击屏幕右上角的控制条上的“播放”按钮开始回放。

（3）播放完毕后，按控制条上的“退出”，退出返回练习状态。在回放过程中按住 PC 键盘的“Shift”键，可取回鼠标控制权，进行暂停/快进/加、减速/重播/退出等操作。

2.5 系统设置

选择“系统管理“→”系统设置…”命令，系统显示图 1-2-4 所示的“系统设置”对话框，在“公共属性”和其余选项卡中选择相应的选项，如卡片中有“没有小数点的数以千分之一毫米为单位”选项，建议不选，以免后续操作输入数据时出错。

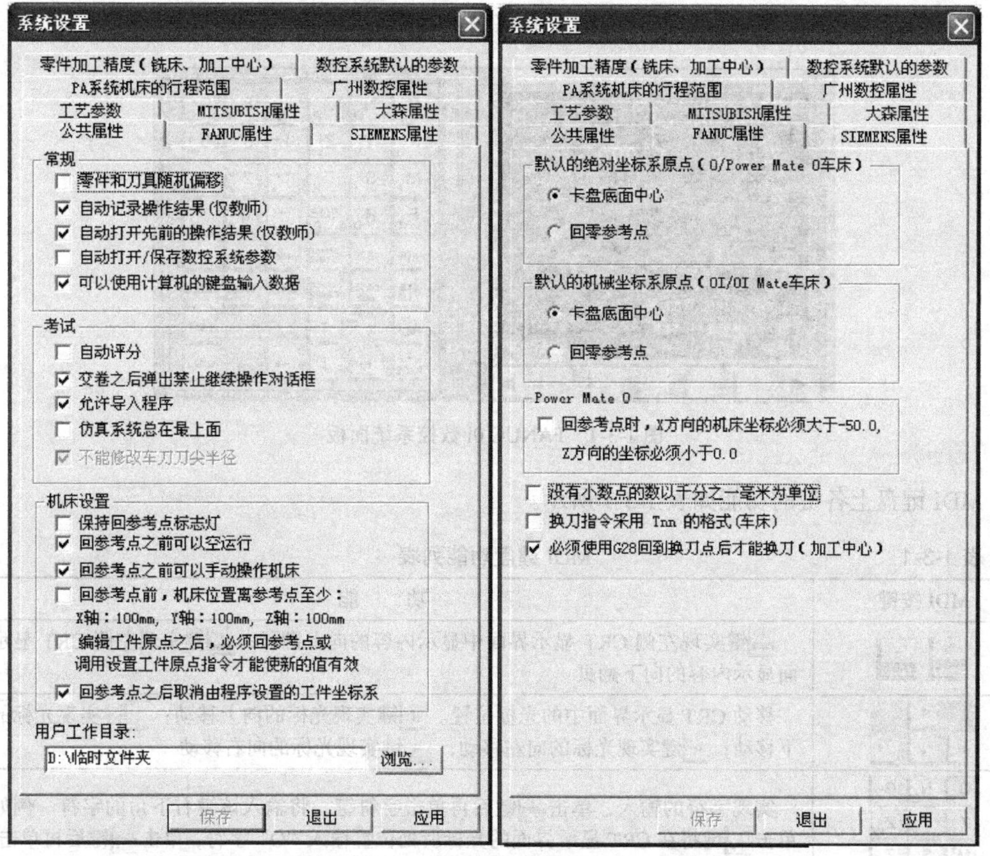

图 1-2-4 系统设置

第3章 数控系统面板功能及操作介绍

3.1 MDI 键盘功能说明

图 1-3-1 所示为 FANUC 0i 数控系统标准面板，包括 MDI 键盘（右半部分）和 CRT 显示界面（左半部分）。MDI 键盘用于程序编辑、参数输入等功能。

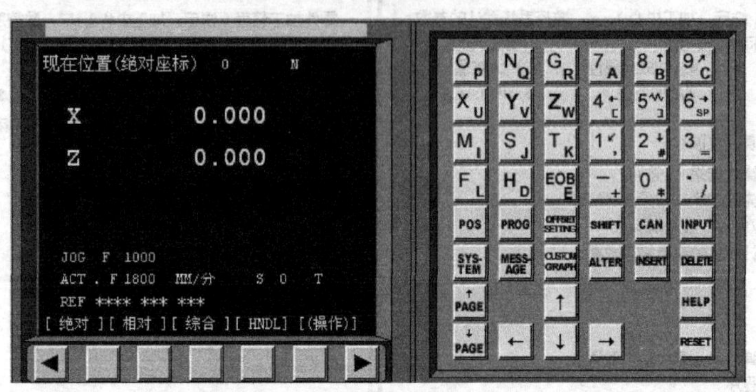

图 1-3-1　FANUC 0i 数控系统面板

MDI 键盘上各键的功能如表 1-3-1 所示。

表 1-3-1　MDI 键盘功能列表

MDI 按键	功　能
↑PAGE　↓PAGE	↑PAGE键实现左侧 CRT 显示界面中显示内容的向上翻页；↓PAGE键实现左侧 CRT 显示界面显示内容的向下翻页
↑　←　↓　→	移动 CRT 显示界面中的光标位置。↑键实现光标的向上移动；↓键实现光标的向下移动；←键实现光标的向左移动；→键实现光标的向右移动
OP N Q G R X U Y V Z W M I S J T K F L H D EOB E	实现字符的输入，单击SHIFT键后再单击字符键，将输入该键右下角的字符。例如，单击OP键将在 CRT 显示界面的光标所处位置输入“O”字符，单击SHIFT键后再单击OP键将在光标所处位置处输入“P”字符。EOB键将输入“；”，表示换行结束

续表

MDI 按键	功　能
7 A 8 B 9 C 4 [5 ^] 6 SP 1 , 2 # 3 _ - + 0 * . /	实现字符的输入，如单击5键将在光标所在位置输入“5”字符，单击SHIFT键后再单击5键将在光标所在位置处输入“]”
POS	切换 CRT 显示界面到机床位置界面
PROG	切换 CRT 显示界面到程序管理界面
OFFSET SETTING	切换 CRT 显示界面到参数设置界面
SYSTEM	仿真系统暂不支持
MESSAGE	仿真系统暂不支持
CUSTOM GRAPH	在自动运行状态下将数控显示切换至轨迹模式
SHIFT	输入字符切换
CAN	删除单个字符
INPUT	将数据域中的数据输入到指定的区域
ALTER	字符替换
INSERT	将输入域中的内容输入到指定区域
DELETE	删除一段字符
HELP	仿真系统暂不支持
RESET	机床复位

3.2 机床位置界面

单击POS键进入机床位置界面。单击菜单软键“绝对”、“相对”、“综合”，即可在 CRT 显示界面显示机床的绝对坐标（见图 1-3-2）、相对坐标（见图 1-3-3）和综合坐标（见图 1-3-4）。

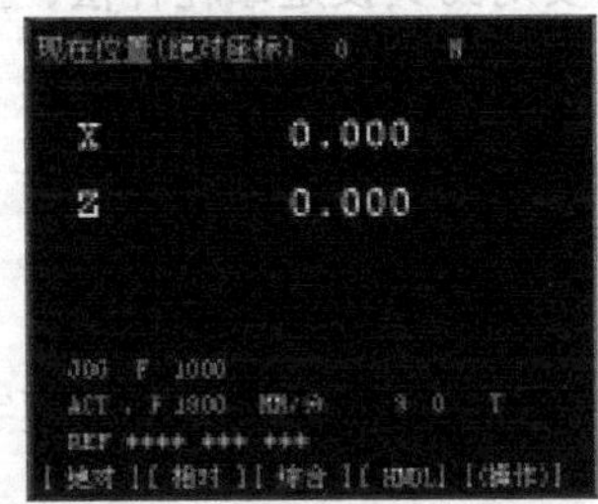

图 1-3-2　绝对坐标显示界面

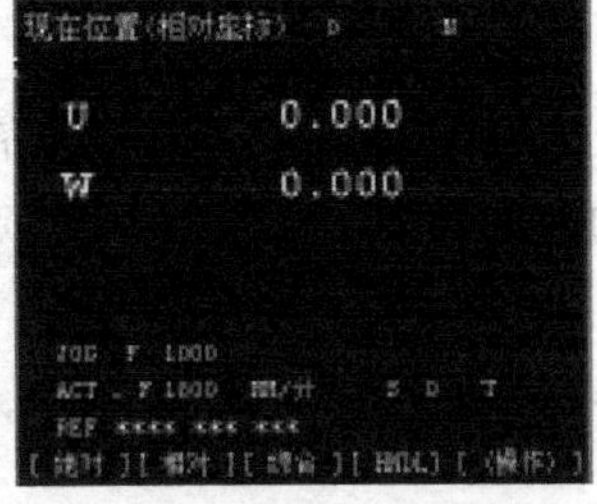

图 1-3-3　相对坐标显示界面

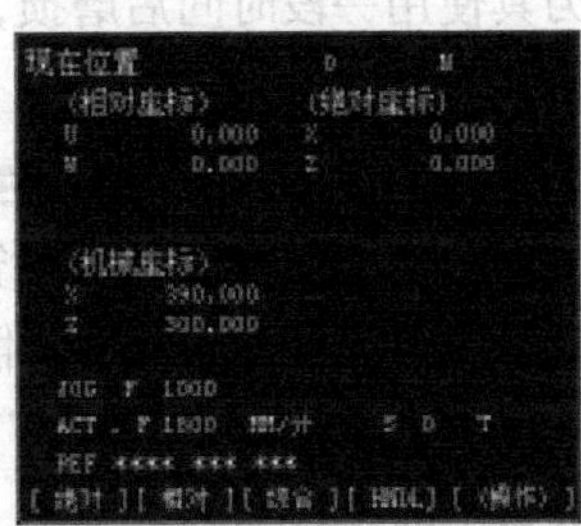

图 1-3-4　综合坐标显示界面

3.3 程序管理界面

单击操作面板上的键进入“编辑”模式，单击键进入程序管理界面，CRT显示界面将显示当前程序，如图1-3-5所示。单击菜单键“LIB”，可显示程序列表，如图1-3-6所示，再单击键，在所列出的程序列表中选择某一程序名，单击↓键则可将显示该程序。

```
程式          O0001        N 0001
O0001
N10 G54
N20 G00 X28. Z2. S700 T0101 M03
N30 G42 D01 X18. M08
N40 G01 X24. X-1. F0.08
N50 Z-24.5
N60 X30.
N70 X45. Z-45.
N80 Z-50.9
N90 G02 X40. Z-116.62 R55.
N100 G01 Z-125.
>                      S 0    T
  EDIT**** *** ***
[ 程式 ][ LIB ] [   ] [   ] [(操作)]
```

图1-3-5 显示当前程序

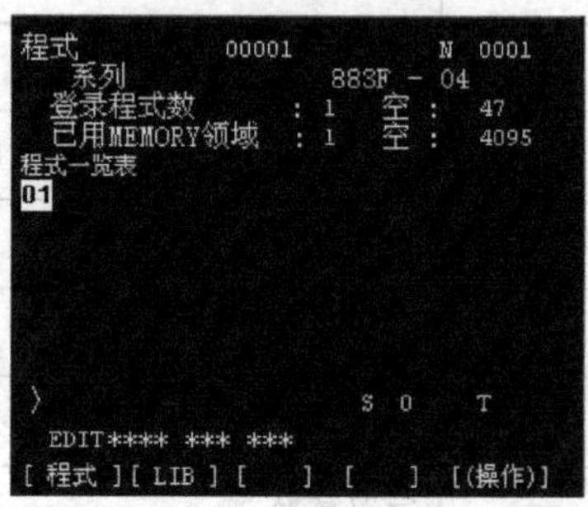

图1-3-6 显示程序列表

3.4 参数设置界面

3.4.1 数控车床刀具补偿参数的输入

车床的刀具补偿参数包括刀具的摩耗补偿参数和形状补偿参数，两者之和构成了车刀偏置量补偿参数。

在设置车床刀具补偿参数时可通过单击键切换刀具摩耗补偿界面和刀具形状补偿界面。

刀具使用一段时间后磨损，会使产品尺寸产生误差，因此需要对刀具设定摩耗补偿，操作步骤如下。

（1）在MDI键盘上单击键，进入摩耗补偿参数设定界面，如图1-3-7所示。

（2）用方位键↑↓选择所需的“番号”，并用←→键确定所需补偿的值。

（3）单击数字键，输入补偿值到输入域。

（4）单击菜单软键“输入”或单击键，即可将参数输入到指定区域。单击键可逐字删除输入域中的字符。

用同样的方法可进入刀具形状补偿参数设定界面，如图1-3-8所示，设置刀具形状补偿。

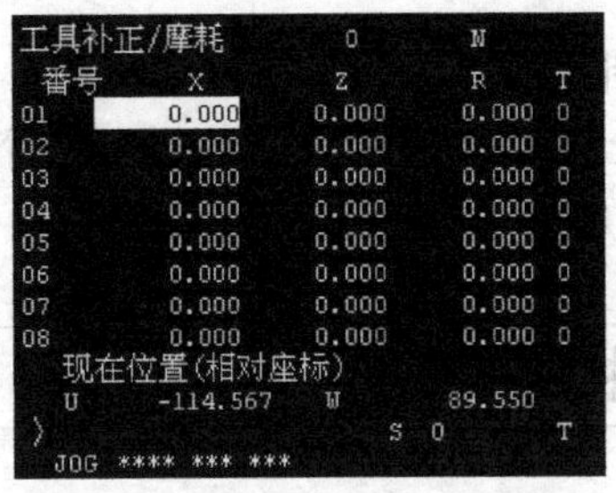

图 1-3-7 摩耗补偿参数设定界面

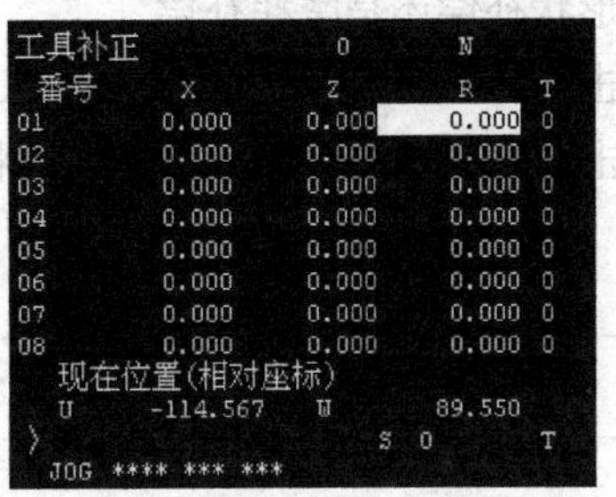

图 1-3-8 刀具形状补偿参数设定界面

输入刀具摩耗补偿参数和刀具形状补偿参数时，须保证两者对应值之和为实际使用刀具相对于标准刀的偏置量。

3.4.2 数控铣床和加工中心刀具补偿参数的输入

数控铣床和加工中心的刀具补偿包括对刀具的直径和长度的补偿。

1. 输入直径补偿参数

FANUC 0i 的刀具直径补偿包括形状直径补偿和摩耗直径补偿，输入直径补偿参数的步骤如下。

（1）在 MDI 键盘上单击OFFSET SETTING键，进入参数补偿设定界面，如图 1-3-9 所示。

（2）用方位键↑↓选择所需的“番号”，并用←→键将光标移到相应的区域，确定需要设定的直径补偿是形状补偿还是摩耗补偿。

（3）单击 MDI 键盘上的字符键，输入刀尖直径补偿参数。

（4）单击菜单软键“输入”或单击INPUT键，将参数输入到指定区域。单击CAN键可逐个删除输入域中的字符。

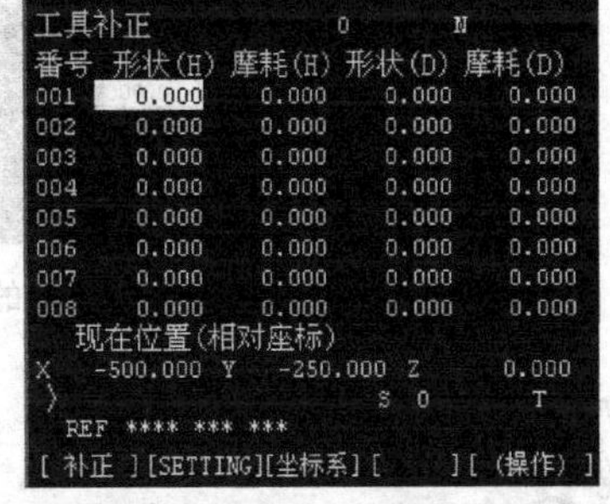

图 1-3-9 参数补偿设定界面

直径补偿参数若为 4mm，在输入时需输入“4.0”或者“4.”，如果只输入“4”，则系统将默认为“0.004”。

2. 输入长度补偿参数

长度补偿参数可在刀具表中按需要输入。FANUC 0i 的刀具长度补偿包括形状长度补偿和摩耗长度补偿，输入刀具长度补偿参数的步骤如下。

（1）在 MDI 键盘上单击OFFSET SETTING键，进入参数补偿设定界面。

（2）用方位键↑↓←→选择所需的“番号”，并将光标移到相应的区域，确定需要设定的长度补偿是形状补偿还是摩耗补偿。

（3）单击 MDI 键盘上的字符键，输入刀具长度补偿参数。

（4）单击软键“输入”或单击INPUT键，将参数输入到指定区域。单击CAN键可逐个删除输入域中的字符。

3.4.3 设置工件坐标系

在“编辑”模式下，在 MDI 键盘上单击OFFSET SETTING键，再单击菜单软键“坐标系”，即可进入坐标系参数设定界面，输入“0x”（01 表示 G54，02 表示 G55，依此类推），单击菜单软键“NO 检索”，光标停留在选定的坐标系参数设定区域，如图 1-3-10 所示。

也可以用方位键↑↓←→选择所需的坐标系和坐标轴。利用 MDI 键盘输入通过对刀所得到的工件坐标原点在机床坐标系中的坐标值。假设通过对刀得到的工件坐标原点在机床坐标系中的坐标值为（−500，−415，−404），则首先应将光标移动到 G54 坐标系 X 的位置，在 MDI 键盘上输入“−500.00”，单击菜单软键“输入”或单击INPUT键，将参数输入到指定区域。单击CAN键可逐个删除输入域中的字符。单击↓键，将光标移动到 Y 的位置，输入“−415.00”，单击菜单软键“输入”或单击INPUT键，将参数输入到指定区域。用同样的方法可以输入 Z 坐标值。此时 CRT 显示界面如图 1-3-11 所示。

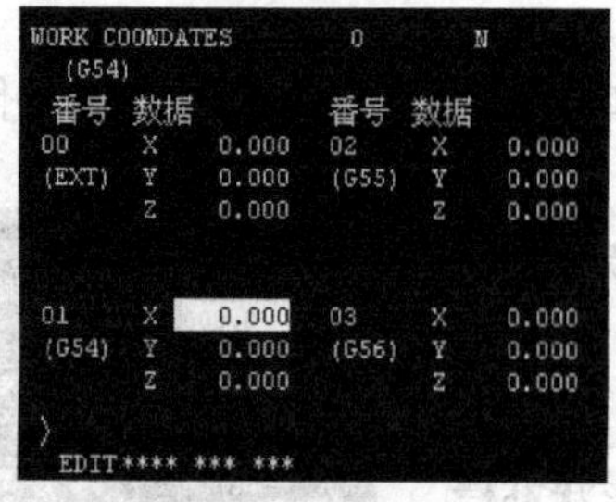

图 1-3-10 选定要设置的工件坐标系

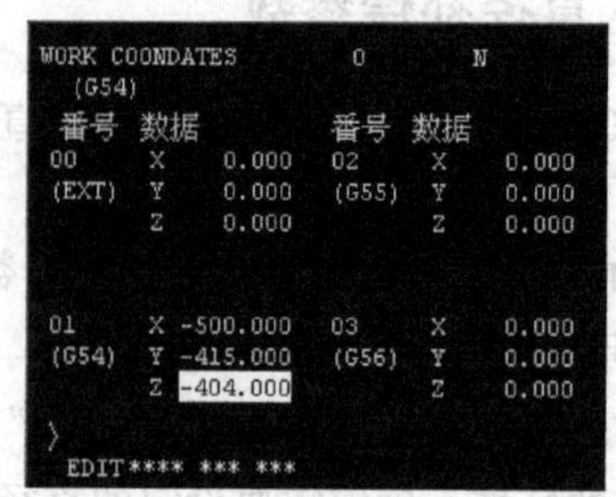

图 1-3-11 设置工件坐标系

坐标值为−100 时，须输入“−100.0”，若输入“−100”，则系统将默认为−0.100。如果单击“+输入”键，键入的数值将和原有的数值相加以后输入。

3.5 数控程序处理

3.5.1 导入数控程序

数控程序可以通过记事本或写字板等编辑软件输入并保存为文本格式（*.txt 格式）或通过

自动编程软件生成*.NC 格式的程序文件，然后直接用 FANUC 0i 数控系统 MDI 键盘导入仿真系统。

单击操作面板上的编辑键，编辑状态指示灯变亮，表明此时已进入编辑状态。单击 MDI 键盘上的键，CRT 显示界面转入编辑页面。再单击菜单软键“操作”，在出现的下级子菜单中单击软键，单击菜单软键“READ”，转入如图 1-3-12 所示的编辑读入界面，单击 MDI 键盘上的字符键，输入“Ox”（x 为任意不超过 4 位的数字），单击软键“EXEC”；选择菜单“机床“→”DNC 传送”命令，在弹出的对话框（见图 1-3-13）中选择所需的 NC 程序，单击“打开”按钮确认，则数控程序将被导入，并显示在 CRT 显示界面上。

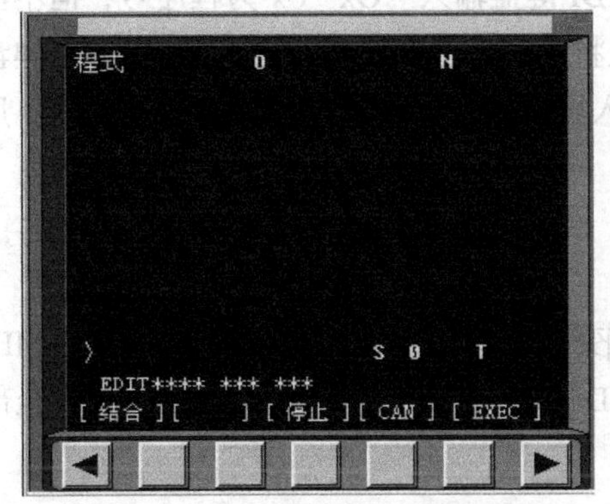

图 1-3-12 编辑读入界面

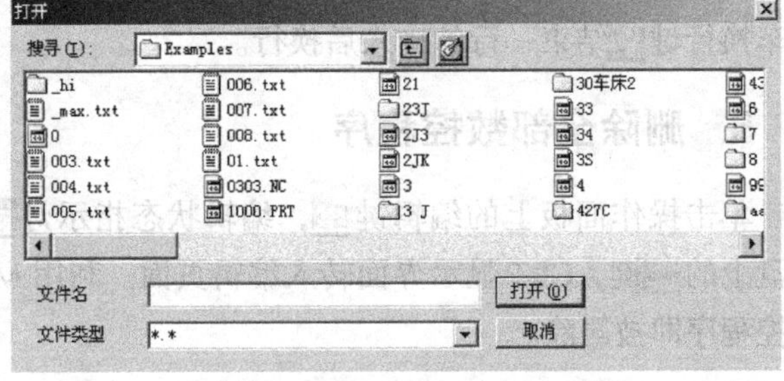

图 1-3-13 选择导入的程序文件

仿真软件虚拟 NC 端的传入和传出操作，在真实机床进行网络传送时，PC 与 NC 之间必须有数据线相连，PC 中须装有传送软件，传送软件与数控系统中传输率等参数须设置一致。

3.5.2 数控程序管理

1. 显示数控程序目录

单击操作面板上的编辑键，编辑状态指示灯变亮，在 MDI 键盘上单击键，进入编辑页面。单击菜单软键“LIB”，CRT 显示界面上将显示仿真系统当前项目中的数控程序名列表，如图 1-3-14 所示。

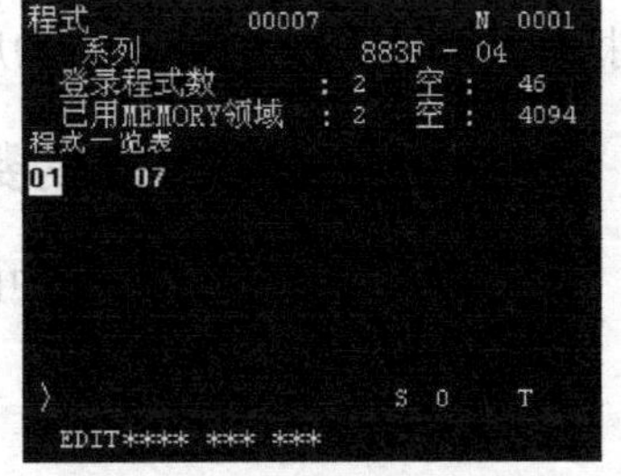

图 1-3-14 程序的列表

2. 选择一个数控程序

单击操作面板上的编辑键，编辑状态指示灯变亮，在 MDI 键盘上单击键，进入编辑页面。利用 MDI 键盘输入“Ox”（x 为数控程序目录中显示的程序号），单击键开始搜索，搜索到程序后“Ox”将显示在屏幕首行程序号的位置，NC 程序将显示在屏幕上。

3. 删除一个数控程序

单击操作面板上的编辑键，编辑状态指示灯变亮，在 MDI 键盘上单击键，进入编辑页面。利用 MDI 键盘输入“Ox”（x 为要删除的数控程序在目录中显示的程序号），单击键，程序即被删除。

4. 新建一个 NC 程序

单击操作面板上的编辑键，编辑状态指示灯变亮，此时已进入编辑状态。单击 MDI 键盘上的键，CRT 显示界面转入编辑页面。利用 MDI 键盘输入“Ox”（x 为程序号，但不能与已有的程序号的重复）单击键，CRT 显示界面上将显示一个空程序，可以通过 MDI 键盘开始程序输入。输入一段代码后，单击键则数据输入域中的内容显示在 CRT 显示界面上，用回车换行键结束一行的输入后换行。

5. 删除全部数控程序

单击操作面板上的编辑键，编辑状态指示灯变亮，此时已进入编辑状态。单击 MDI 键盘上的键，CRT 显示界面转入编辑页面。利用 MDI 键盘输入“O-9999”，单击键，全部数控程序即被删除。

3.5.3 编辑程序

单击操作面板上的编辑键，编辑状态指示灯变亮，此时已进入编辑状态。单击 MDI 键盘上的键，CRT 显示界面转入编辑页面。选定一个数控程序后，此程序将显示在 CRT 显示界面上，可对数控程序进行编辑操作。

1. 移动光标

单击键和键可进行翻页，单击方位键、、、可移动光标。

2. 插入字符

先将光标移到所需位置，单击 MDI 键盘上的字符键，将代码输入到输入域中，单击键，把输入域的内容插入到光标的后面。

3. 删除输入域中的数据

单击键可删除输入域中的数据。

4. 删除字符

先将光标移动到需删除字符的位置，单击键，删除光标所在位置的代码。

5. 查找

输入需要搜索的字母或代码，单击键开始在当前数控程序中光标所在位置后搜索（代码可以是一个字母或一个完整的代码。例如，“N0010”，“M”等。）如果此数控程序中有所搜索的代码，则光标会停留在找到的代码处；如果此数控程序中光标所在位置后没有所搜索的代码，则光标停留在原处。

6. 替换

先将光标移动到所需替换字符的位置，将要替换成的字符通过 MDI 键盘输入到输入域中，单击ALTER键，使输入域的内容替代光标所在处的代码。

3.5.4 导出数控程序

在数控仿真系统中编辑完毕的程序可以导出为文本文件。导出的程序文件可以通过写字板等软件查看、编辑。

单击操作面板上的编辑键，编辑状态指示灯变亮，在 MDI 键盘上单击PROG键，进入编辑页面。单击菜单软键“操作”，在下级子菜单中单击菜单软键“Punch”，在弹出的对话框中输入文件名，选择文件类型和保存路径，单击“保存”按钮，如图 1-3-15 所示。

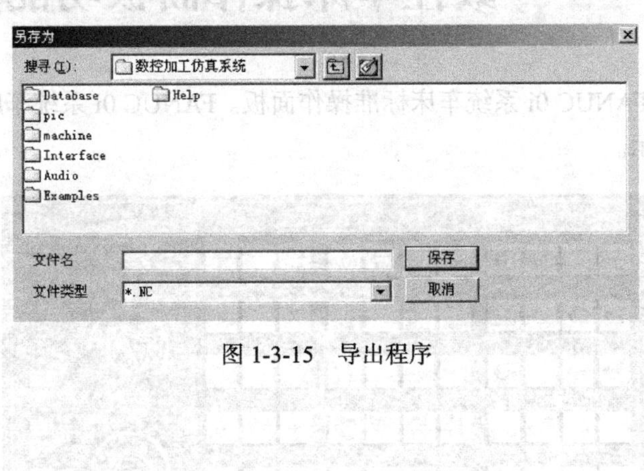

图 1-3-15　导出程序

数控机床操作面板功能及操作介绍

4.1 数控车床操作面板功能介绍

图 1-4-1 所示为 FANUC 0i 系统车床标准操作面板。FANUC 0i 系统车床标准操作面板功能键介绍如表 1-4-1 所示。

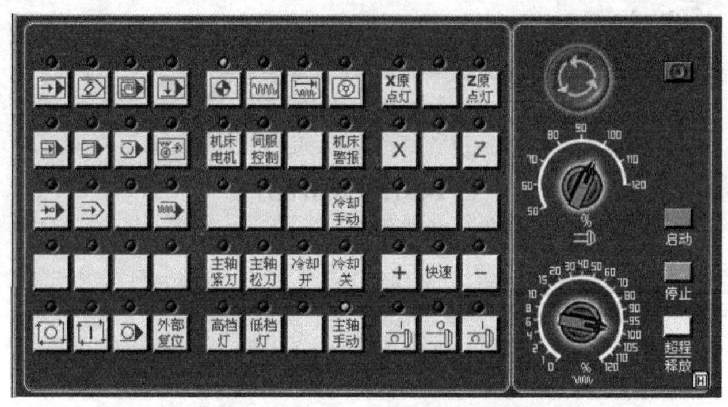

图 1-4-1　FANUC 0i 系统车床标准操作面板

表 1-4-1　　数控车床操作面板功能键介绍

功 能 键	名　称	功 能 说 明
	自动运行	单击此键，系统进入自动加工模式
	编辑	单击此键，系统进入程序编辑状态，用于直接通过操作面板输入数控程序和编辑程序
	MDI	单击此键，系统进入 MDI 模式，可手动输入并执行指令
	远程执行	单击此键，系统进入远程执行模式，即 DNC 模式，可输入/输出资料
	单节	单击此键，运行程序时每次执行一条数控指令

续表

功 能 键	名 称	功 能 说 明
	单节忽略	单击此键，数控程序中的注释符号“/”有效
	选择性停止	单击此键，“M01”代码有效
		仿真系统暂不支持
		仿真系统暂不支持
	机械锁定	锁定车床，使之无法移动
	试运行	车床进入空运行状态
	进给保持	程序运行暂停，在程序运行过程中单击此键，运行暂停。单击“循环启动”键可恢复程序运行
	循环启动	程序运行开始，系统处于“自动运行”或“MDI”状态时单击有效，其余模式下无效
	循环停止	程序运行停止，在数控程序运行过程中单击此键，即可停止程序运行
外部复位	外部复位	车床复位
	回原点	车床处于回零模式，必须首先执行回零操作，然后才可以运行
	手动	车床处于手动模式，可以手动连续移动
	手动脉冲	车床处于手轮控制模式
	手动脉冲	车床处于手轮控制模式
机床电机		仿真系统暂不支持
伺服控制		仿真系统暂不支持
冷却手动		仿真系统暂不支持
主轴紧刀		仿真系统暂不支持
主轴松刀		仿真系统暂不支持
冷却开		仿真系统暂不支持
冷却关		仿真系统暂不支持
高档灯		仿真系统暂不支持
低档灯		仿真系统暂不支持

续表

功 能 键	名 称	功 能 说 明
X	X 轴选择键	在手动状态下单击此键，则车床移动 X 轴
Z	Z 轴选择键	在手动状态下单击此键，则车床移动 Z 轴
+	正方向移动键	手动状态下单击此键，系统将向所选轴的正向移动。在回零状态时单击此键，将所选轴回零
–	负方向移动键	手动状态下单击此键，系统将向所选轴的负向移动
快速	快速键	单击此键，机床将处于手动快速状态
	主轴倍率选择旋钮	将鼠标指针移至此旋钮上后，通过单击鼠标的左键或右键可以调节主轴旋转倍率
	进给倍率选择旋钮	调节主轴运行时的进给速度倍率
	急停键	单击急停键，会使机床的移动立即停止，且所有的输出，如主轴的转动等都会关闭
超程释放	超程释放	到达机床极限时，单击此键可使系统进行超程释放
	主轴控制按钮	从左至右分别为：正转、停止、反转
H	手轮显示按钮	单击此键可以显示出手轮面板
	手轮面板	单击H键将显示手轮面板
	手轮轴选择旋钮	在手轮模式下，将鼠标指针移至此旋钮上后，通过单击鼠标的左键或右键来选择进给轴
	手轮进给倍率旋钮	在手轮模式下将鼠标指针移至此旋钮上后，通过单击鼠标的左键或右键来调节手轮的步长。X1、X10、X100 分别代表的移动量为 0.001mm、0.01mm、0.1mm
	手轮	将鼠标指针移至此旋钮上后，通过单击鼠标的左键或右键来转动手轮
启动	启动	启动控制系统
停止	停止	关闭控制系统

4.2 数控铣床和加工中心操作面板功能介绍

图 1-4-2 所示为 FANUC 0i 系统数控铣床和加工中心的标准操作面板。FANUC 0i 系统数控铣床和加工中心的标准操作面板功能键介绍如表 1-4-2 所示。

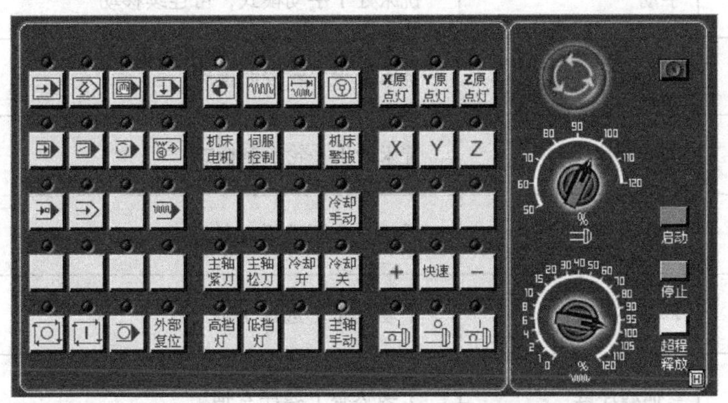

图 1-4-2 FANUC 0i 系统数控铣床和加工中心标准操作面板

表 1-4-2 数控铣床和加工中心操作面板功能键功能介绍

功 能 键	名 称	功 能 说 明
	自动运行	单击此键，系统进入自动加工模式
	编辑	单击此键，系统进入程序编辑状态
	MDI	单击此键，系统进入 MDI 模式，可手动输入并执行指令
	远程执行	单击此键，系统进入远程执行模式即（DNC 模式），可输入/输出资料
	单节	单击此键，运行程序时每次执行一条数控指令
	单节忽略	单击此键，数控程序中的注释符号“/”有效
	选择性停止	单击此键，“M01”代码有效
	机械锁定	锁定铣床
	试运行	空运行
	进给保持	程序运行暂停，在程序运行过程中单击此键，运行暂停。单击“循环启动”键可恢复运行

续表

功能键	名称	功能说明
	循环启动	程序运行开始，系统处于“自动运行”或“MDI”状态时单击有效，其余模式下单击无效
	循环停止	程序运行停止，在数控程序运行过程单击此键，即可停止程序运行
	回原点	铣床处于回零模式，必须首先执行回零操作，然后才可以运行
	手动	铣床处于手动模式，可连续移动
	手动脉冲	铣床处于手轮控制模式
	手动脉冲	铣床处于手轮控制模式
X	X 轴选择键	手动状态下选择 X 轴
Y	Y 轴选择键	手动状态下选择 Y 轴
Z	Z 轴选择键	手动状态下选择 Z 轴
+	正向移动键	手动状态下单击此键，系统将向所选轴的正向移动。在回零状态时单击此键，可将所选择的轴回零
−	负向移动键	手动状态下单击此键，系统将向所选轴的负向移动
快速	快速按钮	单击此键，将进入手动快速状态
	主轴控制键	从左至右依次为：主轴正转、主轴停止、主轴反转
启动	启动	系统启动
停止	停止	系统停止
超程释放	超程释放	系统运动超程释放。
	主轴倍率选择旋钮	将鼠标指针移至此旋钮上后，通过单击鼠标的左键或右键可调节主轴旋转倍率
	进给倍率修调旋钮	调节运行时的进给速度倍率
	急停键	单击急停键，可使机床的移动立即停止，且所有的输出，如主轴的转动等都会关闭

续表

功能键	名称	功能说明
H	手轮显示键	单击此键可以显示出手轮面板
	手轮面板	单击H键，将显示手轮面板，单击手轮面板右下角的H按钮，手轮面板将被隐藏
	手轮轴选择旋钮	在手轮状态下，将鼠标指针移至此旋钮上后，通过单击鼠标的左键或右键可选择进给轴
	手轮进给倍率旋钮	在手轮状态下，将鼠标指针移至此旋钮上后，通过单击鼠标的左键或右键可调节点动/手轮的步长。X1、X10、X100 分别代表的移动量为 0.001mm、0.01mm、0.1mm
	手轮	将光标移至此旋钮上后，通过点击鼠标的左键或右键来转动手轮

4.3 激活机床

单击“启动”键，此时机床电机和伺服控制的指示灯变亮。

检查“急停”键是否松开至状态，若未松开，单击“急停”键，将其松开。

4.4 手动操作

4.4.1 手动/连续方式

单击操作面板上的“手动”键，使其指示灯变亮，机床进入手动模式。

- 分别单击X、Z键，选择移动的坐标轴。
- 分别单击+、-键，控制机床的移动方向。
- 单击键控制主轴的转动和停止。

刀具切削零件时，主轴需转动。加工过程中刀具与零件发生非正常碰撞后（非正常碰撞包括车刀的刀柄与零件发生碰撞，铣刀与夹具发生碰撞等），系统弹出警告对话框，同时主轴自动停止转动。这时应做适当的调整，继续加工时需再次单击键，使主轴重新转动。

4.4.2 手动脉冲方式

在手动/连续方式下（见 4.4.1 节）或在对刀过程中，需精确调节机床时，可用手动脉冲方式调节机床，步骤如下。

（1）单击操作面板上的“手动脉冲”键或，使指示灯变亮。

（2）单击按钮，显示手轮面板。

（3）将鼠标指针对准手轮轴选择旋钮，单击左键或右键，选择进给轴。

（4）将鼠标指针对准手轮进给倍率旋钮，单击左键或右键，选择合适的手轮步长。

（5）将鼠标指针对准手轮，单击左键或右键，精确控制机床的移动。

（6）单击控制主轴的转动和停止。

（7）单击，可隐藏手轮。

4.4.3 MDI 模式

数控机床 MDI 模式是指命令行形式的程序执行方法，即当场输入一段程序指令后，立即就可令其执行。从本义上讲，数控机床 MDI 模式属于自动运行的范畴，但一般都习惯将它作为手动调整的手段，其操作步骤如下。

（1）单击操作面板上的 MDI 键，使其指示灯变亮，进入 MDI 模式。

（2）在 MDI 键盘上单击键，进入编辑页面。

（3）在 MDI 键盘上单击字符键输入程序指令，也可以做取消、插入、删除等操作。输入程序名时应先单击字符键输入字母“O”，再输入程序号，程序号不可以与已有程序的程序号重复。输入程序后，单击回车换行键结束一行的输入后换行。

（4）单击上、下方向键、可翻页，单击方位键、、、可移动光标。

（5）单击键，可删除输入域中的数据；单击键，可删除光标所在的代码行。

（6）单击键，输入所编写的数据指令，如“T1 M6; S1000 M3;”。

（7）输入完整的数据指令后，可单击循环启动键运行程序。

第5章 数控车床编程要点及指令

5.1 数控车床坐标系

5.1.1 机床坐标系

数控车床的坐标系如图 1-5-1 所示，平行于主轴轴线的坐标轴为 Z 轴，垂直于主轴的坐标轴为 X 轴，即 X 轴在工件的径向上，且平行于横向拖板，刀具远离工件旋转中心的方向为 X 轴的正方向。机床坐标系原点，即机械原点一般位于卡盘端面与主轴轴线的交点上。

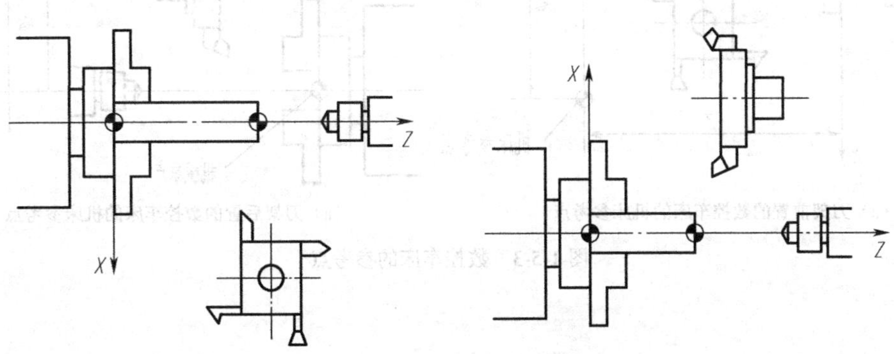

（a）刀架前置的数控车床的坐标系　　（b）刀架后置的数控车床的坐标系

图 1-5-1　数控车床的坐标系

5.1.2 工件坐标系

工件坐标系应与机床坐标系的坐标方向一致，X 轴对应径向，Z 轴对应轴向，C 轴（主轴）的运动方向则以从机床尾架向主轴看，逆时针为 $+C$ 向，顺时针为 $-C$ 向。工件坐标系的原点选在便于测量或对刀的基准位置，一般在工件的右端面或左端面上，如图 5-1-2 所示。

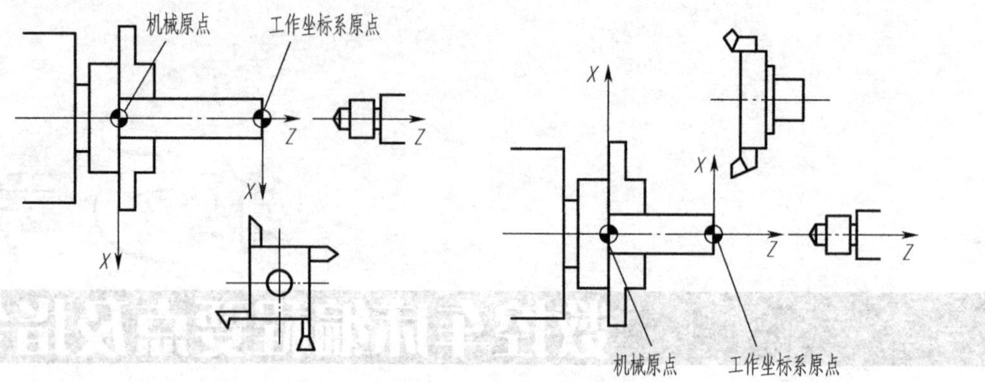

（a）刀架前置的数控车床的工件坐标系　　（b）刀架后置的数控车床的工件坐标系

图 1-5-2　数控车床工件坐标系的建立

5.1.3　机床参考点

机床参考点由机床行程限位开关和基准脉冲来确定，它与机床坐标系原点有着准确的位置关系。数控车床的参考点一般位于行程的正极限点上，如图 1-5-3 所示。机床通常通过返回参考点的操作来找到机械原点。所以，开机后、加工前首先要进行返回参考点的操作。

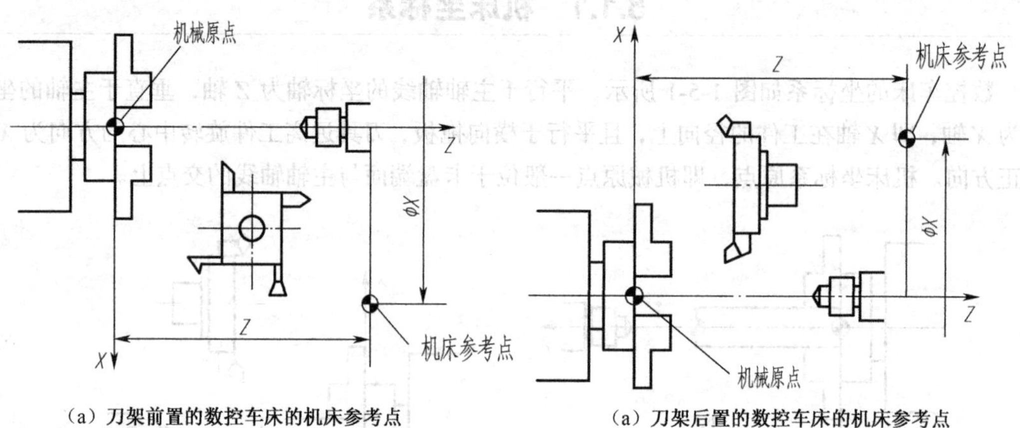

（a）刀架前置的数控车床的机床参考点　　（a）刀架后置的数控车床的机床参考点

图 1-5-3　数控车床的参考点

5.2 数控车床的编程特点

1. 直径编程方式

在车削加工的数控程序中，X 轴的坐标值一般采用直径编程。因为被加工零件的径向尺寸在测量和图样上标注时，一般用直径值表示，采用直径尺寸编程与零件图样中的尺寸标注一致，这样可避免尺寸换算过程中可能造成的错误，给编程带来很大的方便。

2. 绝对坐标与增量坐标

FANUC 系列数控系统的数控车床是用地址符来指定坐标字的输入形式的，在一个程序段中，可以采用绝对值编程或增量值编程，也可以采用混合编程。地址符 X、Z 表示绝对坐标，地址符 U、W 表示增量坐标。

3. 固定循环加工功能

由于车削加工常用棒料或锻料作为毛坯，加工余量较大，加工时需要多次走刀，为简化编程，数控装置常具备不同形式的固定循环功能，可自动进行多次重复的循环切削。

4. 进刀和退刀方式

对于车削加工，进刀时采用快速走刀接近工件切削起点附近的某个点，再改用切削进给的方法，以减少空走刀的时间，提高加工效率。切削起点的确定与工件毛坯余量大小有关，以刀具快速走到该点时刀尖不与工件发生碰撞为原则，如图 1-5-4 所示。

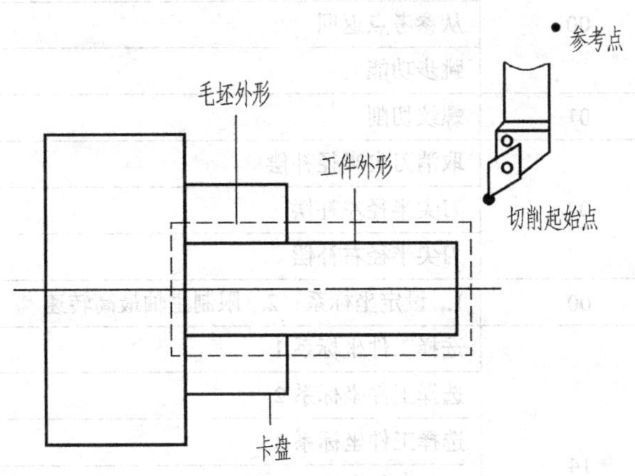

图 1-5-4 切削起始点的确定

5.3 数控系统的功能

5.3.1 准备功能（G 功能）

准备功能也叫 G 功能或 G 指令。它是使机床或数控系统建立起某种加工方式的指令。G 指令由地址 G 和后面的两位数字组成，有 G00～G99 共 100 种。G 指令主要用于规定刀具和工件的相对运动轨迹（即插补功能）、机床坐标系、坐标平面、刀具补偿等多种加工操作。不同的数控系统，G 指令的功能不同，编程时需要参考机床制造厂的编程说明书。本章主要介绍 FANUC 0i 系统的编程指令，其部分指令功能如表 1-5-1 所示。

表 1-5-1　　准备功能（G 指令）

G 指令	分　组	功　能
*G00		快速定位
G01		直线插补
G02	01	顺时针圆弧插补
G03		逆时针圆弧插补
G04		暂停
G10	00	用程序输入数据
G11		取消用程序输入数据
G20	06	英制输入
G21		米制输入
G28		返回参考点
G29	00	从参考点返回
G31		跳步功能
G32	01	螺纹切削
*G40		取消刀尖半径补偿
G41	07	刀尖半径左补偿
G42		刀尖半径右补偿
G50	00	1. 设定坐标系；2. 限制主轴最高转速
*G54		选择工件坐标系 1
G55		选择工件坐标系 2
G57	14	选择工件坐标系 3
G57		选择工件坐标系 4
G58		选择工件坐标系 5
G59		选择工件坐标系 6
G65	00	调用宏程序
G66	12	调用模态宏程序
*G67		取消调用模态宏程序
G70		精加工复合循环
G71		外圆粗加工复合循环
G72		端面粗加工复合循环
G73	00	固定形状粗加工复合循环
G74		端面钻孔复合循环
G75		外圆切槽复合循环
G76		切削螺纹循环

续表

G 指令	分　组	功　能
G96	02	主轴恒线速控制
*G97		取消主轴恒线速控制
G98	05	每分钟进给量
*G99		每转进给量
G90	01	外圆切削循环
G92		螺纹切削循环
G94		端面切削循环

注：① 00 组的 G 指令为非模态，其他组的指令均为模态 G 指令；② 标有*的指令为数控系统通电后的状态；③ 在同一个程序段中，可以使用数个不同组的 G 指令，当在同一个程序段中，使用了几个同一组的 G 指令时，最后使用的 G 指令有效。

5.3.2 辅助功能（M 功能）

辅助功能也叫 M 功能或 M 指令，是用地址“M”及两位数字表示的。它主要用来表示机床操作时的各种辅助动作及其状态。其特点是靠继电器的得、失电来实现其控制过程，常用的 M 指令如表 1-5-2 所示。

表 1-5-2　常用辅助功能（M 指令）

M 指令	功　能	说　明
M00	程序暂停	执行了 M00 的程序段后，系统停止自动运转，并全部保存停止前的模态信息。单击自动运转的启动按钮，可以重新启动自动运转 应用：该指令可应用于自动加工过程中，停车进行某些固定的手动操作，如测量、手动变速、换刀等
M01	任选停止	M01 指令的功能与 M00 指令类似，执行了 M01 的程序段后，系统停止自动运转，但是只有“选择停开关”在“ON”的状态时 MOI 指令才有效 应用：常用于关键尺寸的抽样检查或临时停车
M02	程序结束	M02 指令表示加工程序全部结束，它使主轴停转，切削液关闭，刀具进给停止，并将控制部分复位到初始状态 应用：该指令必须编在程序的最后一条程序段中，用以表示程序的结束
M03	主轴正转	从顶尖方向看主轴，主轴逆时针方向旋转
M04	主轴反转	从顶尖方向看主轴，主轴顺时针方向旋转
M05	主轴停止转动	
M08	冷却泵启动	切削液打开
M09	冷却泵关闭	切削液关闭
M30	纸带结束	M30 指令表示加工程序全部结束，使主轴停转，刀具进给停止，冷却液关闭，机床复位，纸带倒回到“程序开始”字符 应用：该指令必须编在程序的最后一条程序段中，用以表示程序的结束 注意：M02 指令与 M30 指令不能出现在同一程序中

续表

指　令	功　能	说　明
M98	调用子程序	从主程序转至子程序
M99	子程序结束	从子程序返回到主程序

5.3.3　其他功能代码

1. 主轴功能（S 功能）

主轴转速功能表示机床主轴的转速大小，由地址 S 和其后的数字组成。

（1）恒线速度控制取消（G97）

指令格式：G97 S__。

G97 是取消恒线速度控制的指令。采用此功能，可设定主轴转速并取消恒线速度控制，S 后面的数值表示恒线速度控制取消后的主轴每 min 的转数。该指令用于带螺纹或直径变化较小的零件的加工。例如，G97 S800 表示主轴转速为 800r/min，系统开机状态为 G97 状态。

（2）恒线速度控制（G96）

编程格式：G96 S__。

S 后面的数字表示的是恒定的线速度，单位为 m/min。

G96 是恒线速度控制的指令。采用此功能，可保证当工件直径变化时，主轴的线速度不变，从而确保切削速度不变，提高了加工质量。控制系统执行 G96 指令后，S 后面的数值表示以刀尖位置的 X 坐标值为直径计算的切削速度，如 G96 S150 表示线速度控制在 150m/min。

（3）主轴最高速度限定（G50）

编程格式：G50 S__。

G50 指令除有坐标系设定功能外，还有主轴最高转速设定功能，即用 S 指定的数值设定主轴每 min 的最高转速。用恒线速度控制加工带用锥度和圆弧的零件时，由于 X 坐标值不断变化，当刀具逐渐接近工件的旋转中心时，主轴转速会越来越高，工件有从卡盘飞出的危险，该指令可防止因主轴转速过高，离心力太大，产生危险或影响机床寿命。例如，G50 S3000 表示最高转速限制为 3 000r/min。

2. 进给功能（F 功能）

进给功能表示刀具中心运动时的进给速度，刀具的切削进给速度由 F 和其后面的数值指定。数字的单位取决于数控系统所采用的进给速度的指定方法。

（1）每转进给量（G99）

编程格式：G99 F__。

F 后面的数值表示主轴每转一圈刀具的进给量，单位为 mm/r，如 G99 F0.2 表示进给量为 0.2mm/r。

（2）每分钟进给量（G98）

编程格式：G98 F__。

F 后面的数值表示刀具每 min 的进给量，单位为 mm/min，如 G98 F200 表示进给量为200mm/min。

注意

① 编写程序时，第一次遇到直线（G01）或圆弧（G02/G03）插补指令时，必须编写 F 指令。如果没有编写 F 指令，系统默认采用 F0。当工作在快速定位方式时，机床将以通过机床主轴参数设定的快速进给率移动，与编写的 F 指令无关。

② G98、G99 均为模态指令，实际的切削进给速度可通过操作面板上的进给倍率修调旋钮在 0～150%调节，但切削螺纹时无效。

3. 刀具功能（T 功能）

编程格式：T__。

T 功能用于指定加工所用刀具和刀具的参数。T 后面通常用两位数表示所选择的刀具号码。但有时 T 后面有 4 位数字，前两位是刀具号，后两位是刀具长度补偿号，也是刀尖圆弧半径补偿号。

例如，T0303 表示选用 3 号刀，3 号刀具长度补偿值和刀尖圆弧半径补偿值。T0300 表示取消刀具补偿。

第6章 数控车床仿真系统操作

6.1 机床准备

6.1.1 机床选择

如图 1-6-1 所示，选择 FANUC 0i 标准车床（车床身前置刀架）车床。

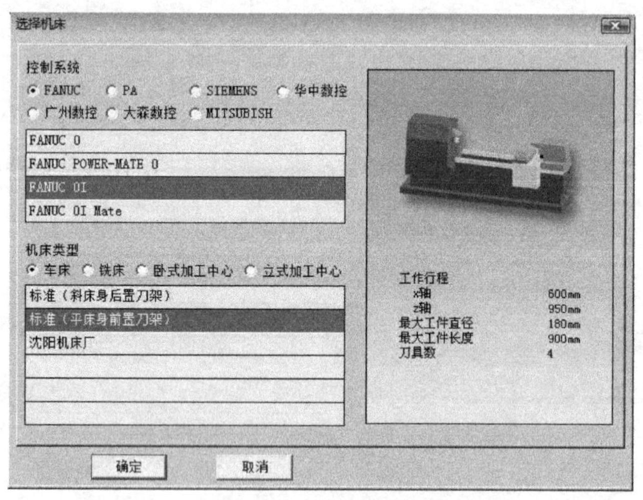

图 1-6-1 机床选择

6.1.2 机床激活

单击“启动”键，此时机床电动机和伺服控制的指示灯变亮。

检查“急停”按钮是否松开至状态，若未松开，单击“急停”按钮，将其松开。

6.1.3 车床回参考点

检查操作面板上回原点指示灯是否亮，若指示灯亮，则已进入回原点模式；若指示灯不亮，则单击“回原点”键，进入回原点模式。

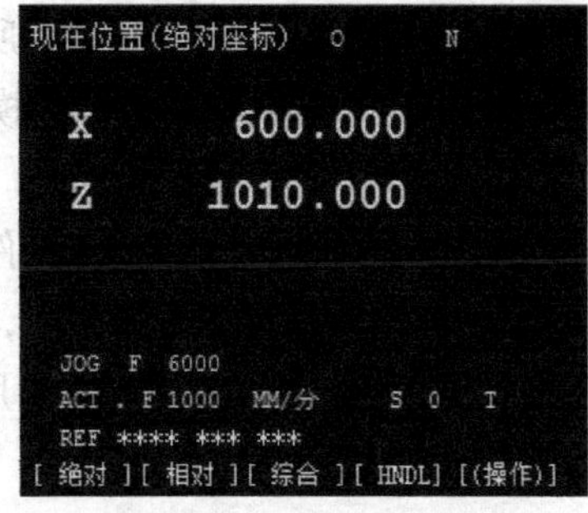

图 1-6-2 车床回参考点

在回原点模式下，先进行 *X* 轴回原点操作，单击操作面板上的X键选择 *X* 轴，再单击快速键和“正方向移动”键+，使 *X* 轴回原点，*X* 原点灯变亮，CRT 显示界面上的 X 坐标值变为“390.000”。用同样的方法，再单击“*Z* 轴选择”键Z，单击快速键和“正方向移动”键+，使 *Z* 轴回原点，*Z* 原点灯变亮，CRT 显示界面上的 Z 坐标变为“300.000”（选择的机床不同，显示的数据不同）。此时的 CRT 显示界面如图 1-6-2 所示。

操作过程中，机床运动到达极限超程时，须按复位键，重复上述操作。

6.2 工件的定义和使用

6.2.1 定 义 毛 坯

选择“零件”→“定义毛坯”命令，或在工具栏中选择“”，系统将打开如图 1-6-3 所示的“定义毛坯”对话框，可根据零件图的要求，定义毛坯的名字、材料、形状和尺寸，供加工时使用。

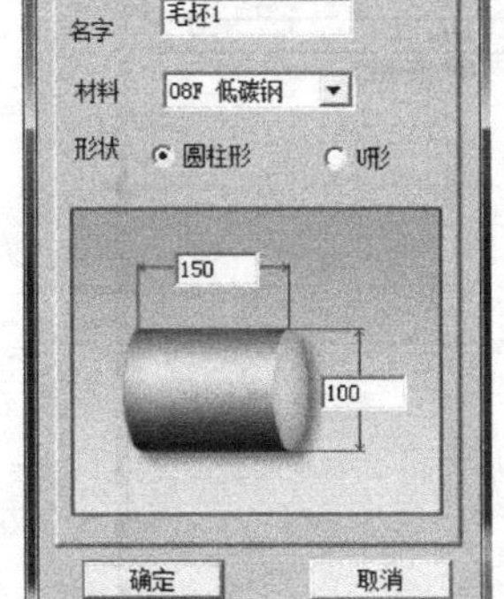

图 1-6-3 “定义毛坯”对话框

- 输入毛坯名字：在毛坯“名字”输入框内输入毛坯名，也可使用缺省值。
- 选择毛坯形状：车床仅提供圆柱形和 U 形毛坯。
- 选择毛坯材料：毛坯“材料”列表框中提供了多种供加工的毛坯材料，可根据需要在“材料”下拉列表中选择毛坯材料。
- 输入参数：尺寸输入框用于输入尺寸，单位为 mm。
- 保存退出：单击“确定”按钮，保存定义的毛坯，并退出本操作。
- 取消退出：单击“取消”按钮，不保存定义的毛坯，并退出本操作。

6.2.2 导出零件模型

导出零件模型功能可将已加工成型的零件以“prt”为后缀的文件形式单独保存下来作为毛坯使用。如图 1-6-4 所示，此毛坯已经过部分加工，称为零件模型。可通过导出零件模型功能予以保存，以便进行后续的加工。

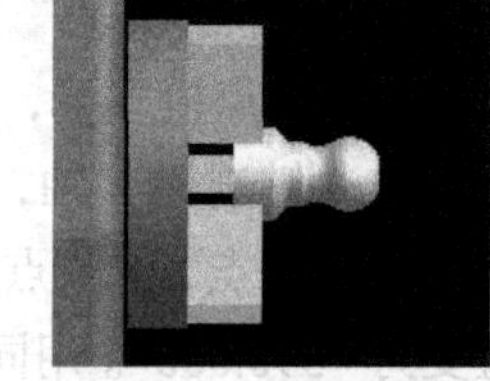

图 1-6-4 零件模型

选择“文件”→“导出零件模型”命令，系统弹出“另存为”对话框，在对话框中输入文件名，单击“保存”按钮，此零件模型即被保存，并可在以后需要时被调用。导出文件的后缀名为“prt”，不需要更改其后缀名。

6.2.3 导入零件模型

机床在加工零件时，除了可以使用原始定义的毛坯，还可以对经过部分加工的毛坯进行再加工，这个毛坯被称为零件模型，可以通过导入零件模型的功能调用零件模型。

选择“文件”→“导入零件模型”命令，系统将弹出“打开”对话框，若已通过导出零件模型功能保存过成型的毛坯，即可在此对话框中选择，并且打开所需的后缀名为“prt”的文件，选中的零件模型将被放置在机床上。拆除零件后重新放置该零件模型时，需在“选择零件”窗口单击“选择模型”项下单击该模型。

6.2.4 放 置 零 件

选择“零件”→“放置零件”命令，或者在工具栏上单击图标“”，系统将弹出“选择零件”对话框，如图 1-6-5 所示。

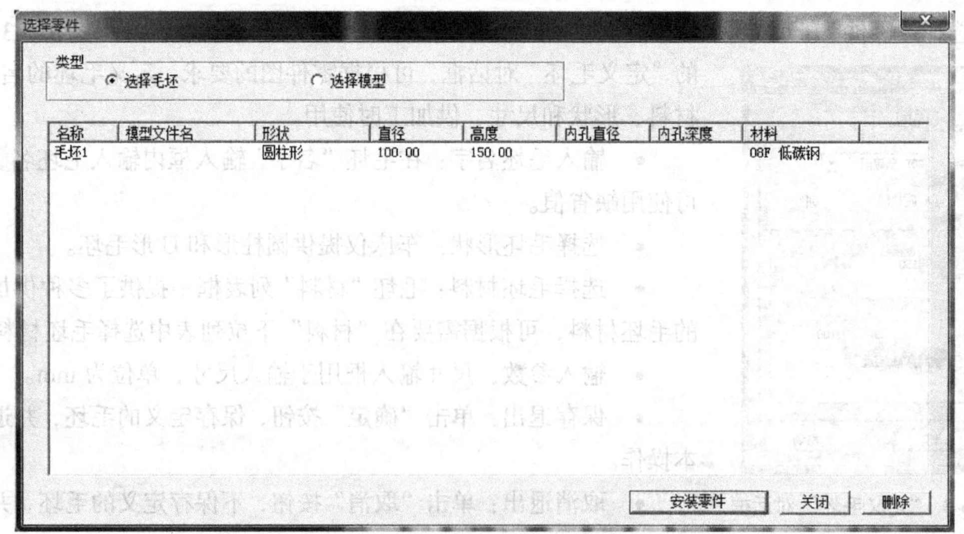

图 1-6-5 “选择零件”对话框

在列表中选择已定义的毛坯，选中的毛坯信息将加亮显示，单击“安装零件”按钮，系统自动关闭对话框，零件将被放置到机床上。

如果进行过“导入零件模型”的操作，对话框的零件列表中会显示模型文件名，若在类型单选框中选择“选择模型”，则可以选择导入零件模型文件。选择后，零件模型即经过部分加工的成型毛坯将被放置在机床台面上，如图 1-6-6 所示。

图 1-6-6　导入零件模型

6.2.5　调整零件位置

毛坯放置在机床上后，系统将自动弹出一个用来调整零件位置的小键盘，如图 1-6-7 所示，通过单击小键盘上的方向按钮，可实现零件的平移或旋转。小键盘上的“退出”按钮用于关闭小键盘。选择“零件”→“移动零件”命令也可以打开小键盘。在执行其他操作前应先关闭小键盘。

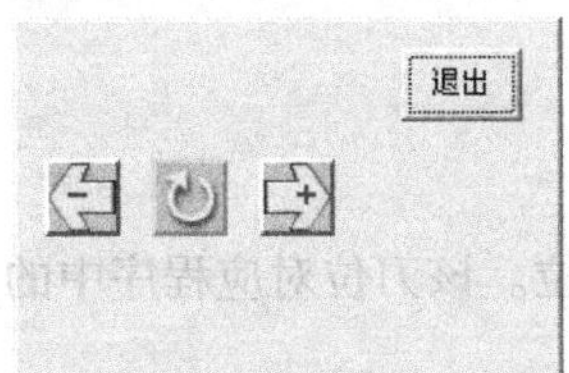

图 1-6-7　调整零件位置

6.2.6　一夹一顶装夹的使用

数控车床在加工长轴类零件时多采用一夹一顶装夹，使用一夹一顶装夹的方法如下。

- 移动尾座：通过弹出的左右移动键可移动尾座。
- 移动套筒：可以安装钻头手动钻孔。单击小键盘上的“移动套筒”复选框切换到移动套筒，调整套筒伸出的长度，可避免刀架与尾座发生碰撞。

6.3 车床刀具的选择和安装

6.3.1　刀具的选择及安装

单击“机床”→“选择刀具”命令，或者在工具栏中单击“ ”按钮，系统将弹出“刀具选择”对话框。

根据工艺要求，对应加工程序指定的刀号，可选择相应刀具并将其安装在刀架上。仿真系统中数控车床允许同时安装 8 把刀具（后置刀架），或者 4 把刀具（前置刀架），如图 1-6-8

所示。

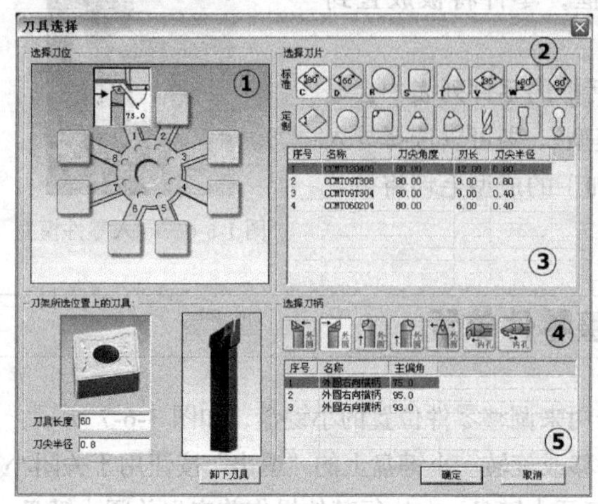

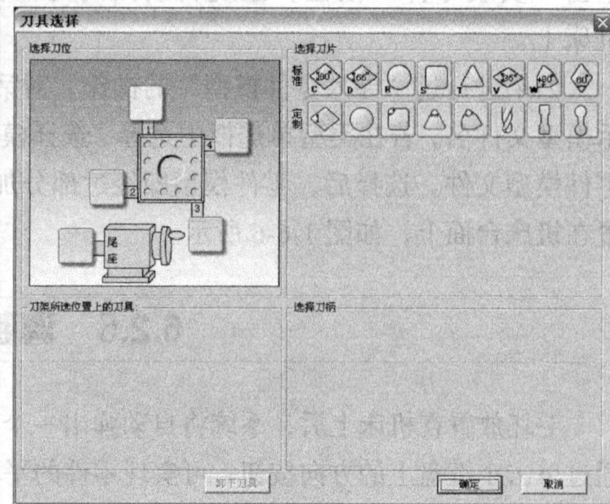

图 1-6-8 “刀具选择”对话框

1. 选择、安装车刀

（1）在刀架图中单击所需的刀位。该刀位对应程序中的 T01～T08（T04）。

（2）选择刀片类型。

（3）在刀片列表框中选择刀片。注意：刀尖角决定副偏角（刀尖角 + 主偏角 + 副偏角 = 180°），刃长决定最大吃刀深度。

（4）选择刀柄类型。注意：外圆刀柄，平床身为左偏刀柄，斜床身为右偏刀柄；内孔刀柄分通孔和盲孔两种。

（5）在刀柄列表框中选择刀柄。

2. 修改刀具

练习时允许对已选刀具临时进行刀具长度和刀尖半径的修改。刀具选择完成后，“刀具选择”对话框的左下部会显示出刀架所选位置上的刀具。其中显示的“刀具长度”和“刀尖半径”均可以由操作者进行修改，操作步骤如下。

（1）在“选择刀位”框中单击需修改的刀位号。

（2）在“刀度长度”和“刀尖半径”输入框中输入相应的参数。

（3）单击“确定”按钮，刀具长度和刀尖半径即会发生改变。

刀片、刀柄参数的修改需通过菜单“系统设置”中的“车刀库管理”进行自定义。

3. 拆除刀具

在刀架图中单击要拆除刀具的刀位，单击“卸下刀具”按钮即可拆除刀具。更换刀具时，直接选择新刀具即可。刀具卸下后又重新安装时，需重新选择该刀具。

4. 确认操作完成

单击“确认”按钮，即可确认完成操作。

6.3.2　数控车床 MDI 换刀操作

FANUC 0i 系列数控系统标准车床的操作面板上没有手动换刀键，必须通过指令转换刀位。具体操作步骤如下。

（1）选择“MDI”方式。

（2）单击“PROG”键显示程序界面，自动加入程序名 O0000。

（3）输入四位数的换刀指令。

（4）单击“循环启动”键执行换刀。

6.4 对刀

数控程序一般按工件坐标系进行编程，对刀的过程就是建立工件坐标系与机床坐标系之间关系的过程。下面具体说明车床对刀的方法。此处将工件右端面中心点设为工件坐标系原点。将工件上的其他点设为工件坐标系原点的方法与此方法类似。

对刀过程中注意运用等功能键调整机床的显示，以便于操作和观察。

6.4.1　试切法设置工件坐标系

（1）手动外径切削。单击“位置显示”键，再单击操作面板上的“手动”键，手动状态指示灯变亮，机床进入手动操作模式。单击控制面板上的键，单击键，再单击键或键，使刀具沿 *Z* 轴方向移动。用同样的方法可使刀具沿 *X* 轴方向移动。通过手动方式将刀具移动到如图 1-6-9 所示的大致位置。

离工件较近时单击键取消快速操作。

单击操作面板上的键或键，使其指示灯变亮，主轴转动。再单击“Z 轴方向选择”键，使 *Z* 轴方向的指示灯变亮，单击键，用所选刀具来试切工件外圆，如图 1-6-10 所示。然后单击键，机床沿 *X* 轴方向保持不动，刀具退出。

（2）测量切削位置的直径。单击操作面板上的键，使主轴停止转动。单击“测量”→“坐标测量”命令，系统弹出“车床工件测量”对话框，如图 1-6-11 所示单击试切外圆时所切线段，选中的线段由红色变为黄色。记下对话框下半部中对应的 X 的值（即直径为 49.361）。

（3）单击控制箱键盘上的键。

（4）把光标定位在需要设定的坐标轴上，这里为 *X* 轴。

（5）输入直径值 × 49.361，如图 1-6-12 所示。

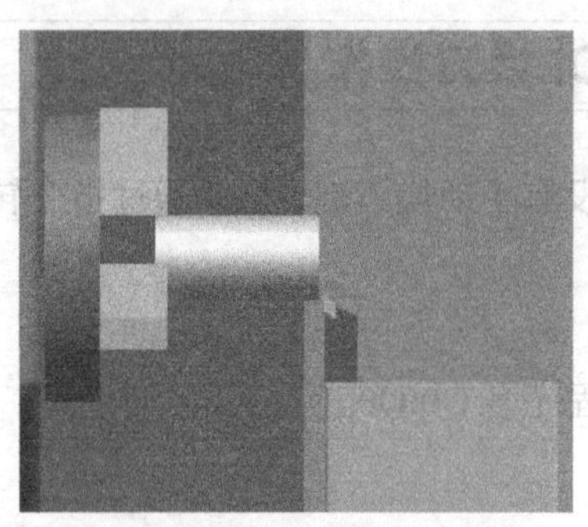

图 1-6-9　机床移动位置

图 1-6-10　试切工件外圆

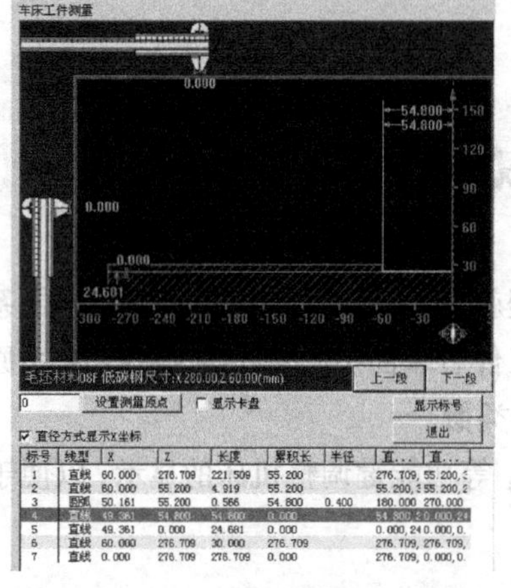

图 1-6-11　“车床工件测量”对话框

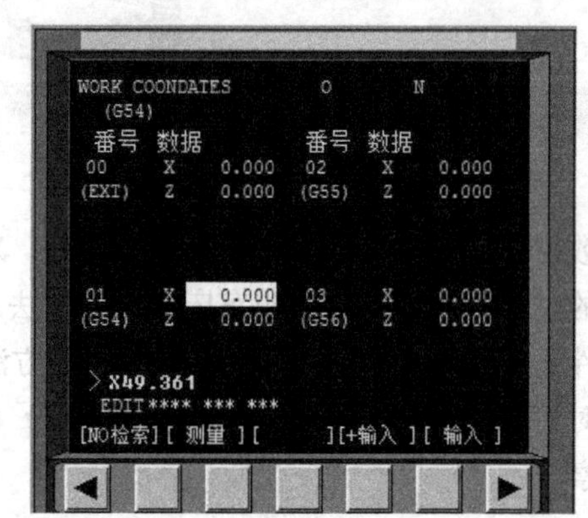

图 1-6-12　输入直径

（6）单击“测量”键。

（7）切削端面。单击“位置显示”键，单击操作面板上的键或键，使其指示灯变亮，主轴转动。将刀具移动至如图 1-6-13 所示的位置，单击控制面板上的键，使 *X* 轴方向移动指示灯变亮，单击键，切削工件端面，如图 1-6-14 所示。然后单击键，刀具沿 *Z* 方向保持不动，刀具退出。

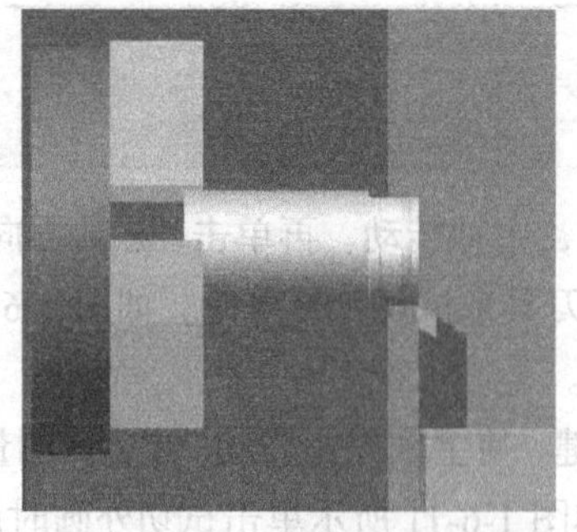

图 1-6-13　刀具移动位置

图 1-6-14　切削工件端面

（8）单击操作面板上的“主轴停止”键，使主轴停止转动。

（9）同上，如图 1-6-12 所示，把光标定位在需要设定的坐标轴上。

（10）在 MDI 键盘面板上单击需要设定的轴，即“Z”键。

（11）输入工件坐标系坐标值，此处输入 Z0。

（12）单击菜单软键“测量”，自动计算出坐标值。

6.4.2 试切法设置刀具编量值

使用这种方法对刀，可在程序中直接使用机床坐标系原点作为工件坐标系原点。

用所选刀具试切工件外圆，可单击“主轴停止”键，使主轴停止转动，再选择“测量”→“坐标测量”，得到试切后的工件直径，记为 α。

刀具退出，保持 X 轴方向坐标不变，单击 MDI 键盘上的键，进入形状补偿参数设定界面，将光标移动到 X 列与刀位号相对应的位置，输入 Xα，单击“测量”软键，对应的刀具偏移量将自动输入。

试切工件端面，把端面在工件坐标系中 Z 坐标的值，记为 β（此处以工件端面中心点为工件坐标系原点，则 β 为 0）。

保持 Z 轴方向不动，刀具退出。进入形状补偿参数设定界面，将光标移动到 Z 列与刀位号相对应的位置，输入 Zβ，单击“测量”键，对应的刀具偏移量将自动输入。

6.4.3 设置偏置值完成多把刀具的对刀

选择一把刀为标准刀具，采用试切法或自动设置坐标系法完成对刀，通过指令 G54～G59 设置工件坐标系原点，然后通过设置偏置值完成其他刀具的对刀，下面介绍刀具偏置值的获取方法。

依次单击 MDI 键盘上的键和“相对”键，进入相对坐标显示界面，如图 1-6-15 所示。

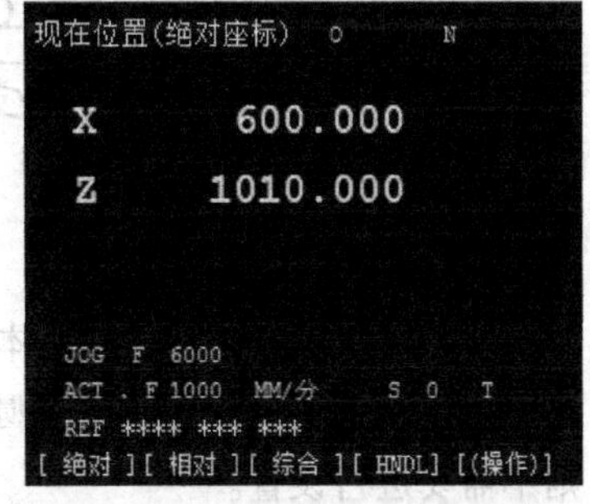

图 1-6-15　相对坐标显示界面

选择标准刀试切工件端面，将刀具当前 Z 轴的位置设为相对零点（设置零点前不得有 Z 轴位移）。依次单击 MDI 键盘上的键、键和键输入“w0”，单击“预定”键，则 Z 轴当前坐标值将被设为相对坐标原点。

选择标准刀试切零件外圆，将刀具当前 X 轴的位置设为相对零点（设置零点前不得有 X 轴的位移）。依次单击 MDI 键盘上的键、键和键输入“u0”，单击“预定”键，则 X 轴当前坐标值将被设为相对坐标原点。此时 CRT 显示界面如图 1-6-16 所示。

换刀后，移动刀具，使刀尖分别与标准刀切削过的表面接触。接触时显示的相对值，即为该刀相对于标准刀的偏置值 ΔX 和 ΔZ。（为保证刀尖准确移动到工件的基准点上，可采用手动脉冲进给方式）此时的 CRT 显示界面如图 1-6-17 所示，所显示的值即为偏置值。

将偏置值输入到摩耗参数补偿表或形状参数补偿表内。

MDI 键盘上的键用来切换字母键，如键，直接单击输入的为“X”；单击键，再单击键，输入的为“U”。

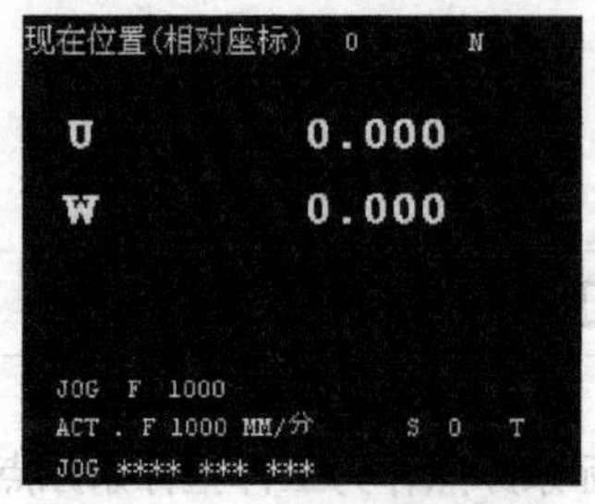

图 1-6-16 设置相对坐标原点

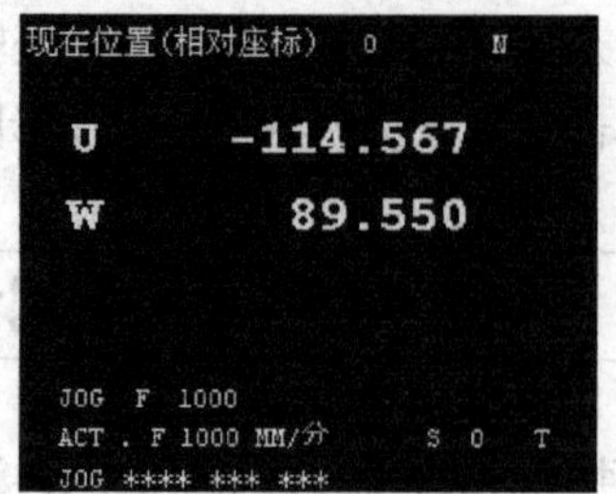

图 1-6-17 显示偏置值

除上述方法外，也可分别对每一把刀进行测量，输入刀具偏移量。

6.4.4 输入数控车床刀具补偿

输入数控车床刀具补偿的方法见 3.4 节。

注意：

（1）进行刀尖半径补偿时，除在程序中建立半径补偿段指令（G42/G41），在偏置参数设置界面中输入相应的刀尖半径 *R*，还必须输入刀尖方位号。刀尖方位号的规定如图 1-6-18 所示。

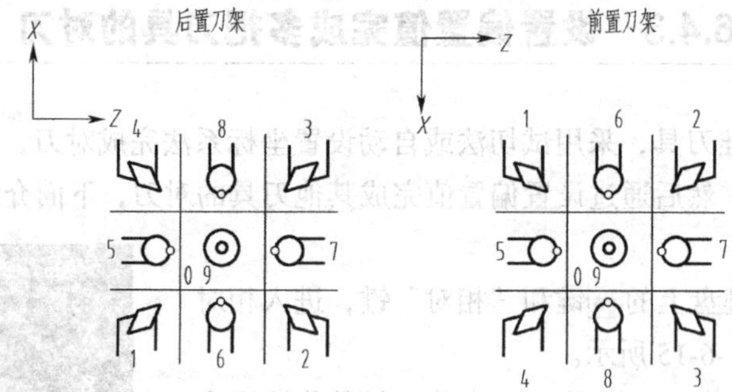

图 1-6-18 刀尖方位号的规定

（2）只需在对有圆弧和锥体的轮廓精加工时，进行刀尖半径补偿编程及刀具补偿参数设置，一般使用加工内、外轮廓的外圆精车刀和内孔精车刀。使用其他刀具，如螺纹刀、钻头和切槽则不需要进行设置。

6.5 自动加工

6.5.1 自动/连续方式

1. 自动加工流程

（1）启动机床，检查机床是否回零，若未回零，应先将机床回零。

（2）定义与安装毛坯。

（3）选择与安装刀具。

（4）进行对刀操作。

（5）编辑程序，导入数控程序或自行编写一段程序。

（6）进行自动加工，单击操作面板上的“自动运行”键，使其指示灯变亮。单击操作面板上的“循环启动”键，程序即开始执行。

（7）测量工件。

2. 中断运行

（1）数控程序在运行过程中可根据需要暂停、急停或重新运行。

（2）数控程序在运行时，单击“进给保持”键，程序将停止执行；再单击“循环启动”键，程序会从暂停的位置开始执行。

（3）数控程序在运行时，单击“急停”按钮，数控程序将中断运行；继续运行时，先将急停按钮松开，回参考点后再单击“循环启动”键，数控程序将从头开始执行。

6.5.2 自动/单段方式

（1）检查机床是否回零，若未回零，应先将机床回零。

（2）导入数控程序或自行编写一段程序。

（3）单击操作面板上的“自动运行”键，使其指示灯变亮。

（4）单击操作面板上的“单节”键。

（5）单击操作面板上的“循环启动”键，程序即开始执行。

注意：

（1）自动/单段方式执行每一行程序均需单击一次“循环启动”键。

（2）单击“单节跳过”键，则程序运行时，跳过符号“/”有效，该行成为注释行，不执行；单击“选择性停止”键，则程序中的 M01 指令有效。

（3）可以通过“主轴倍率”旋钮和“进给倍率”旋钮来调节主轴旋转的速度和移动的速度。

（4）单击RESET键可将程序重置。

6.5.3 检查运行轨迹

单击操作面板上的“自动运行”键，使其指示灯变亮，转入自动运行模式，单击 MDI 键盘上的PROG键，再单击字符键输入“Ox”（x 为需要检查运行轨迹的数控程序号），单击↓键开始搜索，找到该段程序后，程序将显示在 CRT 显示界面上。单击CUSTOM GRAPH键，进入检查运行轨迹模式，单击操作面板上的“循环启动”键，即可观察数控程序的运行轨迹，此时也可通过“视图”菜单中的动态平移、动态旋转、动态放缩等命令，对三维运行轨迹进行全方位的动态观察。

6.6 车床工件测量

当前机床上有零件，且零件不处于正在被加工的状态时可以对工件进行测量。选择“测量”→“剖面图测量”命令，系统弹击如图 1-6-19 所示的“车床工件测量”对话框。

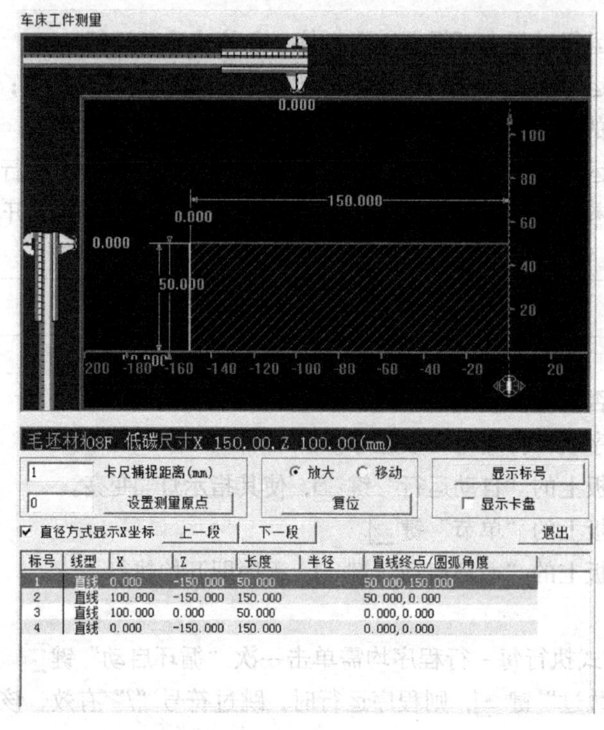

图 1-6-19 “车床工件测量”对话框

对话框上半部分的视图显示了当前机床上零件的剖面图；下半部分的列表显示了零件剖面图中各条线段的数据，每条线段数据包含以下内容。

（1）标号：每条线段的编号，单击“显示标号”按钮，在视图中将标注出每一条线段在此列表中对应的标号。

（2）线型：包括直线和圆弧，螺纹由小段的直线组成。

（3）X：显示此零件的直径/半径值。选中“直径方式显示 X 坐标”，列表中“X”列将显示直径，否则显示半径。

（4）Z：显示此线段自左向右的起点距零件最右端的距离。

（5）长度：线型若为直线，则显示直线的长度；若为圆弧，则显示圆弧的弧长。

（6）累积长：从零件的最右端开始到线段的终点在 Z 方向上的投影距离。

（7）半径：线型若为直线，不做任何显示；若为圆弧，显示圆弧的半径。

（8）直线终点/圆弧角度：线型若为直线，显示直线终点坐标；若为圆弧，显示圆弧的角度。

第7章 数控铣床和加工中心编程要点及指令

7.1 数控铣床和加工中心的坐标系

7.1.1 机床坐标系

数控铣床和加工中心的机床原点一般取在 X、Y、Z 坐标轴的正方向极限位置上，如图 1-7-1 所示。

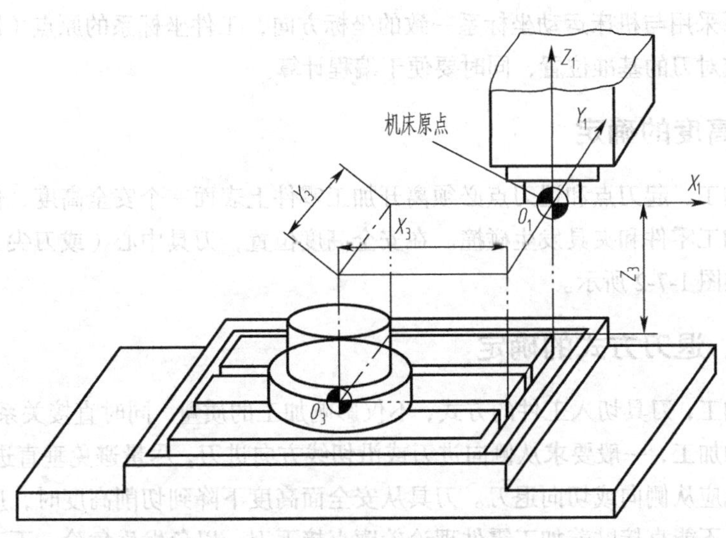

图 1-7-1 数控铣床和加工中心的坐标系

7.1.2 工件坐标系

工件坐标系应与机床坐标系的坐标方向一致。铣削加工的工件坐标系原点，一般设在工件外轮廓的某一个角上或工件的对称中心处，进刀深度方向上的零点，大多取在工件上表面。对于形状较复杂的工件，有时为编程方便，可根据需要通过相应的程序指令建立新的工件坐标系原点。对于在一个工作台上装夹加工多个工件的情况，在机床功能允许的条件下，可分别设定编程原点独立地编程，再通过加工原点预置的方法在机床上分别设定各自的工件坐标系。

7.1.3 机床参考点

机床参考点由机床行程限位开关和基准脉冲来确定，它与机床坐标系原点有着准确的位置关系。通常，数控铣床和加工中心的机床原点和机床参考点是重合的。数控机床开机时，必须先确定机床原点，而确定机床原点的运动就是刀架返回参考点的操作，这样通过确认参考点，就确定了机床原点。只有机床参考点被确认后，刀具（或工作台）移动才有基准。所以，开机后、加工前首先要进行返回参考点的操作。

7.2 数控铣削加工编程特点

1. 工件坐标系的确定及程序原点的设置

工件坐标系采用与机床运动坐标系一致的坐标方向，工件坐标系的原点（即程序原点）要选择便于测量或对刀的基准位置，同时要便于编程计算。

2. 安全高度的确定

对于铣削加工，起刀点和退刀点必须离开加工零件上表面一个安全高度，保证刀具在停止状态时，不与加工零件和夹具发生碰撞。在安全高度位置，刀具中心（或刀尖）所在的平面也称为安全面，如图 1-7-2 所示。

3. 进刀、退刀方式的确定

对于铣削加工，刀具切入工件的方式，不仅影响加工的质量，同时直接关系到加工的安全。对于二维轮廓的加工，一般要求从侧向进刀或沿切线方向进刀，尽量避免垂直进刀，如图 1-7-3 所示。退刀时也应从侧向或切向退刀。刀具从安全面高度下降到切削高度时，应离开工件毛坯边缘一个距离，不能直接贴着加工零件理论轮廓直接下刀，以免发生危险，下刀过程中不能用快速（G00）运动，而要用直线插补（G01）运动。

对于型腔的粗铣加工，一般应先钻一个工艺孔至型腔底面（留一定精加工余量），并扩孔，以便所使用的立铣刀能从工艺孔进刀，进行型腔粗加工。型腔粗加工一般采用从中心向四周扩展的方式。

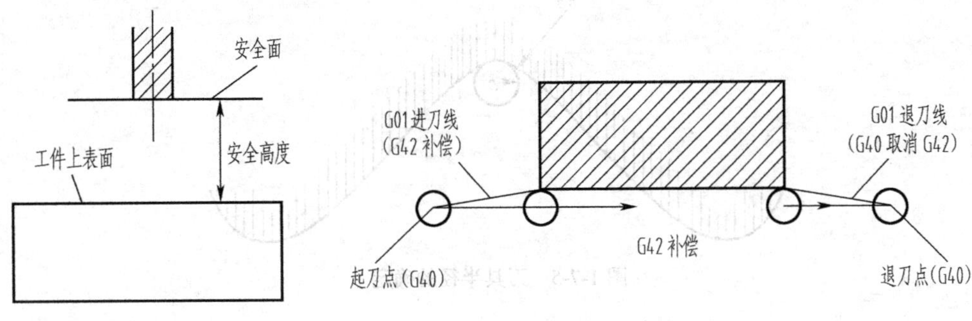

图 1-7-2　安全高度

图 1-7-3　进刀、退刀方式

4. 刀具半径补偿的建立

加工二维轮廓，一般均采用刀具半径补偿。在建立刀具半径补偿之前，刀具应离开零件轮廓适当的距离，且应与选定好的切入点和进刀方式协调，保证刀具的半径补偿，如图 1-7-4 所示。其中，（a）为合理的方式，（b）为不合理的方式。另外，刀具半径补偿的建立和取消必须在直线插补段内完成。

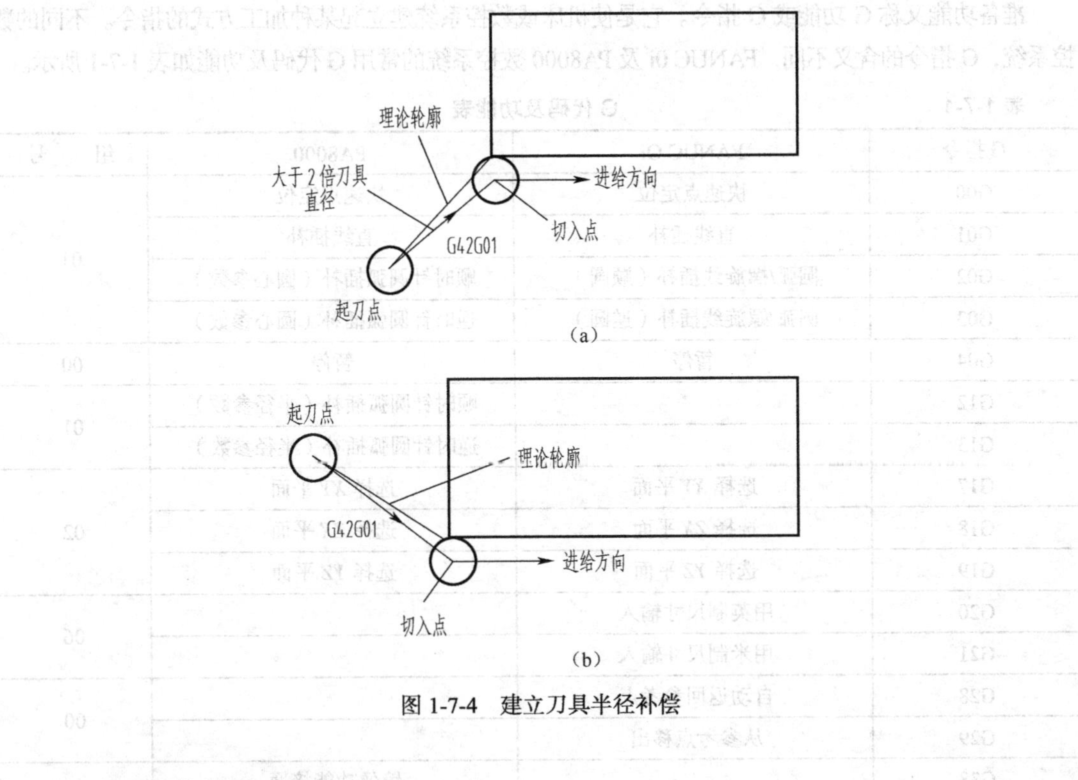

图 1-7-4　建立刀具半径补偿

5. 刀具半径的确定

对于铣削加工，精加工刀具半径选择的主要依据是零件加工轮廓和所加工轮廓凹处的最小曲率半径或圆弧半径，刀具半径应小于该最小曲率半径值，如图 1-7-5 所示。另外，还要考虑刀具尺寸与零件尺寸的协调问题，即不要用一把很大的刀具加工一个很小的零件。

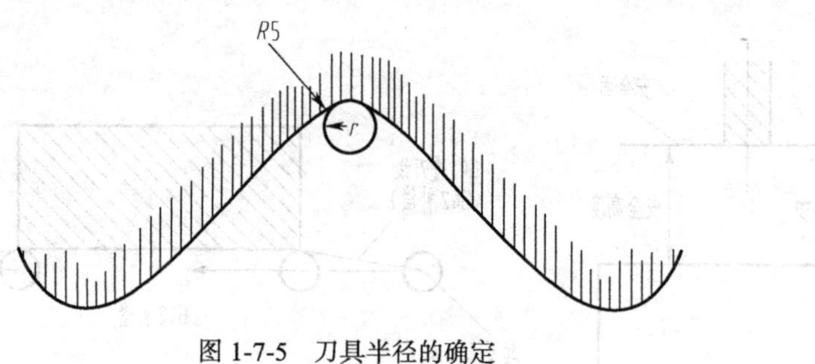

图 1-7-5　刀具半径的确定

7.3 数控系统的功能

7.3.1 准备功能

准备功能又称 G 功能或 G 指令。它是使机床或数控系统建立起某种加工方式的指令。不同的数控系统，G 指令的含义不同，FANUC 0i 及 PA8000 数控系统的常用 G 代码及功能如表 1-7-1 所示。

表 1-7-1　G 代码及功能表

G 指令	FANUC 0i	PA8000	组　号
G00	快速点定位	快速点定位	01
G01	直线插补	直线插补	
G02	圆弧/螺旋线插补（顺圆）	顺时针圆弧插补（圆心参数）	
G03	圆弧/螺旋线插补（逆圆）	逆时针圆弧插补（圆心参数）	
G04	暂停	暂停	00
G12		顺时针圆弧插补（半径参数）	01
G13		逆时针圆弧插补（半径参数）	
G17	选择 *XY* 平面	选择 *XY* 平面	02
G18	选择 *ZX* 平面	选择 *ZX* 平面	
G19	选择 *YZ* 平面	选择 *YZ* 平面	
G20	用英制尺寸输入		06
G21	用米制尺寸输入		
G28	自动返回参考点		00
G29	从参考点移出		
G38		镜像功能接通	10
G39		镜像功能关断	
G40	刀具半径补偿注销	刀具半径补偿注销	07
G41	刀具半径左补偿	刀具半径左补偿	
G42	刀具半径右补偿	刀具半径右补偿	

续表

G指令	FANUC Oi	PA8000	组号
G43	正向长度补偿		08
G44	负向长度补偿		
G49	取消长度补偿		
G50.1	镜像功能撤销		10
G51.1	镜像功能		
G53	选择机床坐标系	选择机床坐标系	00
G54	选择第1工件坐标系	选择第1工件坐标系	14
G55	选择第2工件坐标系	选择第2工件坐标系	
G56	选择第3工件坐标系	选择第3工件坐标系	
G57	选择第4工件坐标系	选择第4工件坐标系	
G58	选择第5工件坐标系	选择第5工件坐标系	
G59	选择第6工件坐标系	选择第6工件坐标系	
G70		用英制尺寸输入	06
G72		用米制尺寸输入	
G80	取消固定循环		09
G81	定点钻孔循环	钻孔	
G83	深孔加工循环	深孔加工循环	
G90	绝对值编程	绝对值编程	03
G91	增量值编程	增量值编程	
G92	设定工件坐标系	设定工件坐标系	00
G98	返回到起始点		04
G99	返回到R平面		

7.3.2 辅助功能

辅助功能代码用地址“M”及两位数字表示，也称M功能或M指令。它用来表示数控机床辅助装置的接通和断开，如主轴的启停、切削液的开关等。常用的M指令功能如表1-7-2所示。

表1-7-2 常用的M指令

M指令	功能	说明
M00	程序暂停	当执行有M00指令的程序段后，不再执行下段。相当于执行单程序段操作。当单击操作面板上的循环启动键后，程序继续执行 应用：该指令可应用于自动加工过程中，停车进行某些手动操作，如手动变速、换刀、关键尺寸的抽样检查等
M01	任选停止	该指令的作用和M00指令相似，但必须在预先单击操作面板上“选择停止”键的情况下，执行有M01指令的程序段，才会停止执行程序。如果不“选择停止”键，M01指令无效，程序继续执行应用：常用于关键尺寸的抽样检查或临时停车

续表

M指令	功　能	说　明
M02	程序结束	该指令用于使加工程序全部结束。执行该指令后，机床便停止自动运转，切削液关闭，机床复位。有的机床设定该功能可卷回纸带到程序的开始字符位置 应用：该指令必须编在程序的最后一条程序段中，用以表示程序的结束
M03	主轴正转	对于立式铣床，正转设定为由Z轴正方向向负方向看去，主轴顺时针方向旋转
M04	主轴反转	
M05	主轴停止转动	
M08	冷却泵启动	切削液打开
M09	冷却泵关闭	切削液关闭
M30	纸带结束	M30指令表示加工程序全部结束，使主轴停转，刀具进给停止，切削液关闭，机床复位，纸带倒回到"程序开始"字符 应用：该指令必须编在程序的最后一条程序段中，用以表示程序的结束 注意：M02指令与M30指令不能出现在同一程序中
M98	调用子程序	从主程序转至子程序
M99	子程序结束	从子程序返回到主程序

注：①在一个程序段中只能出现一个M指令，如果在一个程序段中出现了两个或两个以上的M指令时，只有最后一个M指令有效，其余的M指令均无效；②移动指令和M指令在同一程序段中时，先执行M指令后执行移动指令。

7.3.3　其他功能指令

1. 进给功能（F功能）

（1）切削进给速度。在直线插补G01，圆弧插补G02、G03中，用F及其后面的数值来表示刀具的进给速度，单位为mm/min（米制）或in/min（英制），如米制F60.0表示进给速度为60mm/min。

（2）快速进给。用点定位指令G00进行快速定位时，快速进给的速度由每个轴的参数来确定，所以在程序中不需要指定。

2. 主轴功能（S功能）

用S及其后面数值来表示主轴转速，单位为r/min，如S600表示主轴转速为600r/min。

3. 刀具功能（T功能）

T功能为选刀功能。在加工中心中，在进行多道工序加工时，必须选取合适的刀具。每把刀具应安排一个刀号，刀号在程序中指定。刀具功能用T及其后面的两位数字来表示，如T06表示选取第6号刀具。

4. 刀具补偿功能（H功能）

用H及其后面的两位数字表示刀具补偿号。该两位数字为存放刀具补偿量的存储器地址，如H01表示刀具补偿量用第1号。

第8章 数控铣床和加工中心仿真系统操作

8.1 机床准备

8.1.1 机床选择

如图 1-8-1 所示，选择 FANUC 0i 标准铣床或加工中心。

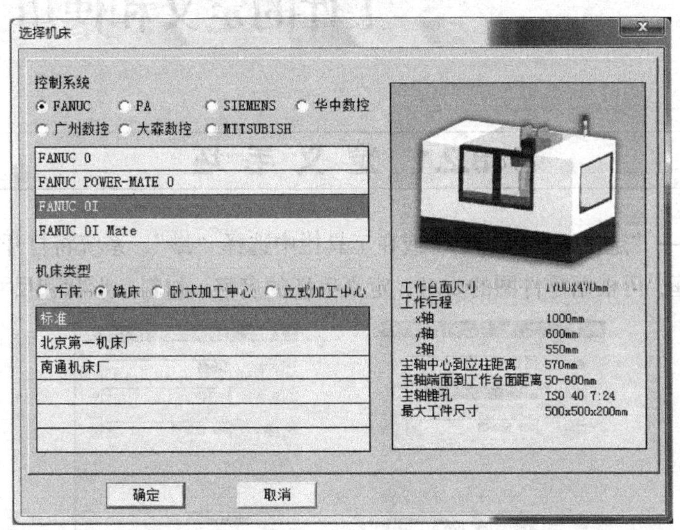

图 1-8-1 机床选择

8.1.2 机床激活

单击“启动”键，此时机床电动机和伺服控制的指示灯变亮。

检查“急停”按钮是否松开至状态，若未松开，单击“急停”按钮，将其松开。

8.1.3 机床回参考点

检查操作面板上回原点指示灯是否点亮，若指示灯亮，则已进入回原点模式；若指示灯不亮，则单击“回原点”键，进入回原点模式。

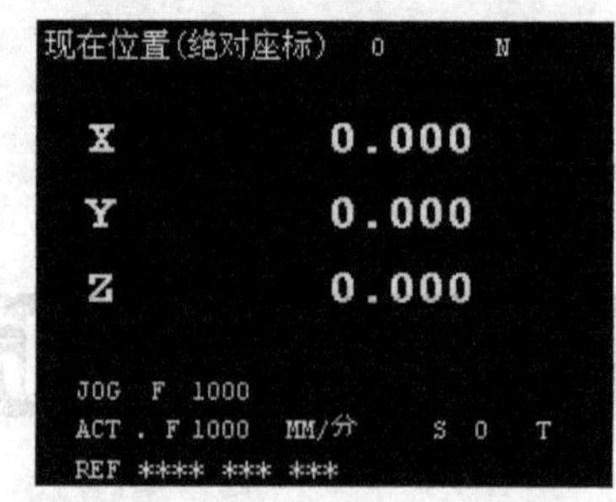

图 1-8-2 回参考点显示

在回原点模式下，先进行 *Z* 轴回原点操作，单击操作面板上的“Z 轴选择”键，再单击键和键，使 *Z* 轴回原点，*Z* 原点灯变亮，CRT 显示界面上的 Z 坐标值变为“0.000”。用同样的方法，再分别单击 *X* 轴、*Y* 轴方向键、，使指示灯变亮，单击键和键，此时 *X* 轴、*Y* 轴回原点，回原点灯、变亮。此时的 CRT 显示界面如图 1-8-2 所示。

操作过程中，机床运动到达极限超程时，须按复位键，重复上述操作。

8.2 工件的定义和使用

8.2.1 定义毛坯

选择“零件”→“定义毛坯”命令，或在工具栏中选择“”，系统将打开如图 1-8-3 所示的“定义毛坯”对话框，可根据零件图的要求，定义毛坯的名字、材料、形状和尺寸，供加工时使用。

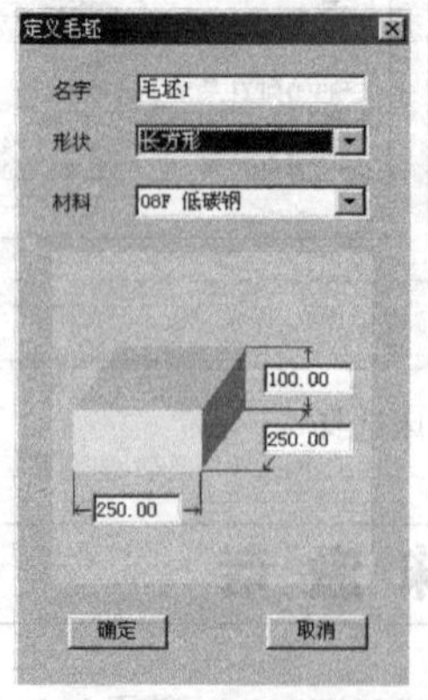

长方形毛坯定义

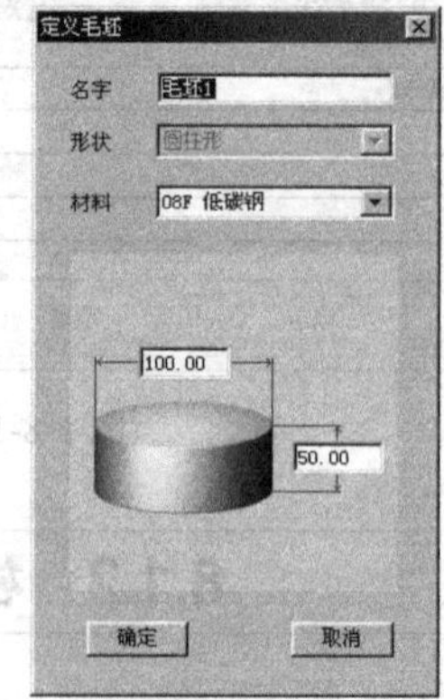

圆形毛坯定义

图 1-8-3 “定义毛坯”对话框

- 输入毛坯名字：在毛坯“名字”输入框内输入毛坯名，也可使用缺省值。
- 选择毛坯形状：铣床和加工中心有两种形状的毛坯供选择，分别为长方形毛坯和圆柱形毛坯。可以在“形状”下拉列表中选择毛坯形状。
- 选择毛坯材料：毛坯“材料”列表框中提供了多种供加工的毛坯材料，可根据需要在“材料”下拉列表中选择毛坯材料。
- 输入参数：尺寸输入框用于输入尺寸，单位为 mm。
- 保存退出：单击“确定”按钮，保存定义的毛坯，并退出本操作。
- 取消退出：单击“取消”按钮，不保存定义的毛坯，并退出本操作。

8.2.2 导出零件模型

导出零件模型功能可将已加工成型的零件以“prt”为后缀的文件形式单独保存下来做为毛坯使用。可通过导出零件模型功能予以保存，以便进行后续的加工。如图 1-8-4 所示，此毛坯已经过部分加工，称为零件模型。

图 1-8-4 零件模型

选择“文件”→“导出零件模型”命令，系统弹出“另存为”对话框，在对话框中输入文件名，单击保存按钮，此零件模型即被保存，并可在以后需要时被调用。导出文件的后缀名为“prt”，不需要更改其后缀名。

8.2.3 导入零件模型

机床在加工零件时，除了可以使用原始定义的毛坯，还可以对经过部分加工的毛坯进行再加工，这个毛坯被称为零件模型，可以通过导入零件模型的功能调用零件模型。

选择“文件”→“导入零件模型”命令，系统将弹出“打开”对话框，若已通过导出零件模型功能保存过成型的毛坯，即可在此对话框中选择，并且打开所需的后缀名为“prt”的文件，选中的零件模型将被放置在工作台面上。拆除零件后重新放置该零件模型时，需在“选择零件”窗口单击“选择模型”。

8.2.4 安装夹具

选择“零件”→“安装夹具”命令，或者在工具栏中单击图标“⏏”，可打开“选择夹具”对话框，如图 1-8-5 所示。首先，在“选择零件”列表框中选择毛坯。然后在“选择夹具”列表框中选择夹具，长方体零件可以使用工艺板或者平口钳，圆柱形零件可以选择工艺板或者卡盘。

- “夹具尺寸”输入框显示的是系统提供的尺寸，用户可以修改工艺板的尺寸。
- 各个方向的“移动”按钮供操作者调整毛坯在夹具上的位置。

注意

在仿真系统中，铣床和加工中心也可以不使用夹具，将工件直接放在机床台面上。

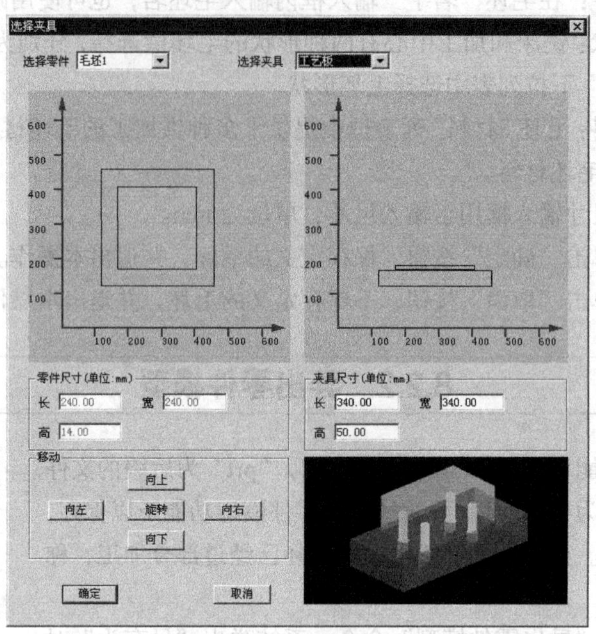

图 1-8-5 “选择夹具”对话框

8.2.5 放 置 零 件

选择“零件”→“放置零件”命令，或者在工具栏上单击图标“”，系统将弹出“选择零件”对话框，如图 1-8-6 所示。

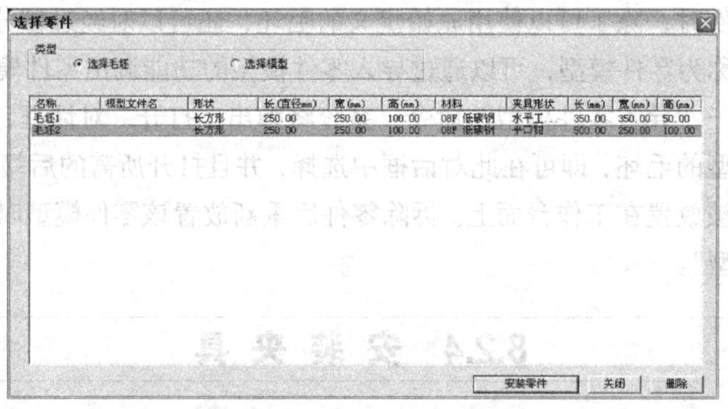

图 1-8-6 “选择零件”对话框

在列表中选择已定义的毛坯，选中的毛坯信息将加亮显示，单击“安装零件”按钮，系统自动关闭对话框，零件将被放置到机床上。

如果进行过“导入零件模型”的操作，对话框的零件列表中会显示模型文件名，若在类型单选框中选择“选择模型”，则可以选择导入零件模型文件。选择后零件模型即经过部分加工的成型毛坯将被放置在机床台面上，如图 1-8-7 所示。

图 1-8-7 导入零件模型

8.2.6 调整零件位置

零件可以在工作台面上移动。毛坯放置在工作台上后，系统将自动弹出一个用来调整零件位置的小键盘，如图 1-8-8 所示，通过单击小键盘上的方向按钮，可实现零件的平移和旋转。小键盘上的“退出”按钮用于关闭小键盘。选择“零件”→“移动零件”命令也可以打开小键盘。在执行其他操作前应先关闭小键盘。

图 1-8-8 调整零件位置

8.2.7 数控铣床和加工中心压板的使用

数控铣床和加工中心当使用工艺板或者不使用夹具时，可以使用压板。

（1）安装压板：选择“零件”→“安装压板”命令，系统打开“选择压板”对话框，如图 1-8-9 所示。

对话框中列出了各种安装方案，可以拉动滚动条浏览全部许可的方案，然后选择所需要的安装方案，单击“确定”按钮，压板将出现在台面上。

在“压板尺寸”中可更改压板的长、高、宽。范围为长 30～100；高 10～20；宽 10～50，单位为 mm。

（2）移动压板：选择“零件”→“移动压板”命令，系统将弹出小键盘，操作者可以根据需要平移压板，但是不能旋转压板，如图 1-8-10 所示，首先用鼠标选择需移动的压板，被选中的压板变成灰色，然后单击小键盘中的方向键操纵压板的移动。

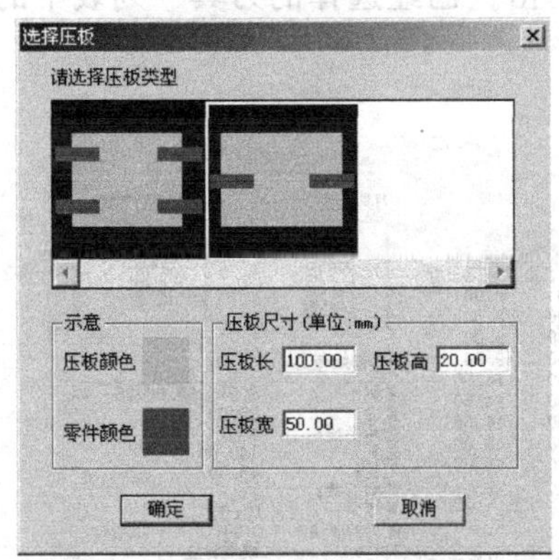

图 1-8-9 “选择压板”对话框

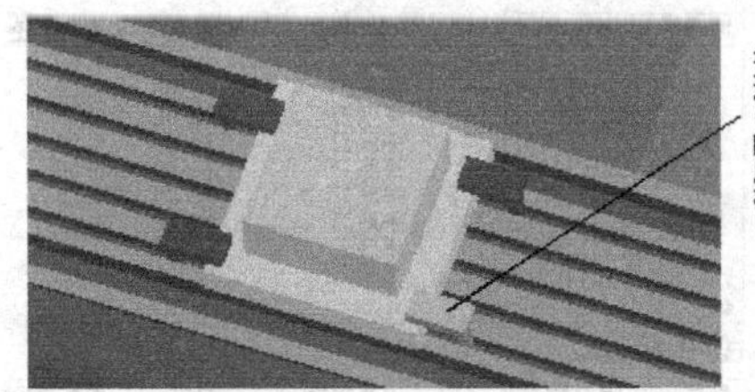

图 1-8-10 移动压板

（3）拆除压板：选择“零件”→“拆除压板”命令，可以拆除全部压板。

加工完的零件拆除了就无法取回，所以在考试时零件绝不能拆下，有切断要求的也不能完全切断使工件掉下。

8.3 数控铣床和加工中心刀具的选择和安装

8.3.1 刀具的选择及安装

选择“机床”→“选择刀具”命令，或者在工具栏中单击图标“ ”，系统将弹出“选择铣刀”对话框，如图 1-8-11 和图 1-8-12 所示。

1. 按条件列出刀具清单

筛选的条件是直径和类型。

（1）在“所需刀具直径”输入框内输入直径，如果不把直径作为筛选条件，可输入数字“0”。

（2）在“所需刀具类型”下拉列表中选择刀具类型。可供选择的刀具类型有平底刀、平底带 R 刀、球头刀、钻头、镗刀等。

（3）单击“确定”按钮，符合条件的刀具就会在“可选刀具”列表中显示。

2. 指定刀位号

“已经选择的刀具”列表中的序号（见图 1-8-11）就是刀库中的刀位号。卧式加工中心允许同时选择 20 把刀具；立式加工中心允许同时选择 24 把刀具。对于铣床，如图 1-8-12 所示，对话框中只有 1 号刀位可以使用。用鼠标单击“已经选择的刀具”列表中的序号制定刀位号。

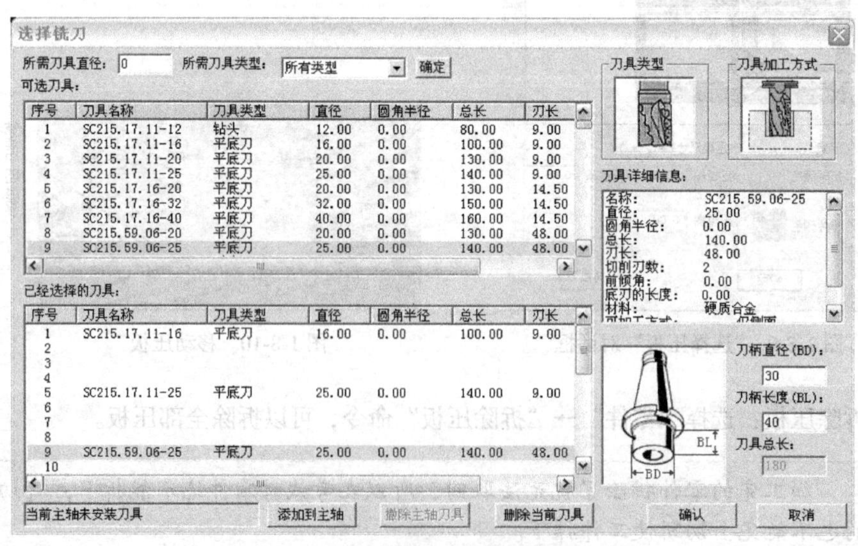

图 1-8-11 加工中心刀具选择

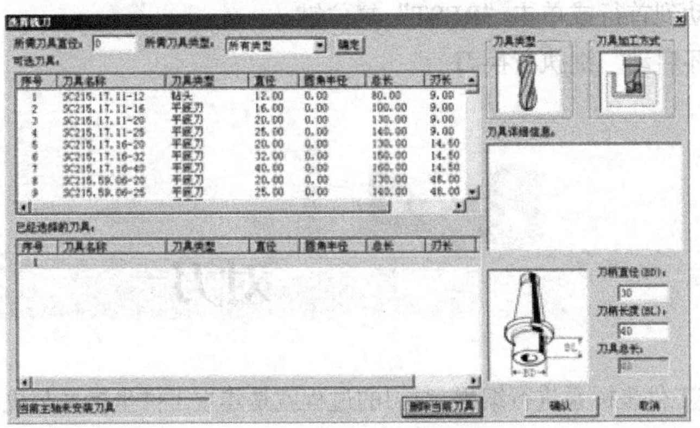

图 1-8-12　数控铣刀具选择

3. 选择需要的刀具

指定刀位号后，再用鼠标单击“可选刀具”列表中的所需刀具，选中的刀具对应显示在“已经选择的刀具”列表中选中的刀位号所在行。

4. 输入刀柄参数

操作者可以按需要输入刀柄参数。参数有直径和长度两个。总长度是刀柄长度与刀具长度之和。

5. 删除当前刀具

单击“删除当前刀具”按钮可删除此时“已经选择的刀具”列表中光标所在行的刀具。

6. 确认选刀

选择完刀具后，单击“确认”按钮完成选刀操作，或者单击“取消”按钮退出选刀操作。

加工中心的刀具在刀库中，如果在选择刀具的操作中同时要指定将某把刀安装到主轴上，可以先用光标选中，然后单击“添加到主轴”按钮。铣床的刀具则会自动安装到主轴上。

8.3.2　加工中心 MDI 换刀操作

加工中心需通过指令方可进行自动换刀，操作步骤如下。

（1）选择“MDI”方式。

（2）单击“PROG”键显示程序界面，自动加入程序名 O0000。

（3）输入换刀指令（刀号两位数），如

```
G28;
T01M06;
```

（4）将光标移动到首行或单击“REST”复位键。

（5）单击“循环启动”键执行换刀。

8.4 对刀

数控程序一般按工件坐标系进行编程，对刀的过程就是建立工件坐标系与机床坐标系之间关系的过程。下面将具体说明数控铣床和卧式、立式加工中心对刀的方法。此处铣床和卧式、立式加工中心将工件上表面中心点设为工件坐标系原点。将工件上其他点设为工件坐标系的对刀方法与此类似。

对刀过程中注意运用等功能键调整机床的显示，以便于操作和观察。

8.4.1 刚性靠棒 *X*、*Y* 轴对刀

“刚性靠棒”采用检查塞尺松紧的方式对刀，具体过程如下（这里采用将零件放置在基准工具的左侧（正面视图）的方式对刀）。

选择“机床”→“基准工具...”命令，弹出的“基准工具”对话框如图1-8-13所示，左边的基准工具是“刚性靠棒”，右边的是“寻边器”。

1. *X* 轴方向对刀

（1）单击操作面板中的“手动”键，手动状态指示灯亮，进入“手动”方式。

（2）单击MDI键盘上的POS键，使CRT显示界面上显示坐标值。借助“视图”菜单中的动态平移、动态旋转、动态放缩等工具，单击X、Y、Z键和+、-键，将机床移动到如图1-8-14所示的大致位置。

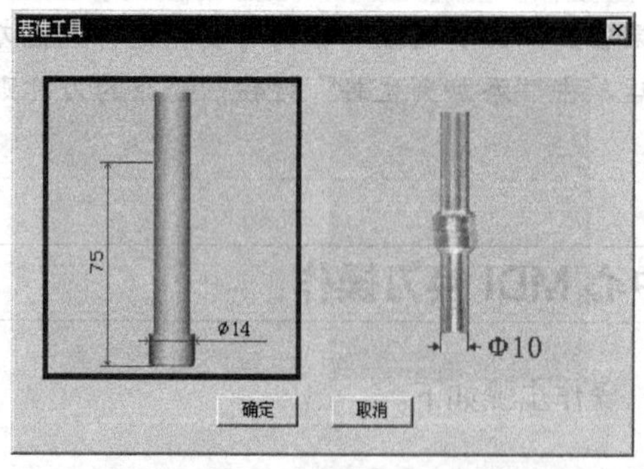

图1-8-13 “基准工具”对话框

图1-8-14 机床移动位置

（3）移动到大致位置后，可以采用手轮调节方式移动机床，选择“塞尺检查”→“1mm”命令，基准工具和零件之间将被插入塞尺，在机床下方显示如图1-8-15所示的局部放大图（紧贴零件的红色物体为塞尺）。

（4）单击操作面板上的“手动脉冲”键或，使手动脉冲指示灯变亮，采用手动脉冲方式精确移动机床，单击显示手轮，将手轮对应轴旋钮置于（X档），调节手轮进给速度旋钮，在手轮上单击鼠标左键或右键精确地移动靠棒，使得“提示信息”对话框显示“塞尺检查的结果：合适”，如图 1-8-16 所示。

图 1-8-15　局部放大图

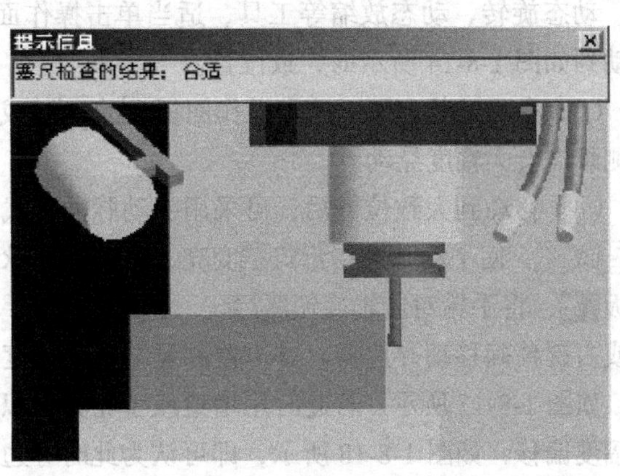

图 1-8-16　塞尺检查结果“合适”

（5）记下塞尺检查结果为合适时，CRT 显示界面中的 X 坐标值，作为基准工具中心的 X 坐标，记为 X_1；将定义毛坯数据时设定的零件的长度记为 X_2；将塞尺厚度记为 X_3；将基准工件直径记为 X_4（可在选择基准工具时读出）。

（6）则工件上表面中心的 X 的坐标值为基准工具中心的 X 的坐标值减去零件长度的一半，减去塞尺厚度，减去基准工具半径，即 $X_1-X_2/2-X_3-X_4/2$ 记为 D_X。

2. Y方向对刀

采用同样的方法，得到工件中心的 Y 坐标，记为 D_Y。

完成 X，Y 方向的对刀后，选择“塞尺检查”→“收回塞尺”命令将塞尺收回，然后单击“手动”键，手动灯亮，机床转入手动操作状态，单击键和键，将 Z 轴提起，再选择“机床”→“拆除工具”命令拆除基准工具。

注意

塞尺有各种不同尺寸，可以根据需要调用。本系统提供的塞尺尺寸有 0.05mm、0.1mm、0.2mm、1mm、2mm、3mm、100mm（量块）。

8.4.2　寻边器 X、Y 轴对刀

寻边器由固定端和测量端两部分组成。固定端由刀具夹头夹持在机床主轴上，中心线与主轴轴线重合。在测量时，主轴以 400r/min 的转速旋转。通过手动方式，使寻边器向工件基准面移动靠近，让测量端接触基准面。在测量端未接触工件时，固定端与测量端的中心线不重合，两者呈偏心状态。当测量端与工件接触后，偏心距减小，这时使用点动方式或手轮方式微调进给，寻边器继续向工件移动，偏心距逐渐减小。在测量端和固定端的中心线重合的瞬间，测量端会明显地偏出，出现明显的偏心状态。这时主轴中心位置距离工件基准面的距离等于测量端的半径。

1. *X*轴方向对刀

（1）单击操作面板中的“手动”键，手动灯亮，系统进入“手动”方式。

（2）单击 MDI 键盘上的键使 CRT 显示界面显示坐标值。借助“视图”菜单中的动态平移、动态旋转、动态放缩等工具，适当单击操作面板上的X、Y、Z键和+、-键，将机床移动到如图 1-8-14 所示的大致位置。

（3）在手动状态下，单击操作面板上的键或键，使主轴转动。未与工件接触时，寻边器测量端会大幅度晃动。

（4）移动到大致位置后，可采用手动脉冲方式移动机床，单击操作面板上的“手动脉冲”键或，使手动脉冲指示灯变亮，采用手动脉冲方式精确移动机床，单击显示手轮控制面板，将手轮对应轴旋钮置于 X 挡，调节手轮进给速度旋钮，在手轮上单击鼠标左键或右键精确移动寻边器。寻边器测量端晃动幅度逐渐减小，直至固定端与测量端的中心线重合，如图 1-8-17 所示。若此时用增量或手轮方式以最小脉冲当量进给，寻边器的测量端会突然大幅度偏移，如图 1-8-18 所示，即可认为此时寻边器与工件恰好吻合。

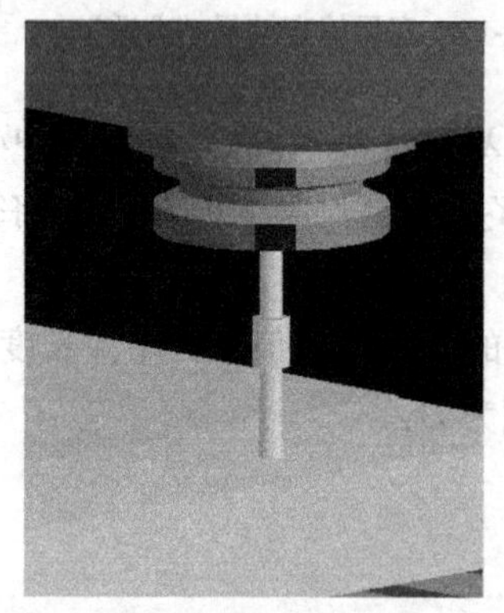

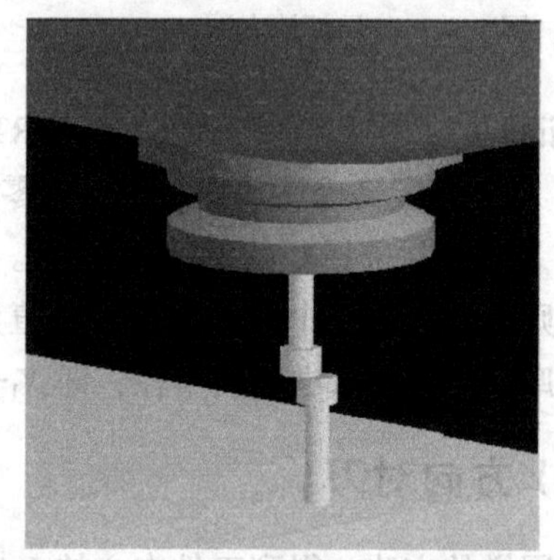

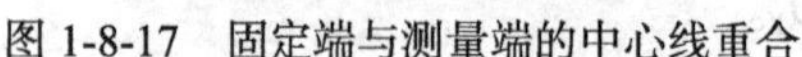

图 1-8-17　固定端与测量端的中心线重合　　图 1-8-18　寻边器的测量端突然大幅度偏移

（5）记下寻边器与工件恰好吻合时 CRT 显示界面中的 *X* 坐标值，作为基准工具中心的 *X* 坐标值，记为 X_1；将定义毛坯数据时设定的零件的长度记为 X_2；将基准工件直径记为 X_3（可在选择基准工具时读出）。

（6）工件上表面中心的 *X* 坐标值为基准工具中心的 *X* 坐标值减去零件长度的一半，再减去基准工具半径，即 $X_1-X_2/2-X_3/2$，记为 D_X。

2. *Y*方向对刀

采用同样的方法，得到工件中心的 *Y* 坐标值，记为 D_Y。

完成 *X*，*Y* 方向的对刀后，单击Z键和+键，将 *Z* 轴提起，停止主轴转动，再选择“机床”→“拆除工具”命令拆除基准工具。

8.4.3　塞尺检查法 *Z* 轴对刀

用塞尺检查法进行 *Z* 轴对刀时，采用实际加工时所要使用的刀具。

（1）选择“机床”→“选择刀具”命令或单击工具栏上的图标“”，选择所需的刀具。

（2）装好刀具后，单击操作面板中的“手动”键，手动状态指示灯亮，系统进入“手动”方式。

（3）利用操作面板上的X、Y、Z键和+、-键，将机床移动到如图 1-8-19 所示的大致位置。

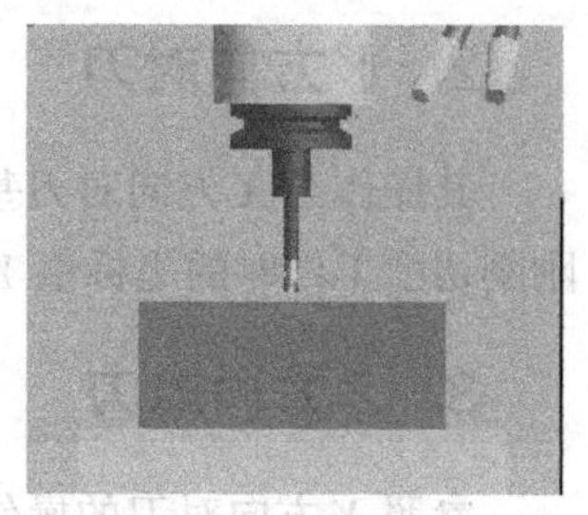

图 1-8-19　机床移动位置

（4）用与 X，Y 方向对刀类似的方法进行塞尺检查，得到“塞尺检查的结果：合适”时 Z 坐标值，记为 Z_1，塞尺厚度记为 Z_2，如图 1-8-20 所示。则工件中心的 Z 坐标值为 Z_1 减去塞尺厚度 Z_2 即 Z_1-Z_2，记为 D_Z，此时工件坐标系在工件上表面。

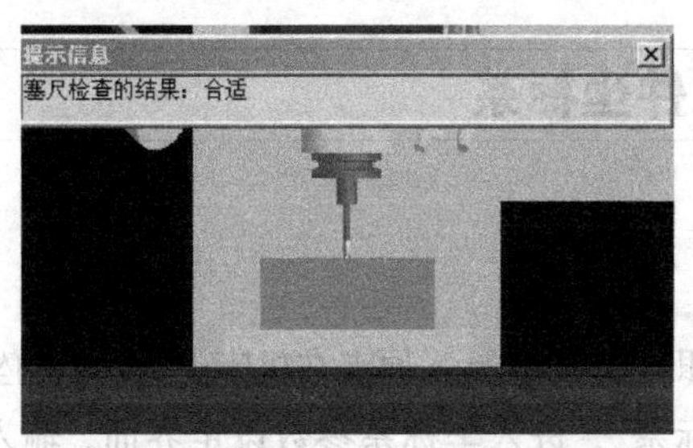

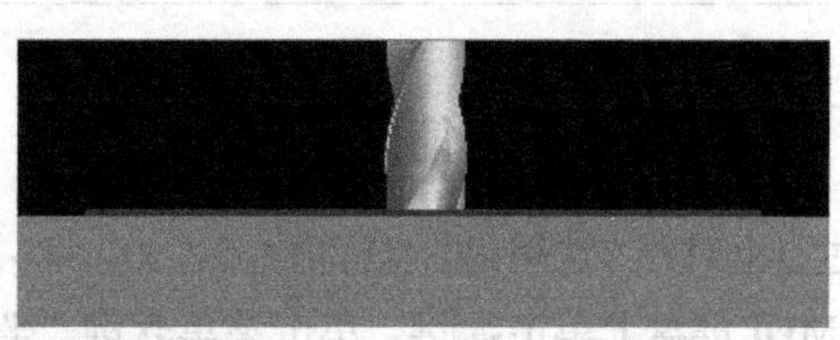

图 1-8-20　塞尺检查的结果合适

8.4.4　试切法对刀

1. *X* 方向对刀

工件及刀具安装好后，利用操作面板上的X、Y、Z键和+、-键，将机床移动到如图 1-8-21 所示的大致位置。

图 1-8-21　机床移动位置

单击操作面板上的键或键，使主轴转动，或用 MDI 方式输入一程序段，如 M03 S600，使主轴转动。单击X键、+键使刀具逐渐靠近工件，注意接近工件时改用手轮轴进给。单击显示手轮控制面板，将手轮对应轴旋钮置于 X 挡，调节手轮进给速度旋钮，在手轮上单击鼠标左键或右键精确移动刀具。在刀具向工件不断靠近的过程中逐渐调小手轮轴倍率，注意观察切削情况，至铁屑刚飞出时停止 X 轴进给，将此时的 X 坐标值记为 X_1。

用同样的方法，使刀具从工件的右侧面靠近工件，将工件切削一小部分，将此时的 X 坐标值记为 X_2，则工件中心的 X 坐标值为 $D_X = (X_1 + X_2)/2$。

2. *Y*方向对刀

其操作与*X*方向对刀基本相同。使刀具从工件的前侧、后侧分别靠近工件，记下两次刀具刚刚切削工件时的坐标值 Y_1 和 Y_2，则工件中心的 *Y* 坐标值为 $D_Y = (Y_1 + Y_2)/2$。

3. *Z*方向对刀

参照*X*方向对刀的操作，使刀具从上方靠近工件的上平面，至铁屑飞出时停止*Z*轴进给，记下此时的*Z*坐标值，即 D_Z。

8.4.5 设置工件坐标系

1. 直接输入坐标值

通过以上对刀方法得到的坐标值（D_X，D_Y，D_Z）即为工件坐标系原点在机床坐标系中的坐标值。

在 MDI 键盘上单击OFFSET SETTING键，单击菜单软键“坐标系”，进入坐标系参数设定界面，输入“0x”（01 表示 G54，02 表示 G55，依此类推），单击菜单软键“NO 检索”，光标将停留在选定的坐标系参数设定区域，如图 1-8-22 所示。

也可以用方位键↑、↓、←和→选择所需的坐标系和坐标轴。利用 MDI 键盘输入通过对刀所得到的工件坐标原点在机床坐标系中的坐标值。假设通过对刀得到的工件坐标原点在机床坐标系中的坐标值为（-500，-415，-404），则首先应将光标移动到 G54 坐标系 *X* 的位置，在 MDI 键盘上输入“-500.00”，单击菜单软键“输入”或单击INPUT键，将参数输入到指定区域。单击CAN键可逐个字符删除输入域中的字符。单击↓，将光标移到 *Y* 的位置，输入“-415.00”，单击菜单软键“输入”或单击INPUT键，将参数输入到指定区域。用同样的方法可以输入 *Z* 坐标值。此时 CRT 显示界面如图 1-8-23 所示。

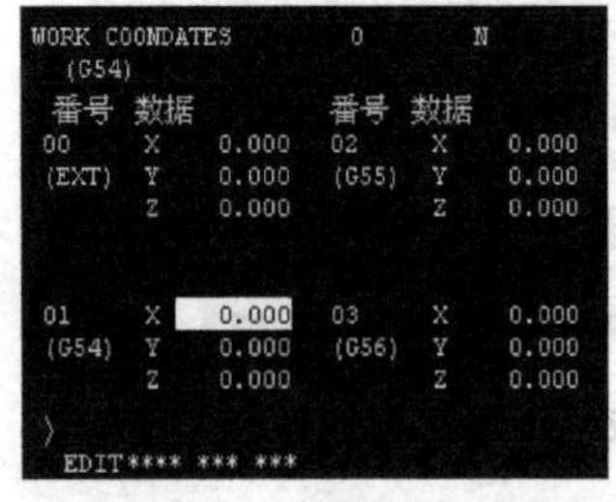

图 1-8-22 光标停留在选定的坐标系参数设定区域

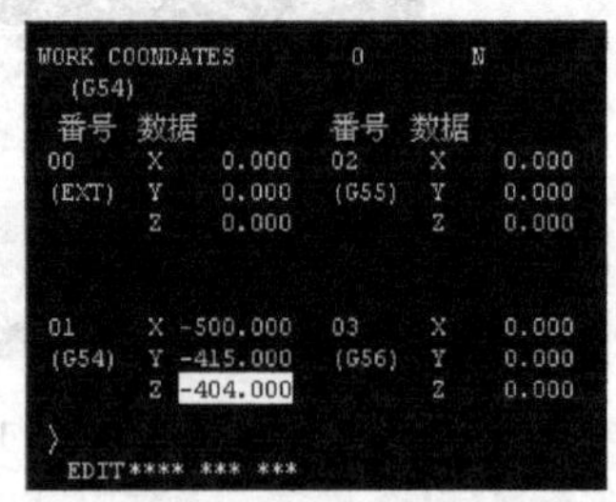

图 1-8-23 设置工件坐标系

坐标值为-100 时，需输入“-100.0”，若输入“-100”，则系统默认为-0.100。如果单击软键“+输入”，键入的数值将和原有的数值相加以后输入。

2. 利用“测量”软键输入坐标值

（1）*X*坐标值。如图 1-8-24 所示为用试切法对刀，在刀具沿 *X* 方向刚刚切到工件时，单击

MDI 键盘上的[OFFSET SETTING]键，单击软键“坐标系”进入坐标系参数设定界面，移动[↑]、[↓]方位键，将光标停留在选定的区域，如图 1-8-25 所示。

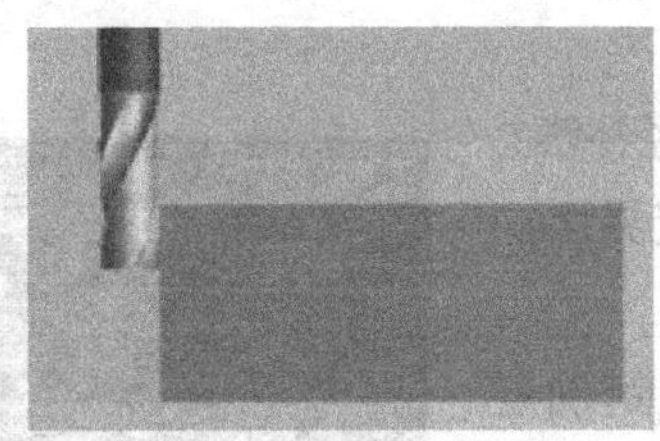

图 1-8-24　试切法对刀

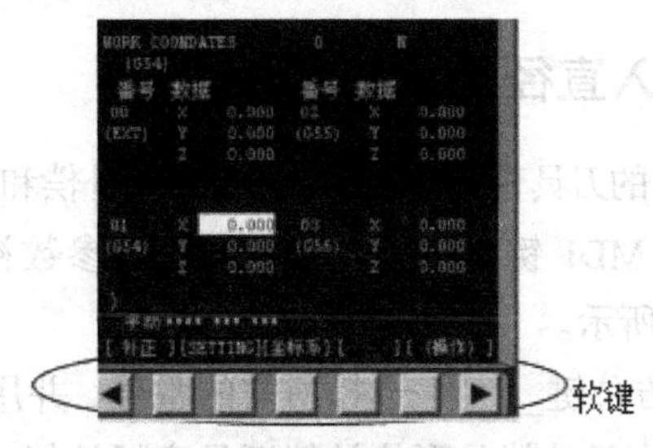

图 1-8-25　将光标停留在选定的区域

用 MDI 键盘输入“X0”，CRT 显示界面如图 1-8-26 所示。单击“测量”软键，则刀具中心的 *X* 坐标值将自动输入到工件坐标系中，如图 1-8-27 所示，即刀具的中心被设为工件坐标系 *X* 方向的零点。欲将工件坐标系零点设于工件的正中心，可将刀具中心至工件中心的值（本例中为刀具半径 + 工件长度/2）用软键“+ 输入”输入，所输入的值与原值相加。

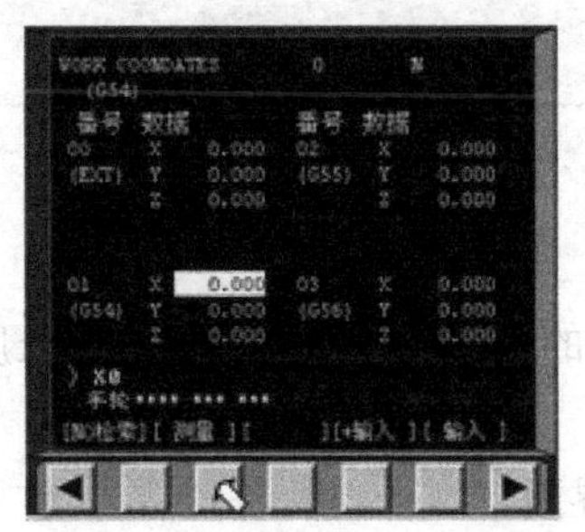

图 1-8-26　选择 *X* 坐标值

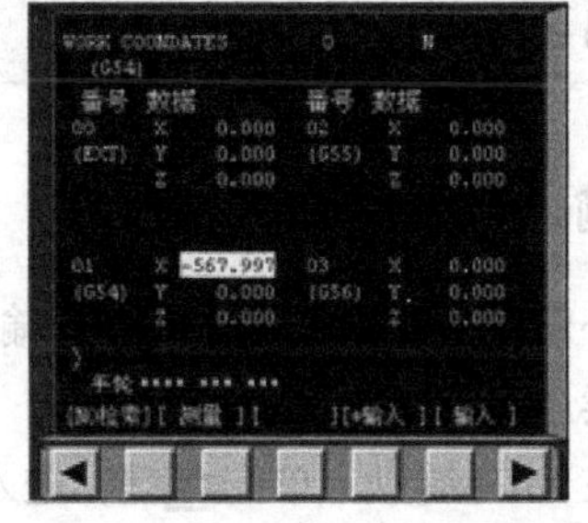

图 1-8-27　输入刀具中心的 *X* 坐标值

（2）*Y* 坐标值。*Y* 坐标值的设定方法与 *X* 坐标值相同。在刀具沿 *Y* 方向刚刚切到工件时，单击 MDI 键盘上的[OFFSET SETTING]键，单击软键“坐标系”进入坐标系参数设定界面，移动[↑]、[↓]方位键，将光标停留在选定的区域，用 MDI 键盘输入“Y0”，将刀具中心所在位置先设为零点，再将刀具中心与工件坐标系零点的偏移值用软键“+ 输入”输入。

（3）*Z* 坐标值。如图 1-8-28 所示，在刀具沿 *Z* 方向刚刚切到工件时，单击 MDI 键盘上的[OFFSET SETTING]键，单击软键“坐标系”进入坐标系参数设定界面，移动[↑]、[↓]方位键，将光标停留在选定的区域，用 MDI 键盘输入“Z0”，将刀尖所在位置先设为零点，再将刀尖与工件坐标系原点的偏移值用软键“+ 输入”输入。图 1-8-28 中刀尖与工件坐标系 *Z* 零点（工件上平面）的偏移值为零。

图 1-8-28　设定 *Z* 坐标值

注意

X、*Y* 方向用基准工具对刀，或 *Z* 方向用塞尺、量块对刀时，也可利用“测量”软键输入坐标值，其方法与上述方法相同。

8.4.6 数控铣床和加工中心输入刀具补偿

铣床及加工中心的刀具补偿包括刀具的半径补偿和长度补偿。

1. 输入直径补偿参数

FANUC 的刀具直径补偿包括形状直径补偿和摩耗直径补偿。

图 1-8-29 参数补尝设定界面

（1）在 MDI 键盘上单击[OFFSET SETTING]键，进入参数补偿设定界面，如图 1-8-29 所示。

（2）用方位键[↑]、[↓]选择所需的番号，并用[←]、[→]键确定需要设定的直径补偿是形状补偿还是摩耗补偿，将光标移动到相应的区域。

（3）单击 MDI 键盘上的字符键，输入刀尖直径补偿参数。

（4）单击菜单软键“输入”或单击[INPUT]键，将参数输入到指定区域。单击[CAN]键可逐个字符删除输入域中的字符。

直径补偿参数若为 4mm，在输入时需输入“4.0”或者“4.”，如果只输入“4”，则系统默认为“0.004”。

2. 输入长度补偿参数

长度补偿参数在刀具表中按需要输入。FANUC 0i 的刀具长度补偿包括形状长度补偿和摩耗长度补偿。

（1）在 MDI 键盘上单击[OFFSET SETTING]键，进入参数补偿设定界面。

（2）用方位键[↑]、[↓]、[←]、[→]选择所需的番号，并确定需要设定的长度补偿是形状补偿还是摩耗补偿，将光标移动到相应的区域。

（3）单击 MDI 键盘上的字符键，输入刀具长度补偿参数。

（4）单击软键“输入”或单击[INPUT]键，将参数输入到指定区域。单击[CAN]键可逐个字符删除输入域中的字符。

8.5 自动加工

8.5.1 自动/连续方式

1. 自动加工流程

（1）启动机床，检查机床是否回零，若未回零，先将机床回零。

（2）定义与安装毛坯。

（3）选择与安装刀具。

（4）进行对刀操作。

（5）编辑程序，导入数控程序或自行编写一段程序。

（6）进行自动加工，单击操作面板上的“自动运行”键，使其指示灯变亮。单击操作面板上的“循环启动”键，程序即开始执行。

（7）测量工件。

2. 中断运行

（1）数控程序在运行过程中可根据需要暂停、急停或重新运行。

（2）数控程序在运行时，单击“进给保持”键，程序将停止执行；再单击“循环启动”键，程序会从暂停的位置开始执行。

（3）数控程序在运行时，单击“急停”按钮，数控程序将中断运行；继续运行时，先将急停按钮松开，回参考点后再单击“循环启动”键，数控程序将从头开始执行。

8.5.2 自动/单段方式

（1）检查机床是否回零，若未回零，应先将机床回零。

（2）导入数控程序或自行编写一段程序。

（3）单击操作面板上的“自动运行”键，使其指示灯变亮。

（4）单击操作面板上的“单节”键。

（5）单击操作面板上的“循环启动”键，程序即开始执行。

注意：

（1）自动/单段方式执行每一行程序均需单击一次“循环启动”键。

（2）单击“单节跳过”键，则程序运行时，跳过符号“/”有效，该行成为注释行，不执行；单击“选择性停止”键，则程序中的 M01 指令有效。

（3）可以通过“主轴倍率”旋钮和“进给倍率”旋钮来调节主轴旋转的速度和移动的速度。

（4）单击键可将程序重置。

8.5.3 检查运行轨迹

单击操作面板上的“自动运行”键，使其指示灯变亮，转入自动进行模式，单击 MDI 键盘上的键，再单击字符键输入“Ox”（x 为需要检查运行轨迹的数控程序号），单击键开始搜索，找到该段程序后，程序将显示在 CRT 显示界面上。单击键，进入检查运行轨迹模式，单击操作面板上的“循环启动”键，即可观察数控程序的运行轨迹，此时也可通过“视图”菜单中的动态平移、动态旋转、动态放缩等命令，对三维运行轨迹进行全方位的动态观察。

8.6 工件测量

当前机床上有零件，且零件不处于正在被加工的状态时可以对工件进行测量。选择“测量”→“剖面图测量”命令，系统弹出如图 1-8-30 所示的“工件测量”对话框。

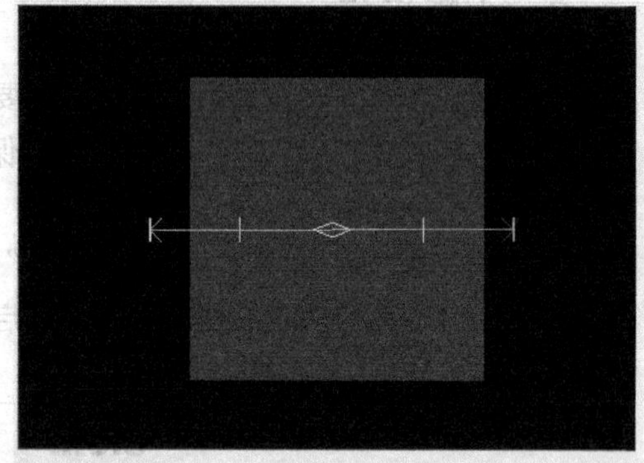

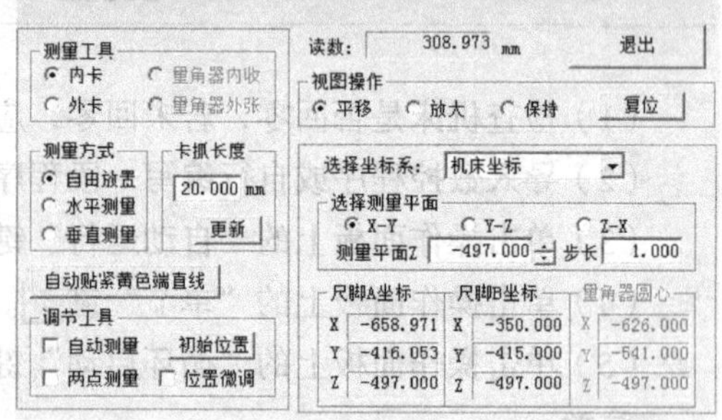

图 1-8-30 “工件测量”对话框

测量时应首先选择一个平面，在机床显示视图中，绿色透明面表示所选的测量平面。在对话框上部，显示的是零件的截面形状，各选项说明如下。

- 选择坐标系：通过“选择坐标系”，可以选择机床坐标、G54～G59、当前工件坐标、工件坐标系（毛坯的左下角）几种不同的坐标系显示坐标值。
- 选择测量平面：首先选择平面方向（X-Y/Y-Z/Z-X），再填入测量平面的具体位置，或者单击输入框旁边的上、下按钮移动测量平面，移动的步长可以通过右边的输入框输入。
- 测量工具：测量内径选用内卡，测量外径选用外卡。

外卡测量：当箭头由卡尺外侧指向卡尺中心时，测量时卡尺内收直到与零件接触，通常用于测量外轮廓尺寸。

内卡测量：当箭头由卡尺中心指向卡尺外侧时，测量时卡尺外张直到与零件接触，通常用于测量内轮廓及内径。

- 读数：显示两个卡爪之间的距离，相当于卡尺读数。
- 测量方式：水平测量是指尺子在当前的测量平面内保持水平放置；垂直测量是指尺子在当前的测量平面内保持垂直放置；自由放置可以由用户随意拖动放置角度。
- 爪卡长度：非点测时，可以修改卡抓长度，单击“更新”按钮时生效。
- 自动测量：选中该选项后外卡卡爪自动内收，内卡卡爪自动外张直到与零件边界接触。此时平移或旋转卡尺，卡爪将始终与实体区域边界保持接触，读数自动刷新。
- 两点测量：选中该选项后，卡爪长度为零。
- 位置微调：选中该选项后，鼠标拖动时移动卡尺的速度放慢。
- 初始位置：单击该按钮，卡尺的位置恢复到初始状态。
- 自动贴紧黄色端直线：在卡尺自由放置且非两点测量时，为了调节卡尺，使之与零件相切，系统提供了“自动贴紧黄色端直线”的功能。单击“自动贴紧黄色端直线”按钮，卡尺的黄色端卡爪自动沿尺身方向移动直到碰到零件，然后尺身旋转使卡爪与零件相切，这时再选择自动测量，就能得到工件轮廓线间的精确距离，防止自由放置卡尺时产生的角度误差导致测量误差。

第二篇

数控车床加工实训

实训一：G00/G01 指令的应用——零件外圆加工

一、实训目的

1. 掌握对刀的方法及数据输入的方法。
2. 熟悉加工指令的格式及应用。
3. 掌握端面、台阶等简单零件的编程和加工。
4. 掌握仿真软件操作流程与操作方法。
5. 遵守数控操作规程，养成安全、文明生产的好习惯。

二、必备知识

1. 编程的基础知识

掌握程序及程序段的组成、程序编辑的方法和坐标系的概念及应用，掌握 F、S、T、M 功能的意义及用途、用法。

2. 刀具快速点定位指令 G00

格式：G00　X（U）__ Z（W）__;

功能：使刀具以点位控制的方式，从刀具所在点快速移动到目标点，但是目标点不能直接选择在工件上，一般选择在离工件 3～5mm 处。

说明：X、Z 为绝对坐标方式时的目标点坐标，U、W 为增量坐标方式时的目标点坐标。

注意

使用 G00 指令时，刀具的实际运动路线并不一定是直线，而是因机床的数控系统而异。常见的刀具运动轨迹如图 2-1-1 所示，有 4 种方式：直线 *AB*、直角线 *ACB*、直角线 *AEB*、折线 ADB。折线的起始角一般为 45°。因此，编程人员应了解所使用的数控系统的刀具移动轨迹情况，要注意刀具是否与工件和夹具发生干涉。对不适合联动的场合，可采用每轴单动的方式。

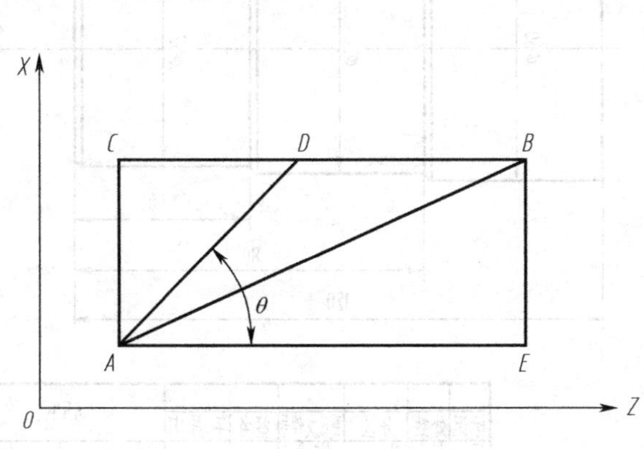

图 2-1-1　G00 常见运动轨迹

3. 直线插补指令 G01

格式：G01　X（U）__ Z（W）__ F __;

功能：使刀具以给定的进给速度切削工件，从所在点出发，直线移动到目标点。应用于端面、内外圆柱和圆锥面的加工。

说明：X、Z 为绝对坐标方式时的终点坐标，U、W 为增量坐标方式时的终点坐标，F 为进给速度。F 指令是模态指令，它可以用 G00 指令消取。如果在 G01 程序段之前的程序段没有 F 指令，而现在的 G01 程序段中也没有 F 指令，则机床不运动。因此，G01 程序中必须含有 F 指令。

三、操作实例

1. 零件图

如图 2-1-2 所示，已知毛坯为 ϕ60mm 的 45 钢，要求编制数控加工程序，并完成零件的加工。

2. 毛坯

ϕ60mm × 121mm，45 钢。

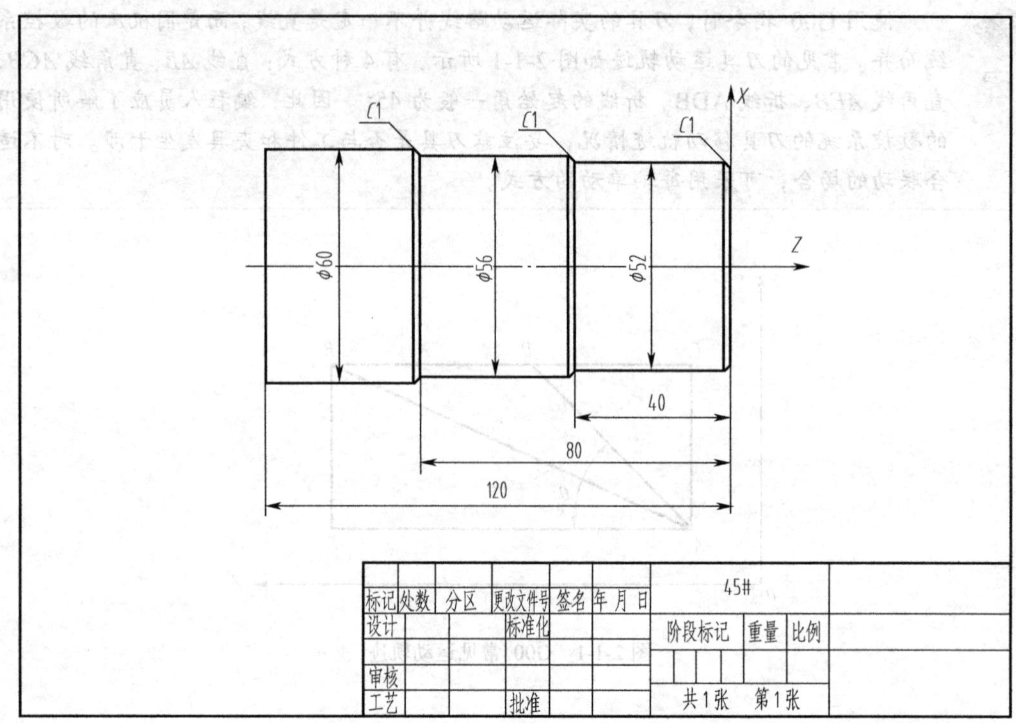

图 2-1-2 零件图

3. 刀具及切削用量的选择

序号	刀具号	刀具类型	加工面	主轴转速（r/min）	进给速度（mm/min）
1	T1	D 型刀片 93°外圆车刀	外圆车削	800	120

4. 工艺路线

（1）用三爪卡盘夹持工件左端外圆，工件伸出约 100mm。

（2）利用 G00 指令快速定位接近工件，利用 G01 指令车削各外圆及倒角。

5. 参考程序

O0001		主 程 序 名
N10	T0101	选择 1 号刀及 1 号刀补值
N20	G98 G54 G0 X100 Z100	基本设定每 min 进给量，设定工件坐标系
N30	M03 S800	主轴正转，转速为 800r/min
N40	M08	冷却液开
N50	X62 Z2	刀具快速接近工件
N60	G01 Z0 F200	到达 Z 向零点
N70	X-1	车削端面

续表

O0001		主 程 序 名
N80	G00 X50　Z1	快速退刀到达工件切削的起点位置
N90	G01 Z0 F100	刀具到达工件端面
N100	X52 Z-1 F60	加工倒角
N110	W-39 F120	车削第一个台阶
N120	X54 F200	*X*向退刀到达倒角处
N130	X56 W-1 F60	倒角
N140	Z-80 F120	车削第二个台阶
N150	X58 F200	*X*向退刀到达倒角处
N160	X62 W-4 F60	倒角
N170	G00 X100 Z100	快速退刀到达换刀点
N180	M30	程序结束，并回到程序开始位置等待下一次加工

6. 操作步骤

（1）选择机床

如图 2-1-3 所示，选择“机床”→“选择机床...”命令，在弹出的“选择机床”对话框中，选择控制系统为 FANUC 0i，机床类型选择车床，单击“确定”按钮。

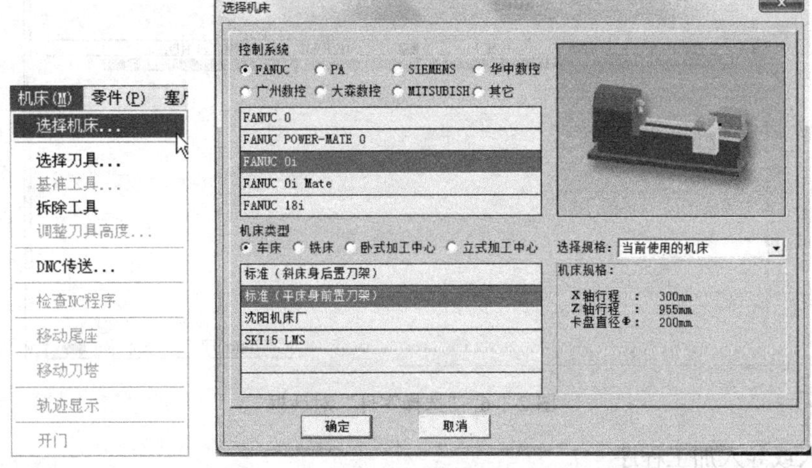

图 2-1-3　选择机床

（2）激活机床

单击启动键，使机床电动机、伺服控制灯亮；检查紧急停止按钮是否松开至[图标]状态，若未松开，则单击急停按钮[图标]，将其松开，CRT 显示界面上显示 REF **** *** ***。单击操作面板的回零键[图标]，使其指示灯亮；单击[X]键，再单击[+]键，此时 *X* 轴将回零，操作面板上 *X* 轴的回原点指示灯[图标]亮，同时 CRT 显示界面上的 *X* 坐标发生变化，如果单击快速键[快速]，再单击[+]键，则机床快速回零。再单击 Z 轴方向键[Z]，使指示灯变亮，依次单击[快速]键和[+]键，此时 *Z* 轴回原点，回原点灯[图标]变亮。此时的 CRT 显示界面如图 2-1-4 所示。

（3）设置并安装工件

选择“零件”→“定义毛坯...”命令，在弹出的“定义毛坯”对话框（见图 2-1-5）中，修改零件尺寸，单击“确定”按钮。

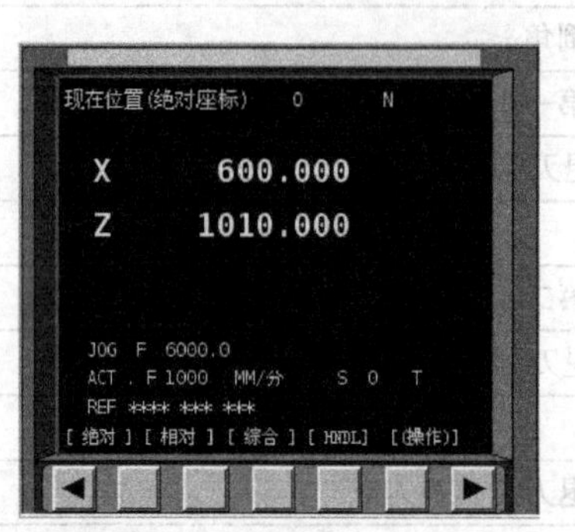

图 2-1-4　回参考点显示

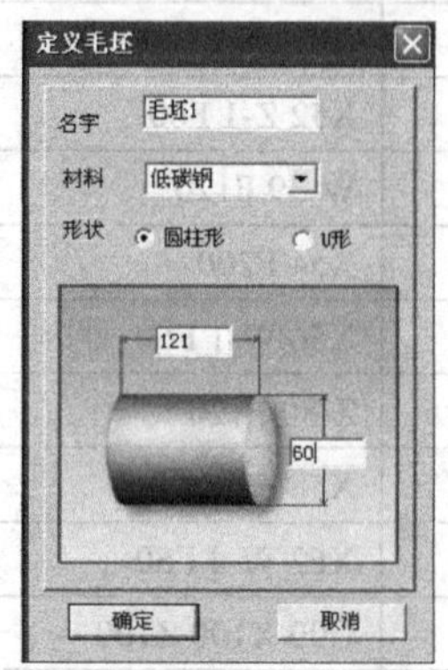

图 2-1-5　“定义毛坯”对话框

选择“零件”→“放置零件”命令，或者在工具栏上单击图标“ ”，系统会弹出“选择零件”对话框。如图 2-1-6 所示。在列表中选择已定义的毛坯 1，单击“安装零件”按钮，系统自动关闭对话框，界面上将出现控制零件移动的面板，如图 2-1-7 所示，可以用其移动零件（使零件伸出约 100mm），移动零件完毕后，单击面板上的“退出”按钮，关闭该面板。

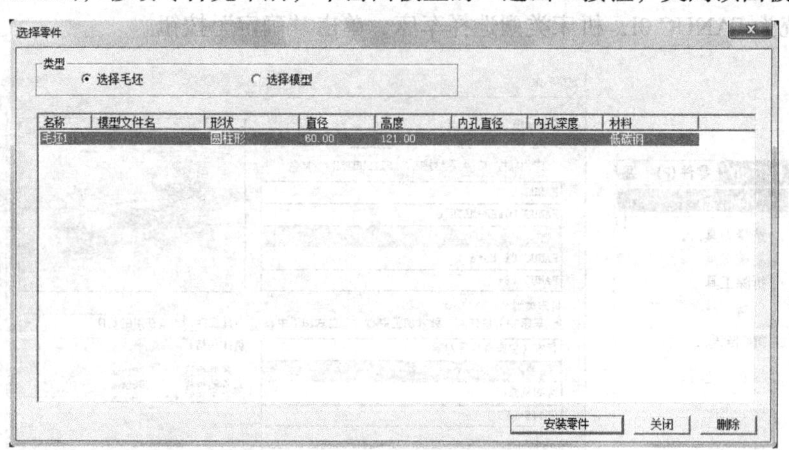

图 2-1-6　“选择零件”对话框

（4）输入或导入加工程序

数控程序可以使用记事本或写字板等编辑软件输入，并保存为文本格式的文件，也可直接用 FANUC 系统的 MDI 键盘输入。此处采用已存有的 NC 程序文件“01.txt”。

单击操作面板上的编辑键 ，编辑状态指示灯 变亮，此时已进入编辑状态。单击 MDI 键盘上的 键，CRT 显示界面转入编辑页面。再单击菜单软键“操作”，在出现的下级子菜单中单击软键 ，再单击菜单软键“READ”，单击 MDI 键盘上的字符键，输入“O0001”，单击软键“EXEC”；选择“机床”→“DNC 传送”命令，在弹出的对话框中选择所需的 NC 程序，单击“打开”按钮确认，则数控程序被导入并显示在 CRT 显示界面上，如图 2-1-8 所示。

（5）选择并安装刀具

选择“机床”→“选择刀具”命令，或者在工具栏中单击图标“ ”，在弹出的“刀具选择”对话框中，选择所需的刀片和刀柄，如图 2-1-9 所示，单击“确定”按钮退出。

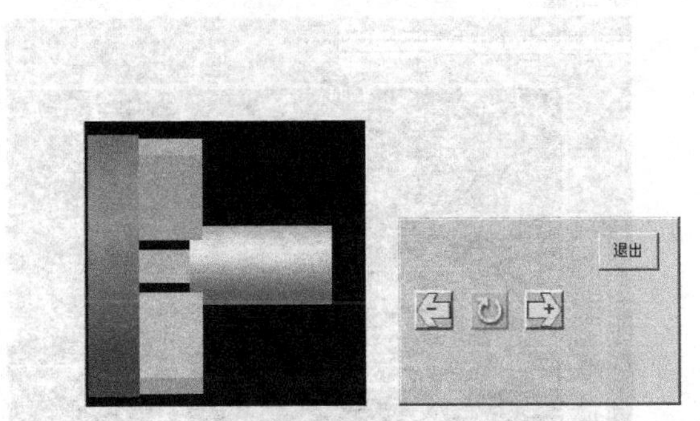

图 2-1-7　控制零件移动的面板

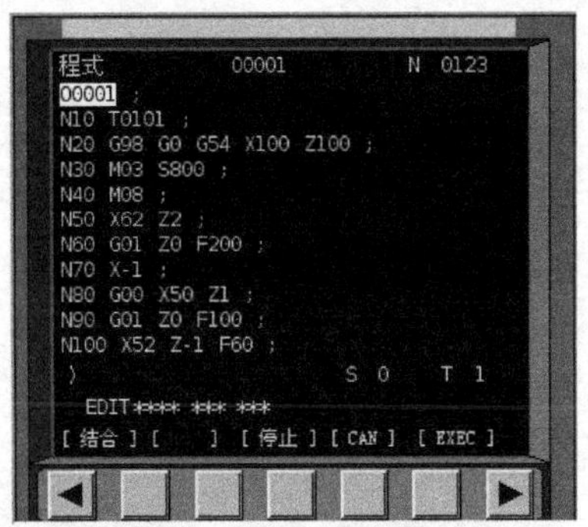

图 2-1-8　导入数控程序

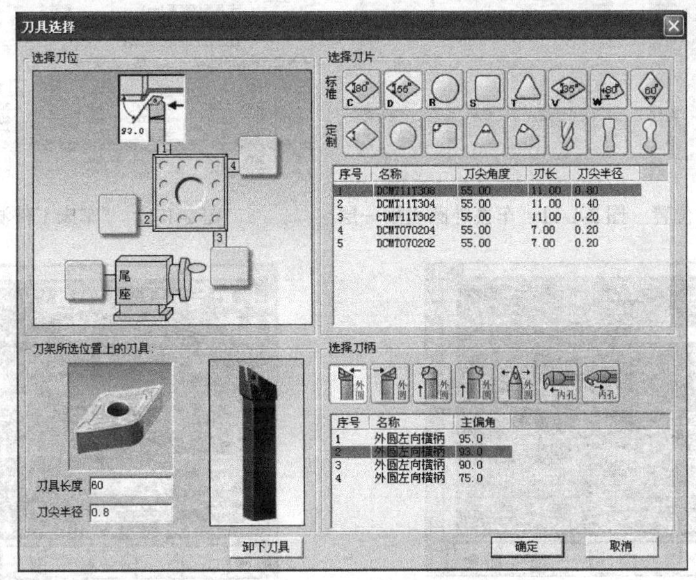

图 2-1-9　“刀具选择”对话框

（6）对刀

单击操作面板上的 MDI 键，使其指示灯亮，在 MDI 键盘上输入 T0100，并单击 INSERT 键；单击操作面板上的循环启动键，调用 1 号刀具；利用操作面板上的手动键，*X* 轴、*Z* 轴的控制键、和机床移动键、，将机床移动到如图 2-1-10 所示的大致位置。

单击操作面板中的“手动”键，手动状态灯亮，进入“手动”方式。单击主轴正转键，使其指示灯亮，启动主轴，利用操作面板上的手动键，*X* 轴，*Z* 轴的控制键和机床主轴移动键，使刀具将外圆表面车去一层，如图 2-1-11 所示。保证 *X* 坐标不变，使刀具沿 *Z* 轴退离工件，单击键使主轴停止转动。选择“零件”→“测量...”命令，弹出如图 2-1-12 所示的“车床工件测量”对话框，测得所车外圆直径为 55.561。

在 MDI 键盘上单击键两次，用方向键把光标移动到 01 号刀具的 X 位置，输入“X55.561”。单击 CRT 显示界面上的“测量”软键，如图 2-1-13 所示，刀具 *X* 轴方向的对刀结束。用同样的方法对 *Z* 轴方向进行对刀，同时把光标移动到 Z 位置，输入“Z0”，单击 CRT 显示界面上的

“测量”软键，如图 2-1-14 所示。

图 2-1-10 机床移动位置 图 2-1-11 车去外圆表面一层

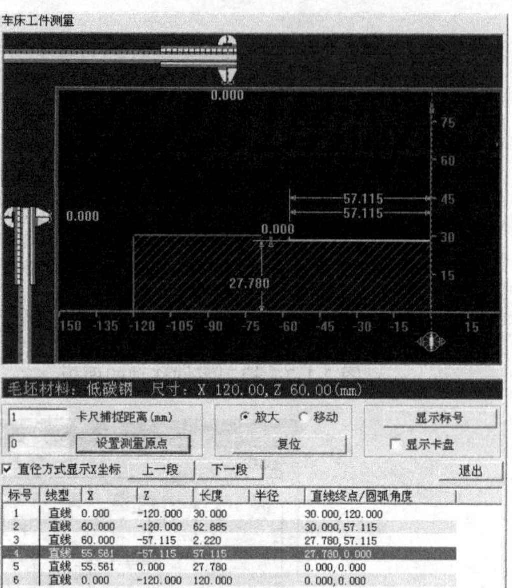

图 2-1-12 “车床工件测量”对话框

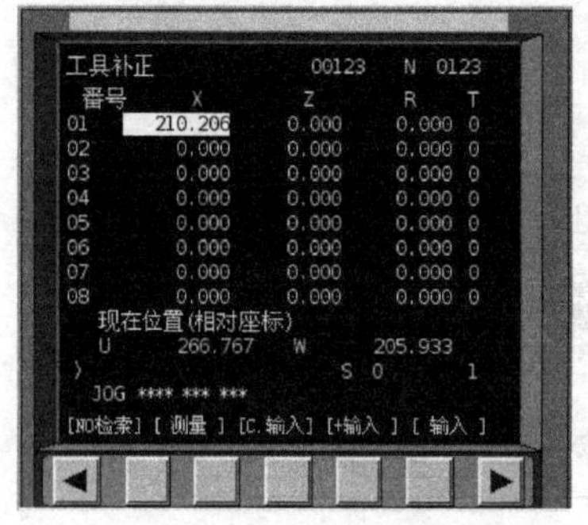

图 2-1-13 X 轴刀具补偿参数设置

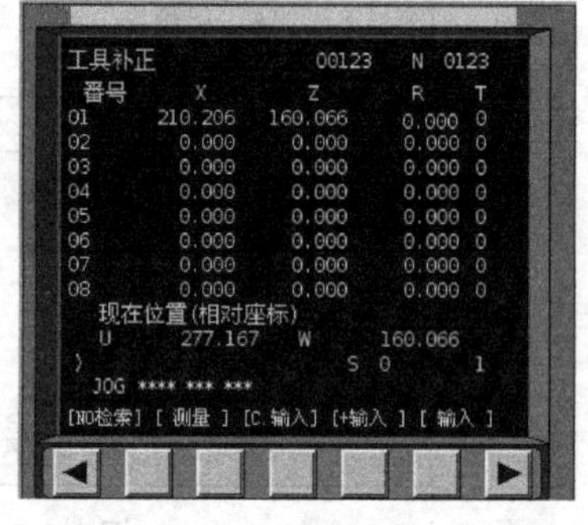

图 2-1-14 Z 轴刀具补偿参数设置

（7）检查运行轨迹、自动加工

① 单击操作面板中的自动运行键，使其指示灯亮，单击 MDI 键盘中的图形模式键，再单击操作面板中的循环启动键，即可观察数控程序的运行轨迹，如图 2-1-15 所示。

② 在 MDI 键盘上单击程序键，单击操作面板中的自动运行键，再单击操作面板中的循环启动键，机床就会开始自动加工，加工后的工件如图 2-1-16 所示。

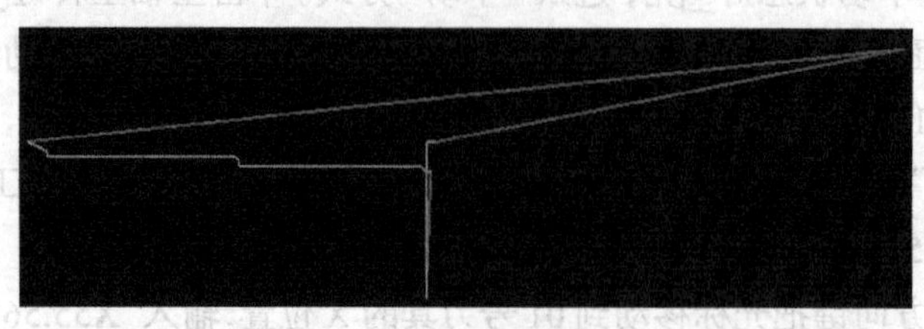

图 2-1-15 刀具运行轨迹

图 2-1-16 零件加工结果

（8）工件测量

四、实训练习题

1. 零件图

如图 2-1-17 所示，已知毛坯为ϕ40mm 的 45 钢，要求编制程序，并完成零件的加工。

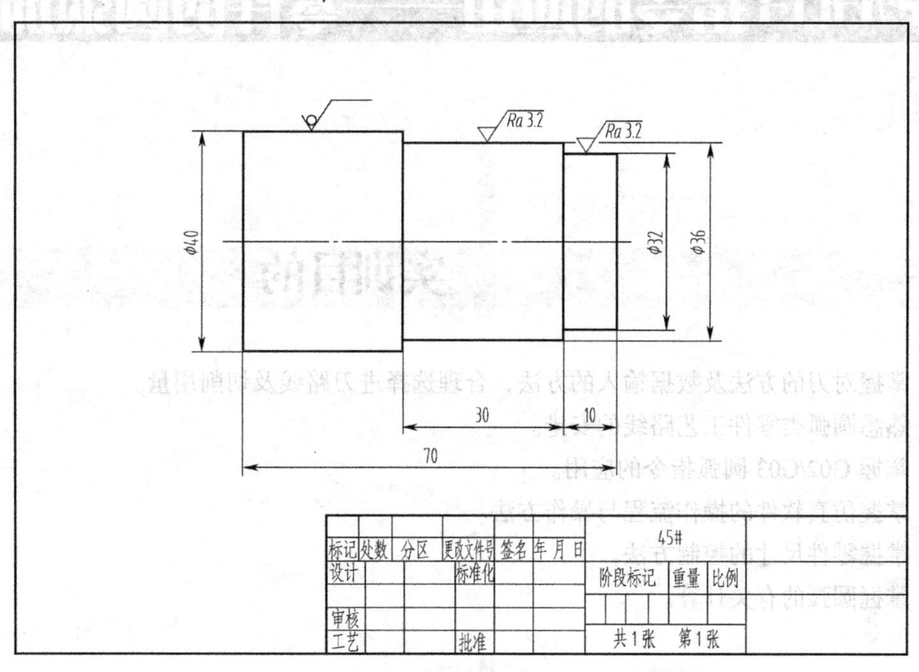

图 2-1-17　零件图

2. 实训操作评分标准

项 目 要 求	实 训 内 容	评 分 要 求	配 分	得 分
编程及输入	能正确编写程序，正确地输入程序	（1）程序不正确扣 3 分/处 （2）切削用量不正确扣 2 分/处	20 分	
刀具选择及对刀操作	能正确迅速地完成刀具的选择，并能正确地完成所需刀具对刀操作及参数设置	（1）不能正确选择刀具的扣 3 分/把 （2）对刀不正确的扣 3 分/把	20 分	
软件面板操作	能正确地使用操作面板，且操作过程正确	不能正确操作扣 2 分/次	20 分	
工件的设置及安装	能正确地设置工件大小，并能正确安装、装夹	（1）工件大小设置不合理的扣 5 分 （2）不能正确安装、装夹的扣 5 分	10 分	
模拟加工	顺利完成程序的模拟校验	不能正确进行模拟校验的扣 3 分/处	15 分	
工件的测量	工件的尺寸在公差范围内	尺寸超公差的扣 3 分/处	15 分	
总分				

实训二：

G02/G03 指令的应用——零件的圆弧加工

一、实训目的

1. 掌握对刀的方法及数据输入的方法，合理选择进刀路线及切削用量。
2. 熟悉圆弧类零件工艺路线的安排。
3. 掌握 G02/G03 圆弧指令的应用。
4. 掌握仿真软件的操作流程与操作方法。
5. 掌握零件尺寸的控制方法。
6. 掌握圆弧的有关计算。

二、必备知识

1. 编程的基础知识

掌握程序的组成、程序段的组成、程序编辑的方法和坐标系的概念及应用，掌握 G00、G01、F、S、T、M 功能的意义及用途、用法。

2. 圆弧插补指令 G02/G03

格式：G02（G03）X（U）__Z（W）__I__K__F__；

G02（G03）X（U）__Z（W）__R__F__；

功能：使刀具从圆弧起点，沿圆弧移动到圆弧终点。

说明：

① G02 为顺时针圆弧插补指令，G03 为逆时针圆弧插补指令，数控车床的刀架位置有前置、

后置两种，编程时应根据刀架位置准确判断圆弧插补的顺逆，如图 2-2-1 所示。

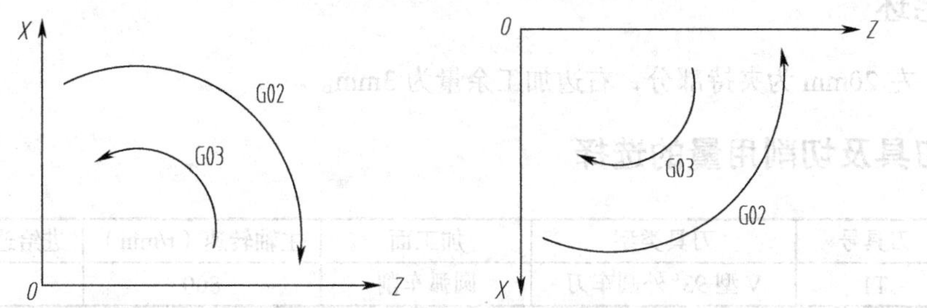

图 2-2-1　G02/G03 指令的判断

② 采用绝对值编程时，圆弧终点坐标为圆弧终点在工件坐标系中的坐标值，用 X、Z 表示；当采用增量值编程时，圆弧终点坐标为圆弧终点相对于圆弧起点的增量值，用 U、W 表示。

③ I、K 为圆弧中心相对圆弧起点的增量坐标，F 为半径值。

④ 当用半径指定圆心位置时，由于在半径同为 R 的情况下，从圆弧的起点到终点有两个圆弧的可能性，为区别二者，规定圆心角 $\alpha \leqslant 180°$ 时，用“+ R”表示；$\alpha > 180°$ 时，用“−R”表示。

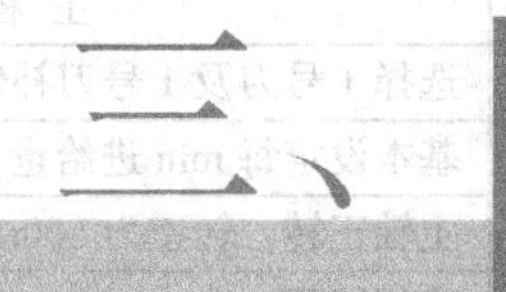

操作实例

1. 零件图

如图 2-2-2 所示，已知零件为 45 钢，要求调取零件模型，并编制数控加工程序，完成零件外形的加工。

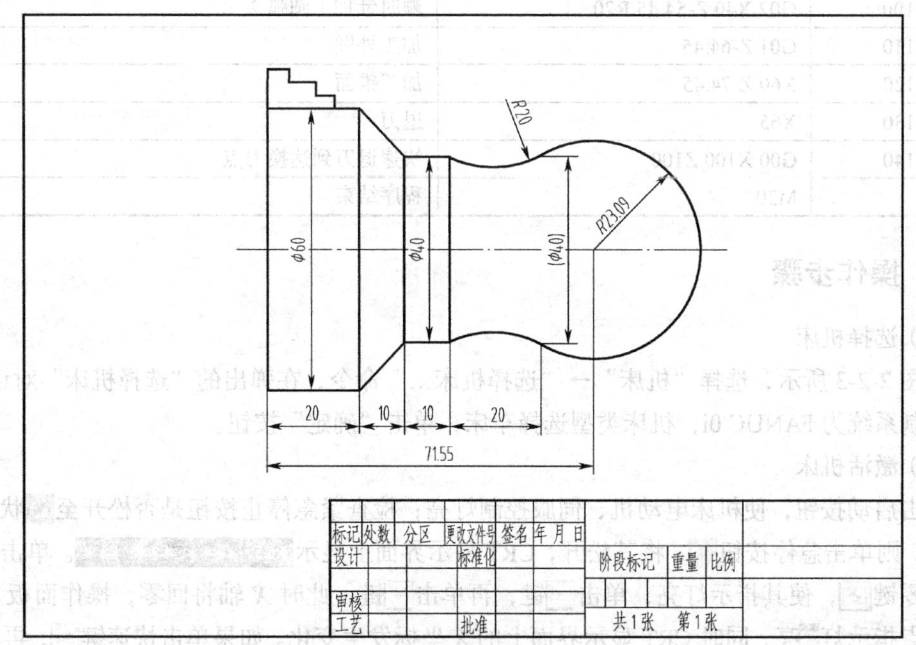

图 2-2-2　零件图

2. 毛坯

铸件，左 20mm 为夹持部分，右边加工余量为 3mm。

3. 刀具及切削用量的选择

序号	刀具号	刀具类型	加工面	主轴转速（r/min）	进给速度（mm/min）
1	T1	V 型 93°外圆车刀	圆弧车削	800	120

4. 工艺路线

（1）用三爪卡盘夹持工件左端。

（2）用快速定位接近工件，用 G01 指令使车刀到达车削起点，用 G02、G03 加工外圆各圆弧。

5. 参考程序

O0002		主 程 序 名
N10	T0101	选择 1 号刀及 1 号刀补值
N20	G98 G0 G54 X100 Z100	基本设定每 min 进给量，设定工件坐标系
N30	M03 S800	主轴正转，转速为 800r/min
N40	M08	冷却液开
N50	X62 Z2	刀具快速接近工件
N60	G01 Z0 F200	到达 *Z* 向零点
N70	X-1	车削端面
N80	X0	到达工件切削的起点位置
N90	G03 X40 Z-34. 45 R23.09 F80	逆时针加工圆弧 1
N100	G02 X40 Z-54.45 R20	顺时针加工圆弧 2
N110	G01 Z-64.45	加工外圆
N120	X60 Z-74.45	加工锥面
N130	X65	退刀
N140	G00 X100 Z100	快速退刀到达换刀点
	M30	程序结束

6. 操作步骤

（1）选择机床

如图 2-2-3 所示，选择“机床”→“选择机床…”命令，在弹出的“选择机床”对话框中，选择控制系统为 FANUC 0i，机床类型选择车床，单击“确定”按钮。

（2）激活机床

单击启动按钮，使机床电动机、伺服控制灯亮；检查紧急停止按钮是否松开至状态，若未松开，则单击急停按钮，将其松开，CRT 显示界面上显示 REF **** *** ***。单击操作面板的回零键，使其指示灯亮，单击X键，再单击+键，此时 *X* 轴将回零，操作面板上 *X* 轴的回原点指示灯亮，同时 CRT 显示界面上的 *X* 坐标发生变化。如果单击快速键，再单击+

键，则机床快速回零，用相同方法再单击 Z 轴方向键Z，使指示灯变亮，依次单击快速键和+键，此时 Z 轴回原点，回原点灯变亮。此时的 CRT 显示界面如图 2-2-4 所示。

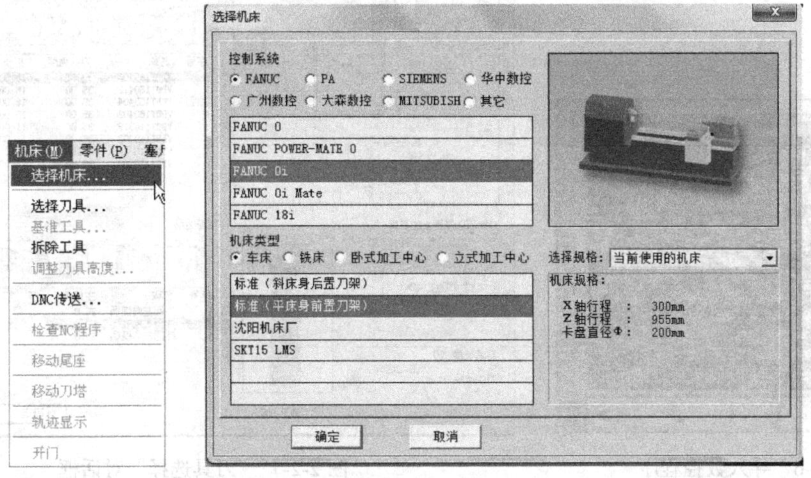

图 2-2-3　选择机床

（3）设置并安装工件

本例采用导入的零件模型作为加工工件，操作步骤如下。

选择“文件”→“导入零件模型...”命令，在“打开”对话框中，选取名称为 02.PRT 的文件，选择“零件”→“移动零件...”命令，界面上出现控制零件移动的面板，如图 2-2-5 所示，可以用其移动零件模型，移动零件模型完毕后，单击面板上的“退出”按钮，关闭该面板。

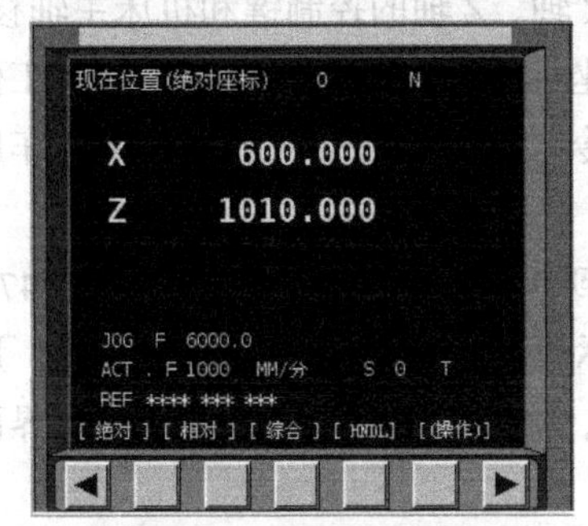

图 2-2-4　回参考点显示

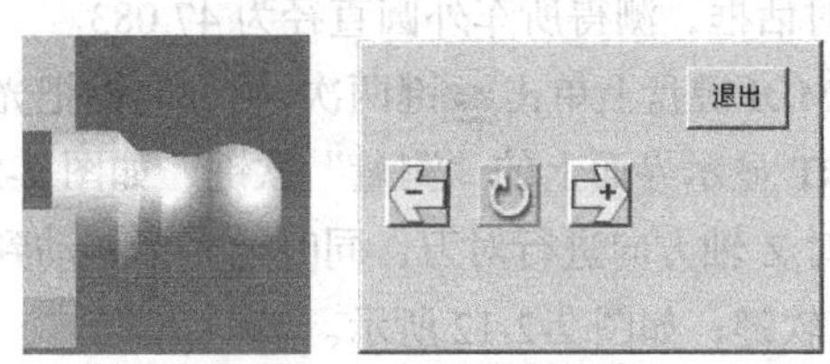

图 2-2-5　导入零件模型

（4）输入或导入加工程序

数控程序可以使用记事本或写字板等编辑软件输入，并保存为文本格式的文件，也可直接用 FANUC 系统的 MDI 键盘输入。此处采用已存有的 NC 程序文件“02.txt”。

单击操作面板上的编辑键，编辑状态指示灯变亮，此时已进入编辑状态。单击 MDI 键盘上的PROG键，CRT 显示界面转入编辑页面。再单击菜单软键“操作”，在出现的下级子菜单中单击软键▶，单击菜单软键“READ”，单击 MDI 键盘上的字符键，输入“O0002”，单击软键“EXEC”，选择“机床”→“DNC 传送”命令，在弹出的对话框中选择所需的 NC 程序，单击“打开”按钮确认，则数控程序被导入并显示在 CRT 显示界面上，如图 2-2-6 所示。

（5）选择并安装刀具

选择“机床”→“选择刀具”命令，或者在工具栏中单击图标“”，在弹出的“刀具选择”对话框中，选择所需的刀片和刀柄，如图 2-2-7 所示，单击“确定”按钮退出。

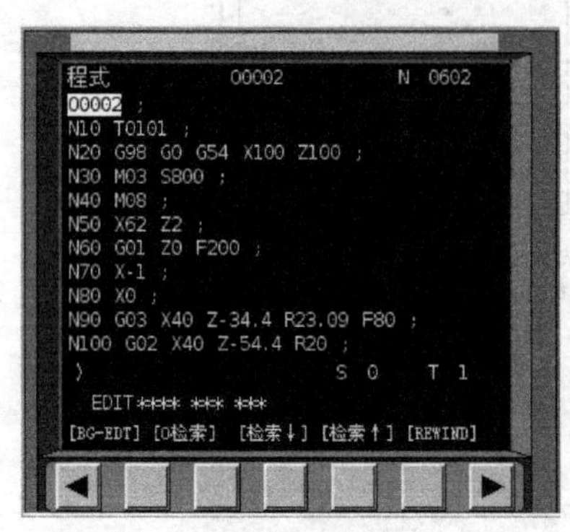

图 2-2-6　导入数控程序

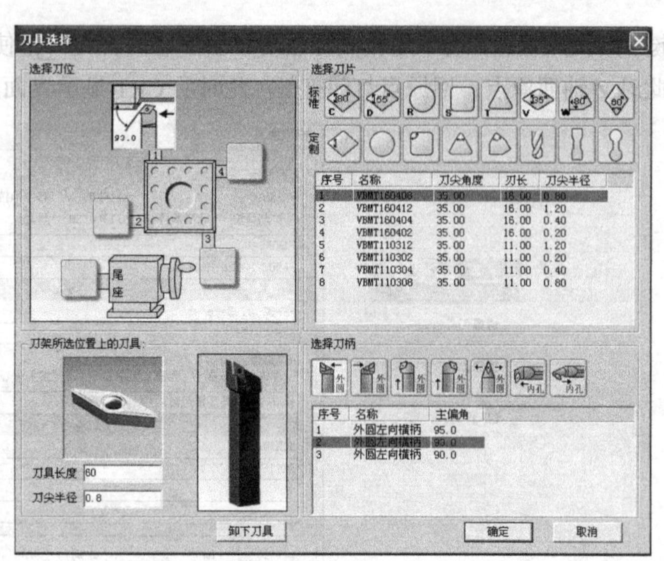

图 2-2-7　“刀具选择”对话框

（6）对刀

单击操作面板上的 MDI 键，使其指示灯亮，在 MDI 键盘上输入 T0100，并单击 INSERT 键；单击操作面板上的循环启动键，调用 1 号刀具；利用操作面板上的手动键，*X* 轴、*Z* 轴的控制键、和机床移动键、，将机床移动到如图 2-2-8 所示的大致位置。

单击操作面板中的“手动”键，手动状态灯亮，进入“手动”方式。单击主轴正转键，使其指示灯亮，启动主轴，利用操作面板上的手动键、*X* 轴、*Z* 轴的控制键和机床主轴移动键，使刀具将外圆表面车去一层，如图 2-2-9 所示。保证 *X* 坐标不变，使刀具沿 *Z* 轴退离工件，单击键使主轴停止转动。选择“零件”→“测量…”命令，弹出如图 2-2-10 所示的“车床工件测量”对话框，测得所车外圆直径为 47.083。

在 MDI 键盘上单击键两次，用方向键把光标移动到 01 号刀具的 X 位置，输入“X47.083”。单击 CRT 显示界面上的“测量”软键，如图 2-2-11 所示，刀具 *X* 轴方向的对刀结束。用同样的方法对 Z 轴方向进行对刀，同时把光标移动到 Z 位置，输入“Z0”，单击 CRT 显示界面上的“测量”软键；如图 2-2-12 所示。

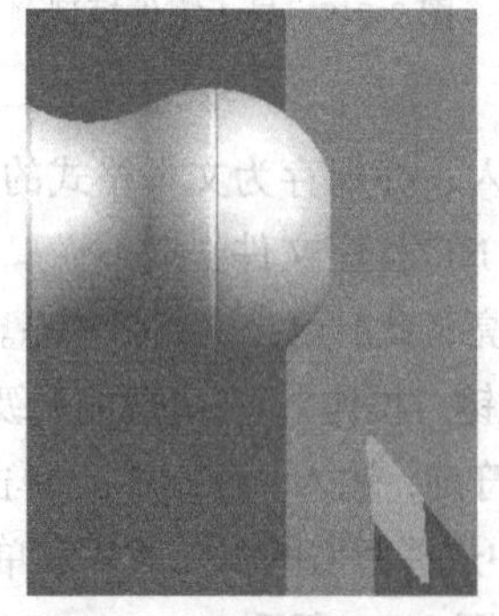

图 2-2-8　机床移动位置

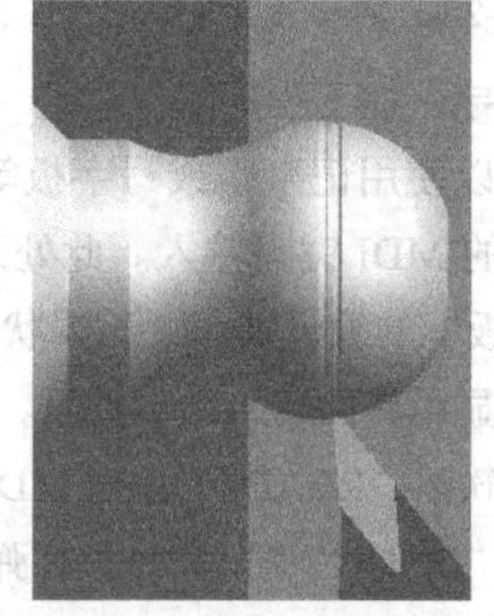

图 2-2-9　车去外圆表面一层

（7）检查运行轨迹、自动加工

① 单击操作面板中的自动运行键，使其指示灯亮，单击 MDI 键盘中的图形模式键，

再单击操作面板中的循环启动键[按键图标]，即可观察数控程序的运行轨迹，如图 2-2-13 所示。

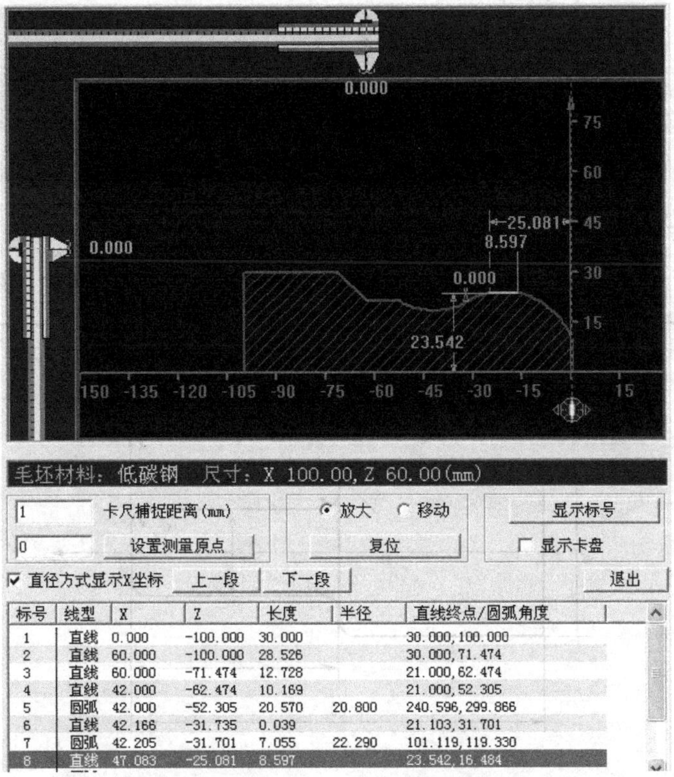

毛坯材料：低碳钢　尺寸：X 100.00, Z 60.00(mm)

标号	线型	X	Z	长度	半径	直线终点/圆弧角度
1	直线	0.000	-100.000	30.000		30.000, 100.000
2	直线	60.000	-100.000	28.526		30.000, 71.474
3	直线	60.000	-71.474	12.728		21.000, 62.474
4	直线	42.000	-62.474	10.169		21.000, 52.305
5	圆弧	42.000	-52.305	20.570	20.800	240.596, 299.866
6	直线	42.166	-31.735	0.039		21.103, 31.701
7	圆弧	42.205	-31.701	7.055	22.290	101.119, 119.330
8	直线	47.083	-25.081	8.597		23.542, 16.484

图 2-2-10 “车床工件测量”对话框

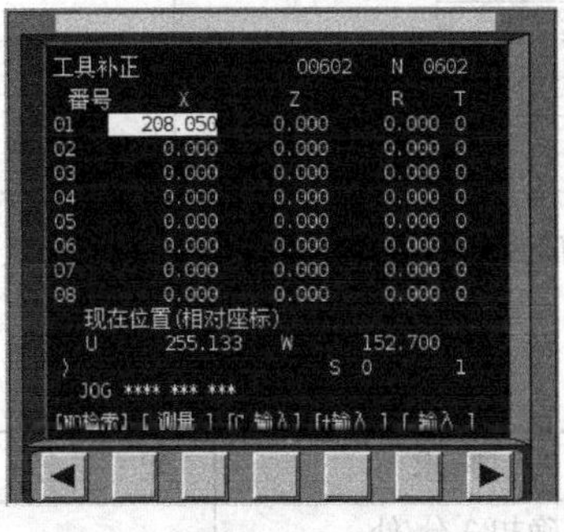

图 2-2-11 *X* 轴刀具补偿参数设置 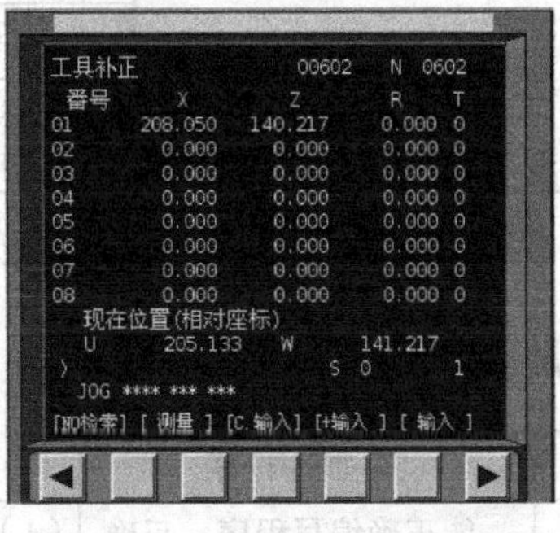　　图 2-2-12 *Z* 轴刀具补偿参数设置

② 在 MDI 键盘上单击程序键[PROG]，单击操作面板中的自动运行键[按键图标]，再单击操作面板中的循环启动键[按键图标]，机床就会开始自动加工，加工后的工件如图 2-2-14 所示。

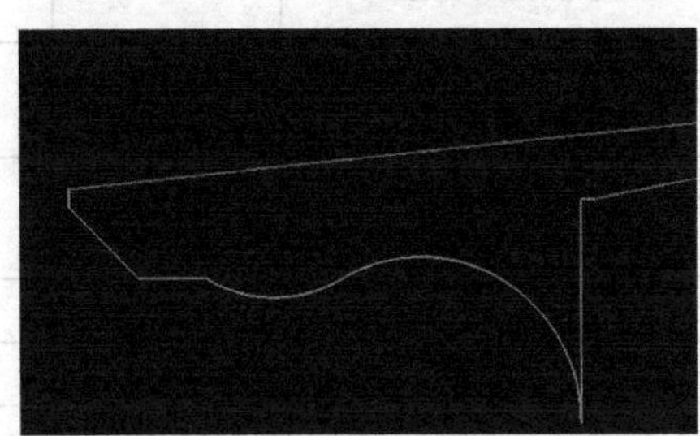

图 2-2-13 刀具运行轨迹

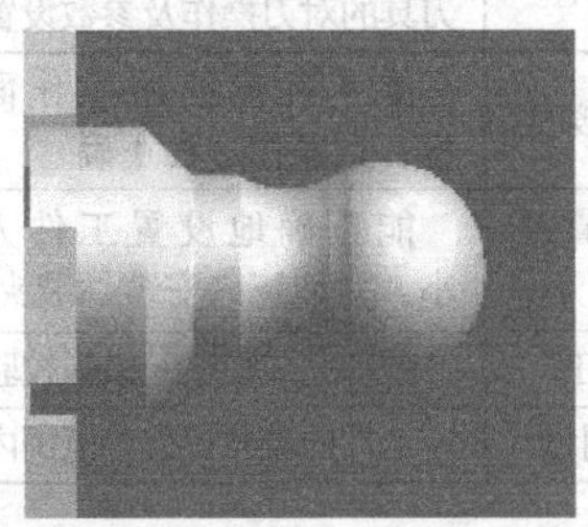

图 2-2-14 零件加工结果

四、实训练习题

1. 零件图

如图 2-2-15 所示，已知毛坯为ϕ24mm 的 45 钢，要求编制数控加工程序，并完成零件的加工。

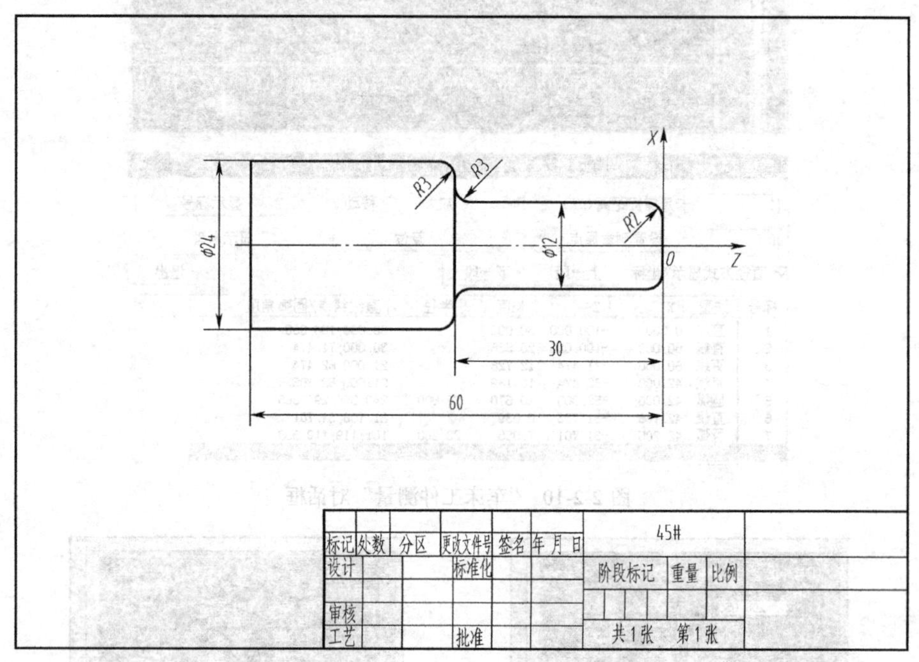

图 2-2-15　零件图

2. 实训操作评分标准

项目要求	实训内容	评分要求	配分	得分
编程及输入	能正确编写程序，正确地输入程序	（1）程序不正确扣 3 分/处 （2）切削用量不正确扣 2 分/处	20 分	
刀具选择及对刀操作	能正确迅速地完成刀具的选择，并能正确地完成所需刀具的对刀操作及参数设置	（1）不能正确选择刀具的扣 3 分/把 （2）对刀不正确的扣 3 分/把	20 分	
软件面板操作	能正确地使用操作面板，且操作过程正确	不能正确操作扣 2 分/次	20 分	
工件的设置及安装	能正确地设置工件大小，并能正确安装、装夹	（1）工件大小设置不合理的扣 5 分 （2）不能正确安装、装夹的扣 5 分	10 分	
模拟加工	顺利完成程序的模拟校验	不能正确进行模拟校验的扣 3 分	15 分	
工件的测量	工件的尺寸在公差范围内	尺寸超公差的扣 3 分/处	15 分	
总分				

实训三：

G90/G94 单一循环指令的应用——零件外圆加工

一、实训目的

1. 掌握对刀的方法及数据输入的方法，合理选择进刀路线及切削用量。
2. 熟悉加工指令的格式及应用。
3. 学会用单一循环指令编程，并加工简单的零件。
4. 学会零件尺寸控制的方法。

二、必备知识

1. 编程的基础知识

掌握程序的组成、程序段的组成、程序编辑的方法和坐标系的概念及应用，掌握 G00、G01、F、S、T、M 功能的意义及用途、用法。

2. G90 单一循环指令

圆柱面或圆锥面切削循环是一种单一固定循环，圆柱面单一固定循环如图 2-3-1 所示，圆锥面单一固定循环如图 2-3-2 所示。

- 圆柱面切削循环 编程格式：G90 X（U）__Z（W）__F__；
- 圆锥面切削循环 编程格式：G90 X（U）__Z（W）__R__F__；

功能：内外圆柱面、圆锥面加工，简化编程。

说明：X、Z 为圆柱面切削的终点坐标值；U、W 为圆柱面切削的终点相对于循环起点的坐标增量。R 为圆锥面切削的起点相对于终点的半径差。如果切削起点的 *X* 向坐标小于终点的 *X* 向坐标，R 值为负，反之为正。

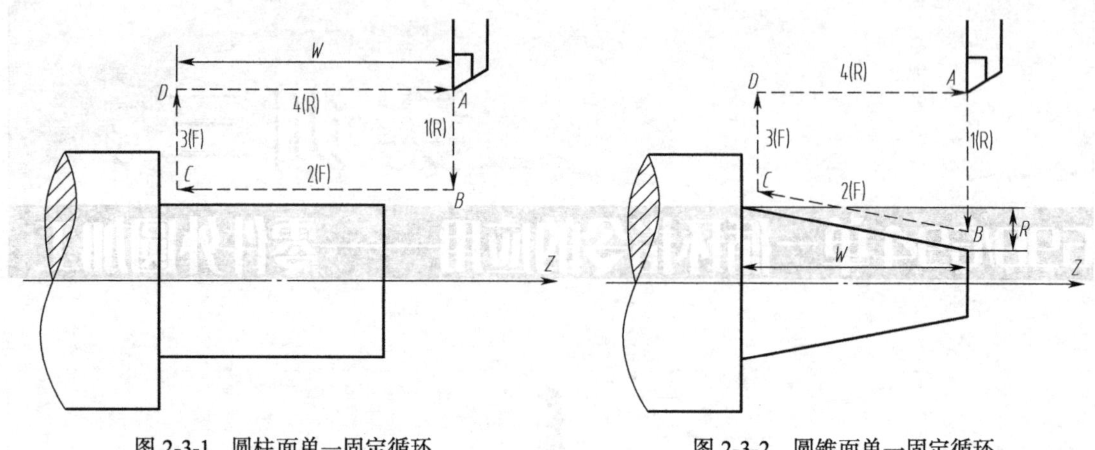

图 2-3-1 圆柱面单一固定循环　　图 2-3-2 圆锥面单一固定循环

3. G94 单一循环指令

- 平面端面切削循环 编程格式：G94 X（U）__Z（W）__F__；
- 锥面端面切削循环 编程格式：G94 X（U）__Z（W）__R__F__；

功能：端面切削循环是一种单一固定循环，适用于端面切削加工。

说明：R 为端面切削的起点相对于终点在 *Z* 轴方向的坐标增量。当起点 *Z* 轴方向坐标小于终点 *Z* 轴方向坐标时，R 值为负，反之为正。

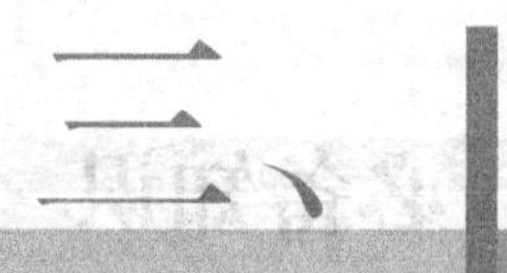

三 操作实例

1. 零件图

应用 G90 单一循环功能编写如图 2-3-3 所示零件的加工程序。

2. 毛坯

ϕ60mm × 121mm，45 钢。

3. 刀具及切削用量的选择

序　号	刀 具 号	刀 具 类 型	加 工 面	主轴转速（r/min）	进给速度（mm/min）
1	T1	D 型 93°车刀	台阶车削	800	150

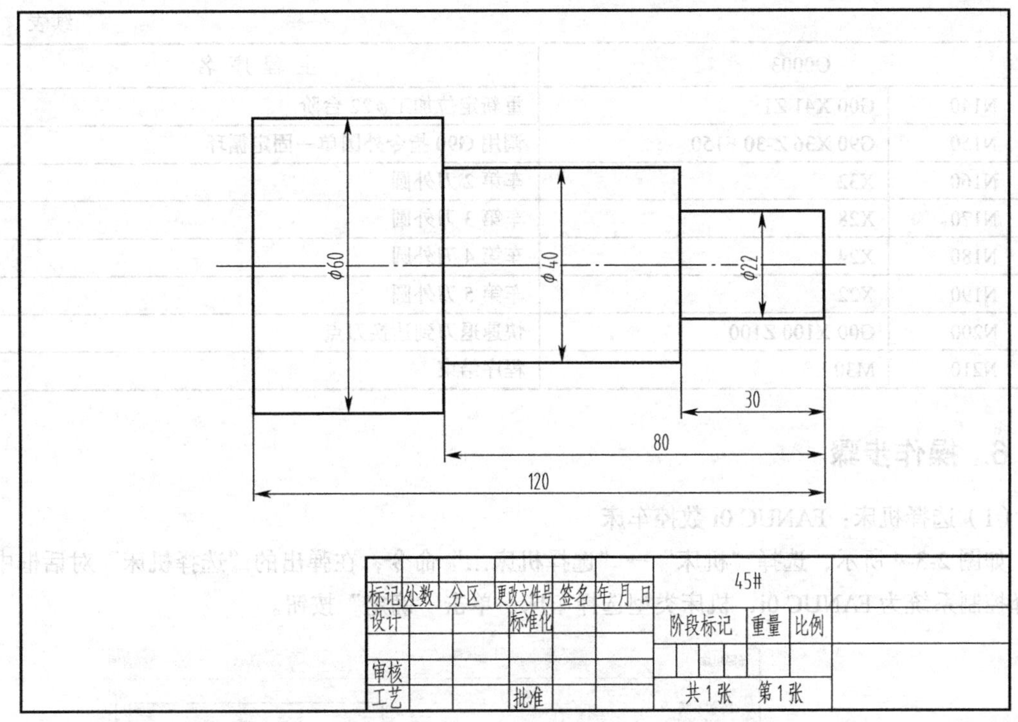

图 2-3-3 零件图

4. 工艺路线

（1）用三爪卡盘夹持工件左端外圆，工件伸出约 100mm。

（2）用 G00 指令快速定位接近工件，使用 G90 指令固定循环加工各台阶。

5. 参考程序

O0003		主 程 序 名
N10	T0101	选择 1 号刀及 1 号刀补值
N20	G98 G0 G54 X100 Z100	基本设定每 min 进给量，设定工件坐标系
N30	M03 S800	主轴正转，转速为 800r/min
N40	M08	冷却液开
N50	X62 Z2	刀具快速接近工件
N60	G01 Z0 F200	到达 Z 向零点
N70	X-1	车削端面
N80	G00 X61 Z1	快速退刀到达工件切削的起点位置
N90	G90 X56 Z-80 F150	调用 G90 外圆单一固定循环车第 1 刀外圆
N100	X52	车第 2 刀外圆
N110	X48	车第 3 刀外圆
N120	X44	车第 4 刀外圆
N130	X40	车第 5 刀外圆

续表

O0003		主 程 序 名
N140	G00 X41 Z1	重新定位加工ϕ22 台阶
N150	G90 X36 Z-30 F150	调用 G90 指令外圆单一固定循环
N160	X32	车第 2 刀外圆
N170	X28	车第 3 刀外圆
N180	X24	车第 4 刀外圆
N190	X22	车第 5 刀外圆
N200	G00 X100 Z100	快速退刀到达换刀点
N210	M30	程序结束

6. 操作步骤

（1）选择机床：FANUC 0i 数控车床

如图 2-3-4 所示，选择“机床”→“选择机床...”命令，在弹出的“选择机床”对话框中，选择控制系统为 FANUC 0i，机床类型选择车床，单击“确定”按钮。

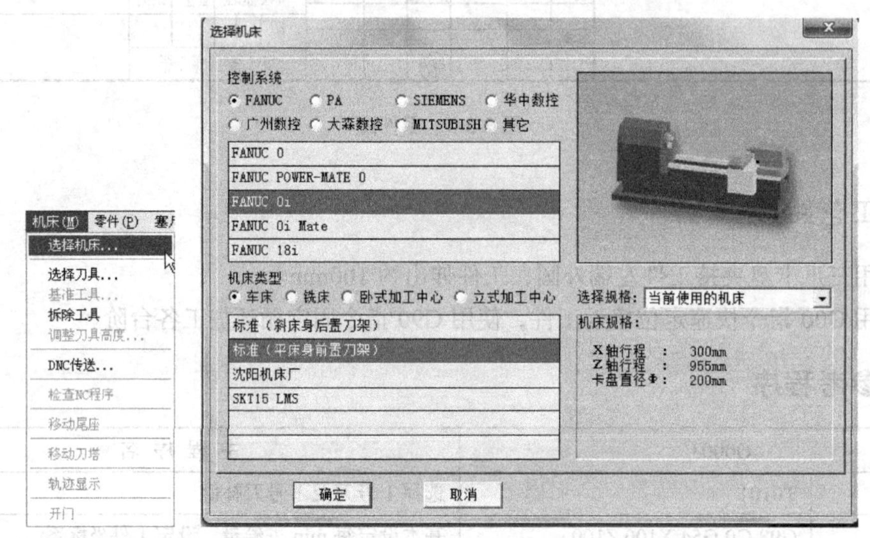

图 2-3-4 选择机床

（2）激活机床

单击启动按钮，使机床电机、伺服控制灯亮；检查紧急停止按钮是否松开至状态，若未松开，则单击急停按钮，将其松开，CRT 显示界面上显示 REF **** *** ***。单击操作面板的回零键，使其指示灯亮，单击 X 键，再单击 + 键，此时 X 轴将回零，操作面板上 X 轴的回原点指示灯亮，同时 CRT 显示界面上的 X 坐标发生变化。如果单击快速键，再单击 + 键，则机床快速回零。用相同方法再单击 Z 轴方向键 Z，使指示灯变亮，依次单击快速键和 + 键，此时 Z 轴回原点，回原点灯变亮。此时的 CRT 显示界面如图 2-3-5 所示。

（3）设置并安装工件

选择“零件”→“定义毛坯...”命令，在“定义毛坯”对话框（见图 2-3-6）中，修改零件尺寸，单击“确定”按钮。

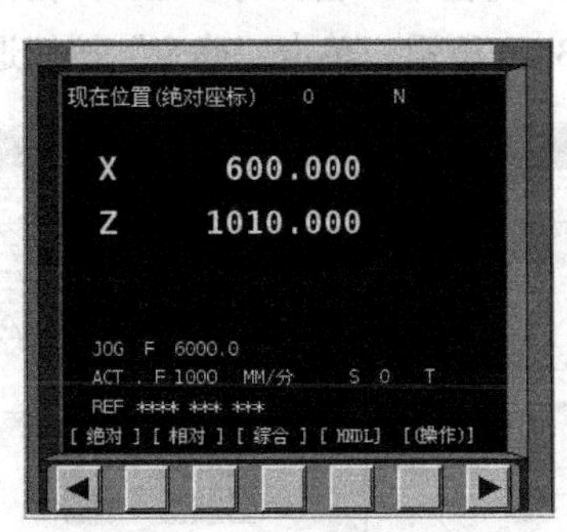

图 2-3-5 回参考点显示

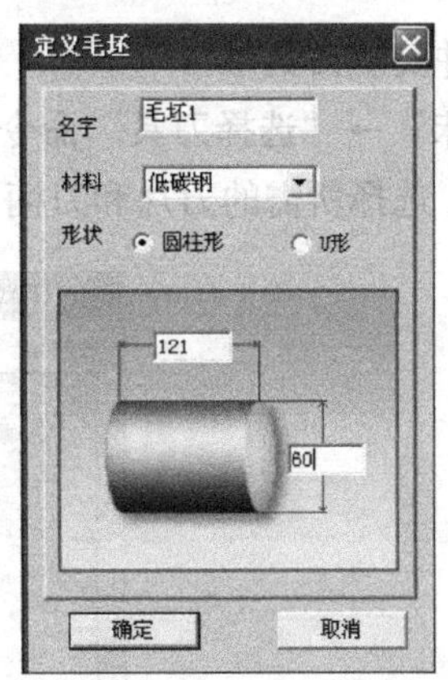

图 2-3-6 “定义毛坯”对话框

选择“零件”→“放置零件”命令，或者在工具栏上单击图标“”，系统会弹出“选择零件”对话框，如图 2-3-7 所示。在列表中选择已定义的毛坯 1，单击“安装零件”按钮，系统自动关闭对话框，界面上将出现控制零件移动的面板，如图 2-3-8 所示，可以用其移动零件（使零件伸出约 100mm），移动零件完毕后，单击面板上的“退出”按钮，关闭该面板。

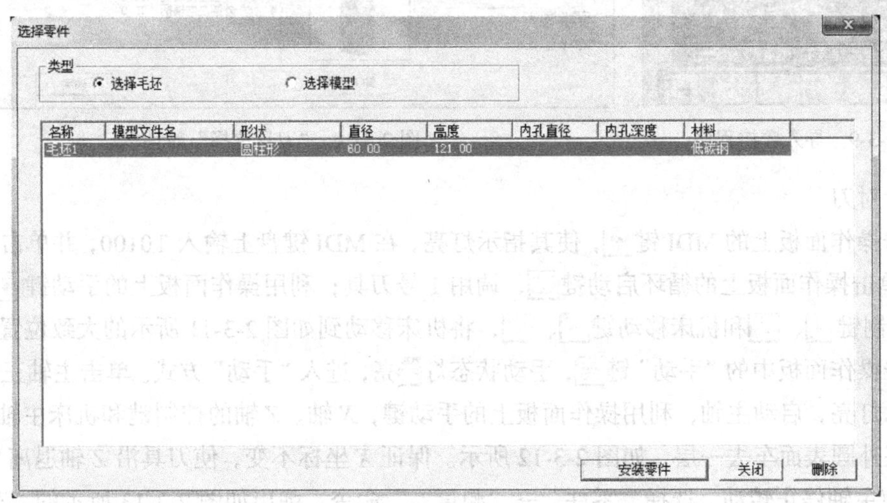

图 2-3-7 “选择零件”对话框

（4）输入或导入加工程序

数控程序可以使用记事本或写字板等编辑软件输入，并保存为文本格式的文件，也可直接用 FANUC 系统的 MDI 键盘输入。此处采用已存有的 NC 程序文件“03.txt”。

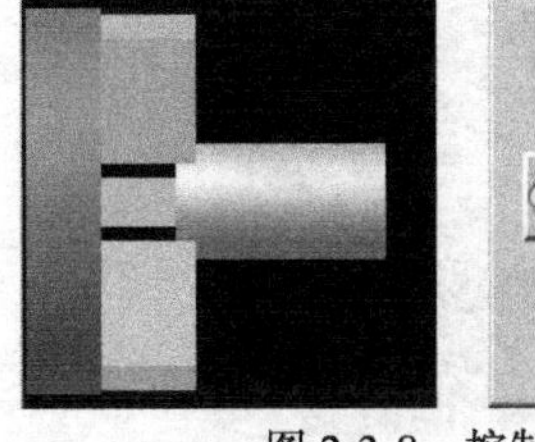

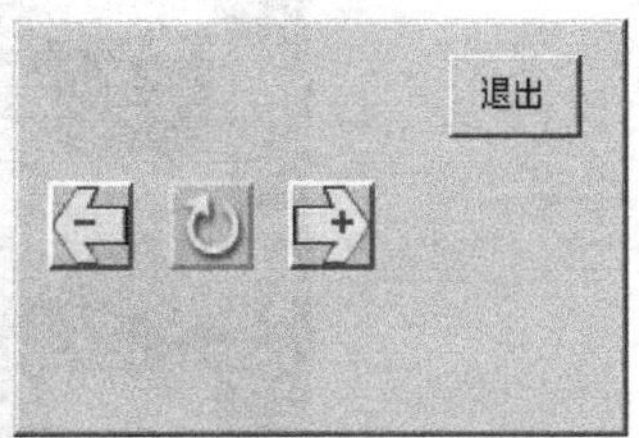

图 2-3-8 控制零件移动的面板

单击操作面板上的编辑键，编辑状态指示灯变亮，此时已进入编辑状态。单击 MDI 键盘上的键，CRT 显示界面转入编辑页面。再单击菜单软键“操作”，在出现的下级子菜单中单击软键，再单击菜单软键“READ”，单击 MDI 键盘上的字符键，输入“O0003”，单击软键“EXEC”。选择“机床”→“DNC 传送”命令，在弹出的对话框中选择所需的 NC 程序，单击“打开”按钮确认，则数控程序被导入并显示在 CRT 显示界面上，如图 2-3-9 所示。

（5）选择并安装刀具

选择“机床”→“选择刀具”命令，或者在工具栏中单击图标“ ”，在弹出的“刀具选择”对话框中，选择所需的刀片和刀柄，如图 2-3-10 所示，单击“确定”按钮退出。

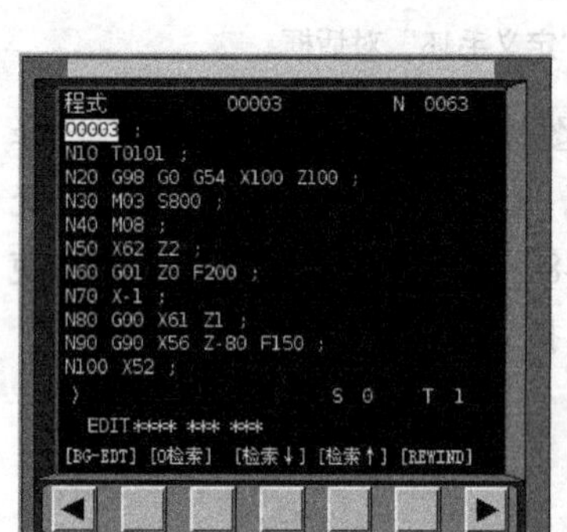

图 2-3-9　导入数控程序

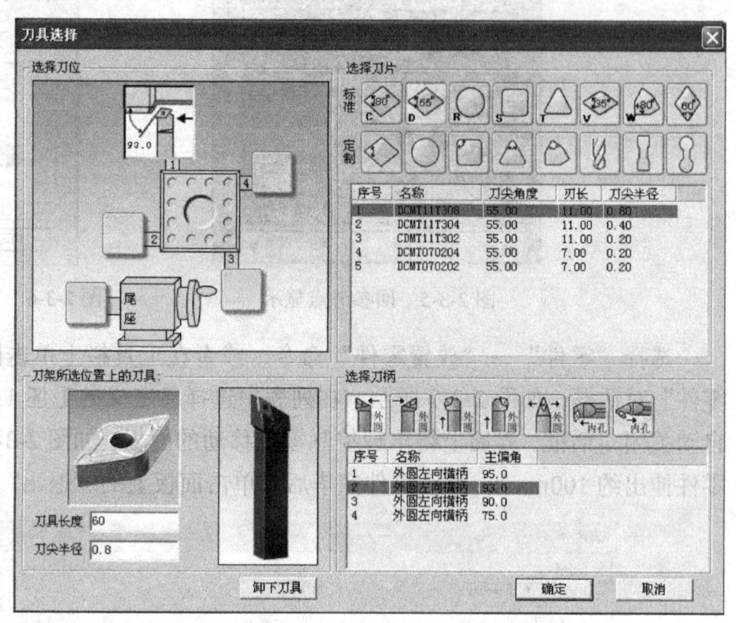

图 2-3-10　“刀具选择”对话框

（6）对刀

单击操作面板上的 MDI 键 ，使其指示灯亮，在 MDI 键盘上输入 T0100，并单击 INSERT 键 ；单击操作面板上的循环启动键 ，调用 1 号刀具；利用操作面板上的手动键 ，*X* 轴、*Z* 轴的控制键 、 和机床移动键 、 ，将机床移动到如图 2-3-11 所示的大致位置。

单击操作面板中的“手动”键 ，手动状态灯 亮，进入“手动”方式。单击主轴正转键 ，使其指示灯亮，启动主轴，利用操作面板上的手动键，*X* 轴、*Z* 轴的控制键和机床主轴移动键，使刀具将外圆表面车去一层，如图 2-3-12 所示。保证 *X* 坐标不变，使刀具沿 *Z* 轴退离工件，单击 键使主轴停止转动。选择“零件”→“测量…”命令，弹出如图 2-3-13 所示的“车床工件测量”对话框，测得所车外圆直径为 55.561。

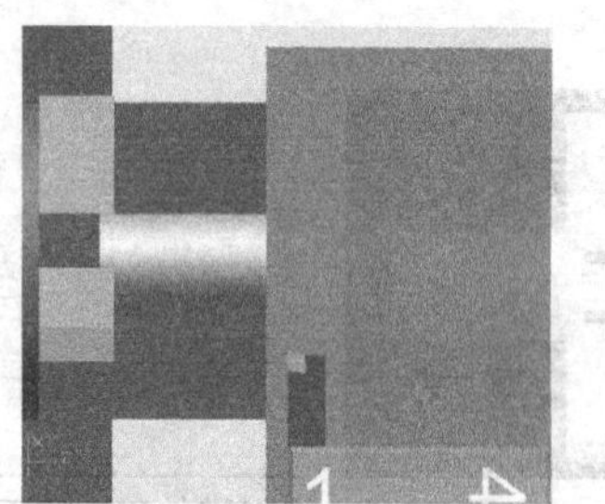

图 2-3-11　机床移动位置

图 2-3-12　车去外圆表面一层

在 MDI 键盘上单击 键两次，用方向键把光标移动到 01 号刀具 X 位置，输入“X55.561”。单击 CRT 显示界面上的“测量”软键，如图 2-3-14 所示，刀具 *X* 轴方向的对刀结束。用同样的方法对 *Z* 轴方向进行对刀，同时把光标移动到 Z 位置，输入“Z0”，单击 CRT 显示界面上的

"测量"软键，如图 3-2-15 所示。

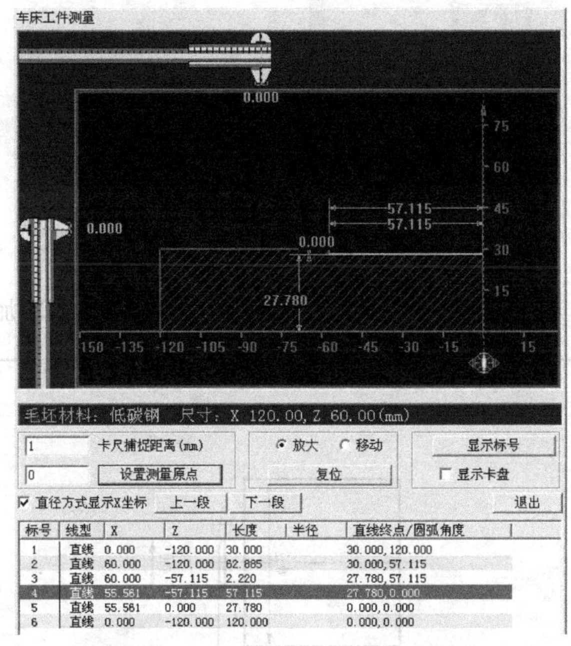

图 2-3-13 "车床工件测量"对话框

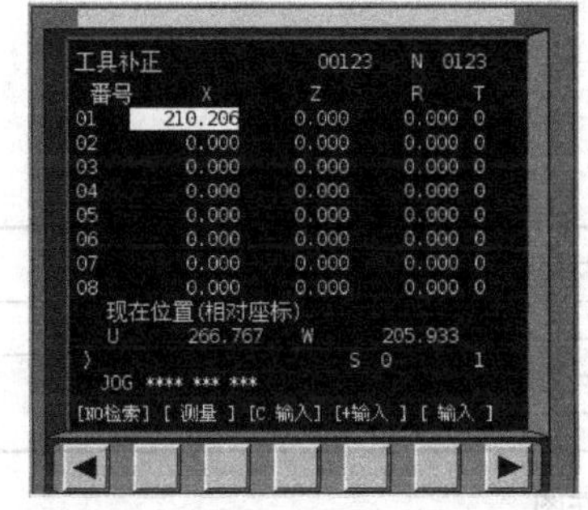

图 2-3-14 *X* 轴刀具补偿参数设置

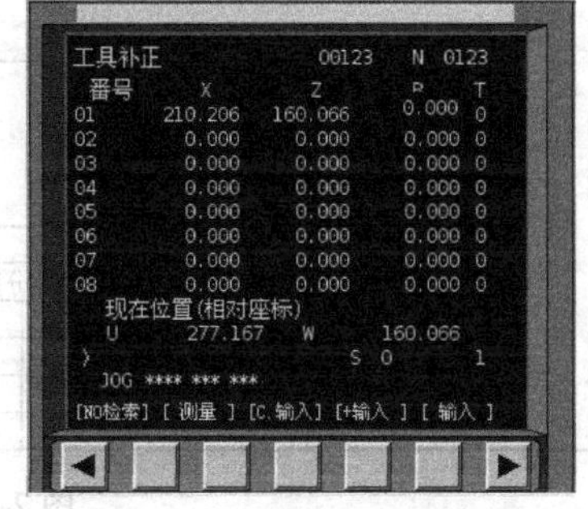

图 2-3-15 *Z* 轴刀具补偿参数设置

（7）检查运行轨迹、自动加工

① 单击操作面板中的自动运行键，使其指示灯亮，单击 MDI 键盘中的图形模式键，再单击操作面板中的循环启动键，即可观察数控程序的运行轨迹，如图 2-3-16 所示。

② 在 MDI 键盘上单击程序键，单击操作面板中的自动运行键，再单击操作面板中的循环启动键，机床就会开始自动加工，加工后的工件如图 2-3-17 所示。

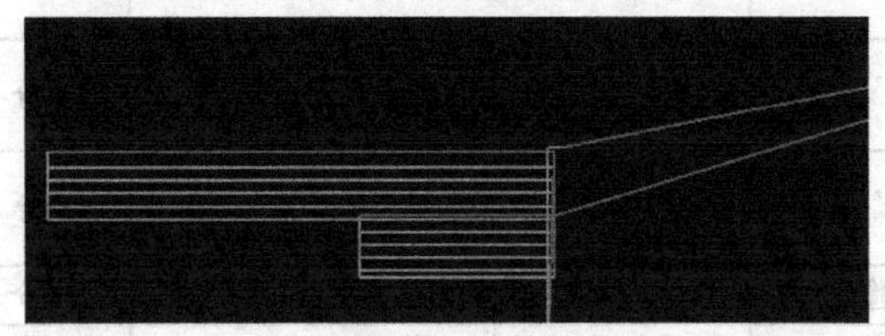

图 2-3-16 刀具运行轨迹

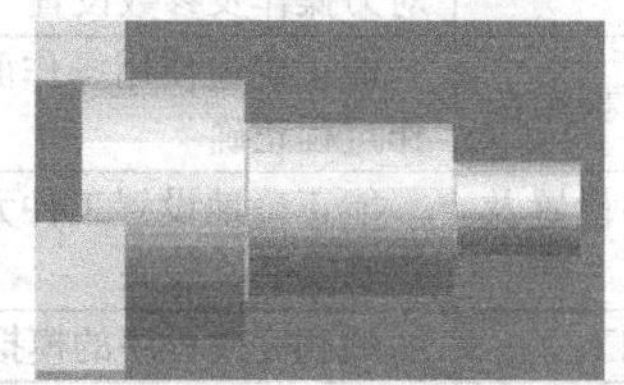

图 2-3-17 零件加工结果

（8）工件测量

四、实训练习题

1. 零件图

如图 2-3-18 所示，毛坯为ϕ32mm 的棒料，要求采用 G94 指令编写加工程序。

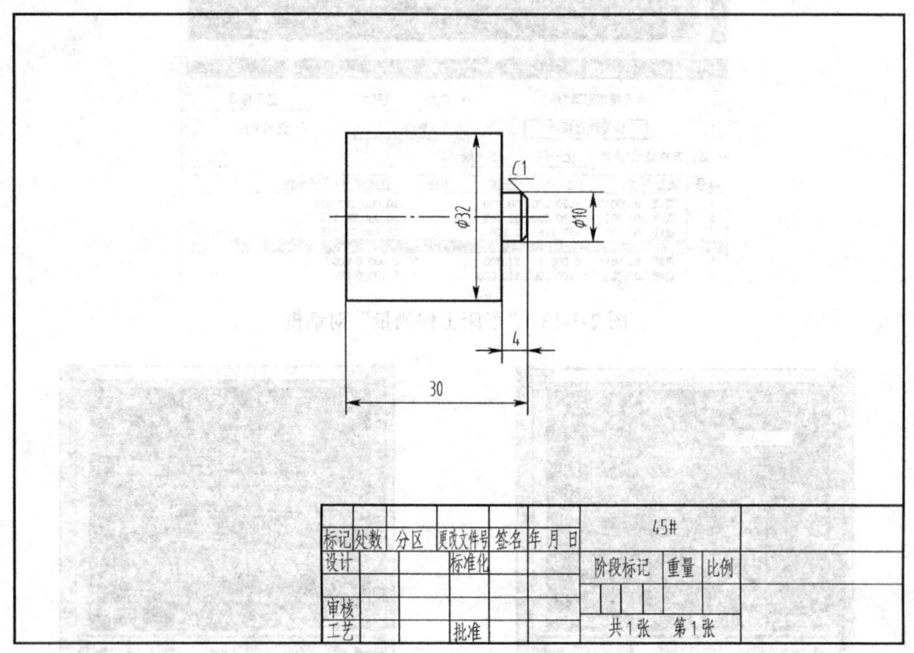

图 2-3-18　零件图

2. 实训操作评分标准

项目要求	实训内容	评分要求	配分	得分
编程及输入	能正确编写程序，正确地输入程序。	（1）程序不正确扣 3 分/处 （2）切削用量不正确扣 2 分/处	20 分	
刀具选择及对刀操作	能正确迅速地完成刀具的选择，并能正确地完成所需刀具的对刀操作及参数设置	（1）不能正确选择刀具的扣 3 分/把 （2）对刀不正确的扣 3 分/把	20 分	
软件面板操作	能正确地使用操作面板，且操作过程正确	不能正确操作扣 2 分/次	20 分	
工件的设置及安装	能正确地设置工件大小，并能正确安装、装夹	（1）工件大小设置不合理的扣 5 分 （2）不能正确安装、装夹的扣 5 分	10 分	
模拟加工	顺利完成程序的模拟校验	不能正确进行模拟校验的扣 3 分/处	15 分	
工件的测量	工件的尺寸在公差范围内	尺寸超公差的扣 3 分/处	15 分	
总分				

实训四：

G32/G92/G76 指令的应用——零件的螺纹加工

一、实训目的

1. 能根据零件图纸的要求，合理选择进刀路线及切削用量。
2. 熟悉加工指令的格式及应用。
3. 学会圆柱螺纹零件的编程和加工。
4. 学会零件的尺寸控制方法及螺纹各部分的计算和测量方法。
5. 遵守数控操作规程，养成安全文明生产的好习惯。

二、必备知识

1. 编程的基础知识

掌握程序的组成、程序段的组成、程序编辑的方法和坐标系的概念及应用，掌握 F、S、T、M 功能的意义及用途、用法。

2. 单一螺纹切削指令 G32

格式：G32 X（U）__Z（W）__F__；

功能：G32 指令可以执行单一行程螺纹切削，用于车削等螺距圆柱螺纹、锥螺纹。车刀进给运动严格根据输入的螺纹导程进行。但是，车刀的切入、切出和返回均需编入程序。

说明：

① X、Z 为绝对坐标方式时的目标终点坐标；U、W 为增量坐标方式时的目标终点坐标；

F 为螺纹导程。锥螺纹斜角小于 45° 时，螺纹导程以 Z 轴方向指定；大于 45° 小于 90° 时，以 X 轴方向值指定。

② 车削螺纹期间的进给速度倍率、主轴速度倍率无效（固定为 100%）。

③ 车削螺纹期间不应使用恒表面切削速度控制，应使用 G97 指令。

④ 车削螺纹时必须设置引入距离和超越距离，即升速段和减速段，避免在加减速过程中进行螺纹切削而影响螺距的稳定。

2. 螺纹切削循环指令 G92

格式：G92 X（U）__Z（W）__R__F__；

功能：该指令完成工件圆柱螺纹和锥螺纹的切削固定循环，为简单螺纹循环。图 2-4-1（a）所示为圆柱螺纹循环，图 2-4-1（b）所示为圆锥螺纹循环。刀具从循环起点开始，按 *A*、*B*、*C*、*D* 的顺序进行自动循环，最后又回到循环起点 *A*。图中虚线表示按 R 快速移动，实线表示按 F 指定的工作进给速度移动。

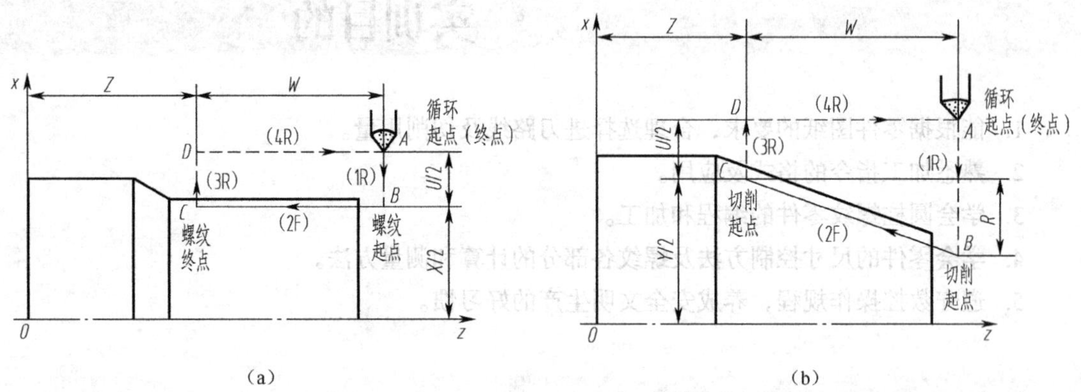

图 2-4-1 螺纹切削循环

说明：X、Z 为绝对坐标方式时的目标点坐标；U、W 为增量坐标方式时的目标点坐标；R 表示锥度，其值为锥螺纹大、小径的半径差，R 值的判断方法与 G90 指令相同，当 R 值为 0 时，即为圆柱螺纹，可省略；F 为螺纹导程。

3. 复合螺纹切削循环指令 G76

格式：G76 P（m）（r）（a）Q(Δd_{min})R（d）

G76 X（U）__Z(W)__R（i）P（k）Q(Δd) F（l）

功能：复合螺纹切削循环指令用于多次自动循环车螺纹，只需在数控加工程序中指定一次，并在指令中定义好有关参数，就能自动进行加工。它的进刀方法有利于改善刀具的切削条件，在编程中应优先考虑应用该指令，如图 2-4-2 所示。

说明：m 为精加工重复次数；r 为螺纹的精加工量（倒角量）；a 为刀尖的角度（螺牙的角度），可选择 80、60、55、32、31 和 30 共 6 个种类；Δd_{min} 为最小切深度；i 为螺纹部分的半径差；k 为螺牙的高度；Δd 为第一次的切深量；l 为螺纹导程。

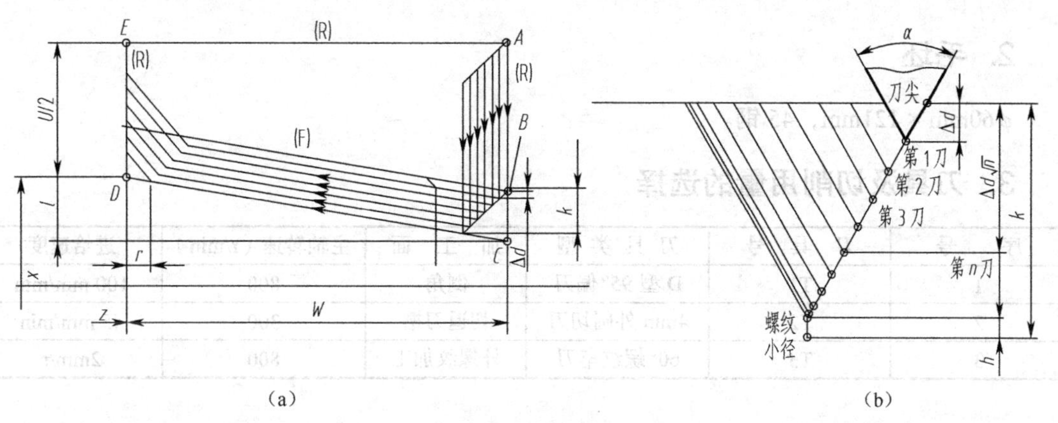

图 2-4-2　螺纹车削复合循环 G76

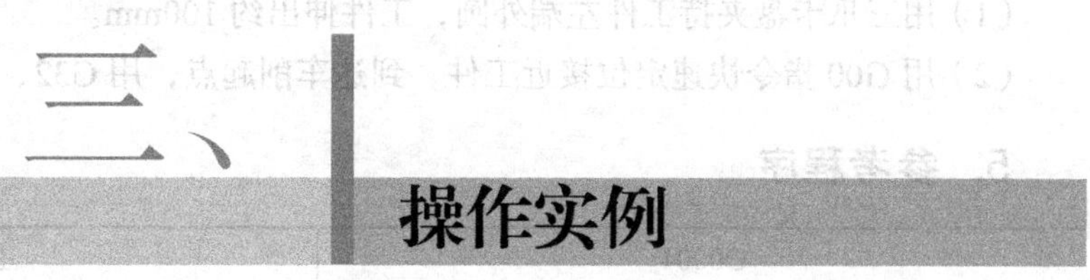

1. 零件图

如图 2-4-3 所示，已知毛坯为ϕ60mm 的 45 钢，要求编制数控加工程序，并完成零件的加工。

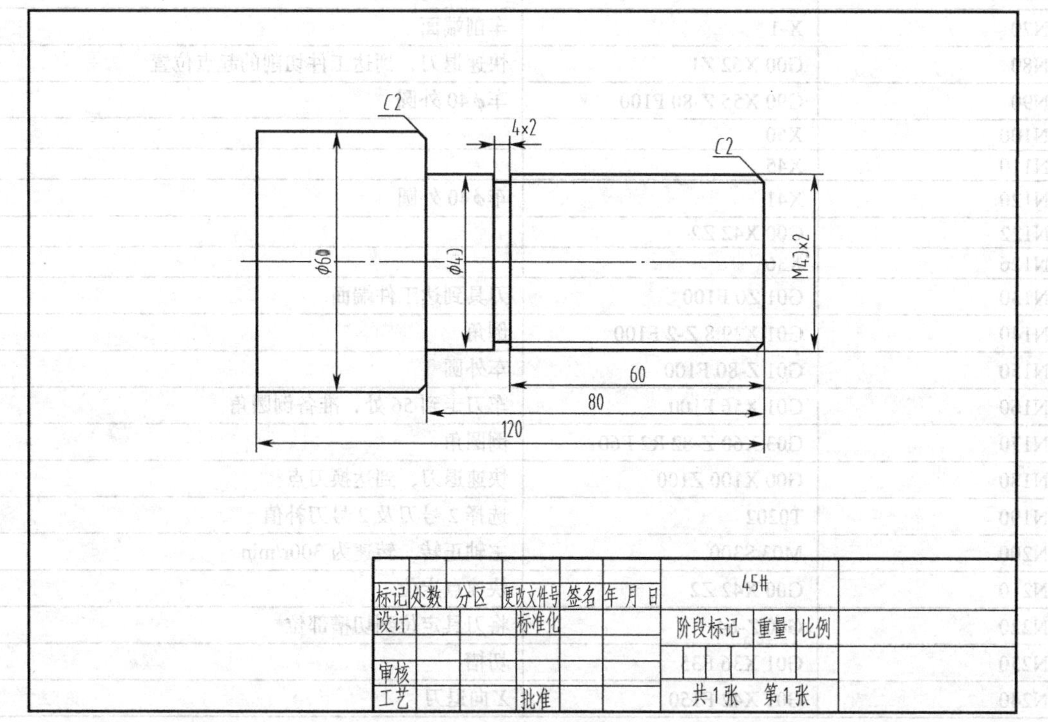

图 2-4-3　零件图

2. 毛坯

ϕ60mm × 121mm，45 钢。

3. 刀具及切削用量的选择

序　号	刀 具 号	刀 具 类 型	加　工　面	主轴转速（r/min）	进给速度
1	T1	D 型 95°偏刀	倒角	800	100 mm/min
2	T2	4mm 外圆切刀	切退刀槽	300	45 mm/min
3	T3	60°螺纹车刀	外螺纹加工	800	2mm/r

4. 工艺路线

（1）用三爪卡盘夹持工件左端外圆，工件伸出约 100mm。

（2）用 G00 指令快速定位接近工件，到达车削起点，用 G32、G92 指令加工外圆螺纹。

5. 参考程序

O0004		主 程 序 名
N10	T0101	选择 1 号刀及 1 号刀补值
N20	G98 G0 G54 X100 Z100	基本设定每 min 进给量，设定工件坐标系
N30	M03 S800	主轴正转，转速为 800r/min
N40	M08	冷却液开
N50	X62 Z2	刀具快速接近工件
N60	G01 Z0 F200	到达 Z 向零点
N70	X-1	车削端面
N80	G00 X62 Z1	快速退刀，到达工件切削的起点位置
N90	G90 X55 Z-80 F100	车ϕ40 外圆
N100	X50	
N110	X45	
N120	X41	车ϕ40 外圆
N122	G00 X42 Z2	
N126	X36	
N130	G01 Z0 F100	刀具到达工件端面
N140	G01 X39.8 Z-2 F100	倒角
N150	G01 Z-80 F100	车外圆
N160	G01 X56 F100	车刀走到 56 处，准备倒圆角
N170	G03 X60 Z-82 R2 F60	倒圆角
N180	G00 X100 Z100	快速退刀，到达换刀点
N190	T0202	选择 2 号刀及 2 号刀补值
N200	M03 S300	主轴正转，转速为 300r/min
N210	G00 X42 Z2	快速点定位
N220	G00 Z-64	将刀具定位到切槽部位
N230	G01 X36 F35	切槽
N240	G01 X42 F150	X 向退刀

续表

O0004		主 程 序 名
N250	G00 X100 Z100	快速退刀，到达换刀点
N260	T0303	选择 3 号刀及 3 号刀补值
N270	M03 S800	主轴正转，转速为 800r/min
N280	G00 X42 Z2	快速点定位
N290	G00 X39.5	刀具快速移动到 X39.5 处，准备第 1 刀螺纹加工
N300	G32 Z-62 F2	加工螺纹
N310	G00 X42	*X* 向退刀
N320	G00 Z2	*Z* 向退刀
N330	G00 X39	刀具快速移动到 X39 处，准备第 2 刀螺纹加工
N340	G32 Z-62 F2	加工螺纹
N350	G00 X42	*X* 向退刀
N360	G00 Z2	*Z* 向退刀
N370	G00 X38.7	刀具快速移动到 X38.7 处，准备第 3 刀螺纹加工
N380	G32 Z-62 F2	加工螺纹
N390	G00 X42	*X* 向退刀
N400	G00 Z2	*Z* 向退刀
N410	G00 X38.3	刀具快速移动到 X38.3 处，准备第 4 刀螺纹加工
N420	G32 Z-62 F2	加工螺纹
N430	G00 X42	*X* 向退刀
N440	G00 Z2	*Z* 向退刀
N450	G0 X38	刀具快速移动到 X38 处，准备第 5 刀螺纹加工
N460	G32 Z-62 F2	加工螺纹
N470	G00 X42	*X* 向退刀
N480	G00 Z2	*Z* 向退刀
N490	G00 X37.7	刀具快速移动到 X37.7 处，准备第 6 刀螺纹加工
N500	G32 Z-62 F2	加工螺纹
N510	G00 X42	*X* 向退刀
N520	G00 Z2	*Z* 向退刀
N530	G00 X37.4	刀具快速移动到 X37.4 处，准备第 7 刀螺纹加工
N540	G32 Z-62 F2	加工螺纹
N550	G00 X42	*X* 向退刀
N560	G00 Z2	*Z* 向退刀
N570	G00 X37.4	刀具快速移动到 X37.4 处，准备第 8 刀螺纹加工
N580	G32 Z-62 F2	加工螺纹
N590	G00 X100 Z100	快速退刀到达换刀点
N600	M30	程序结束，并回到程序开始位置，等待加工
加工程序（螺纹循环指令 G92）		
	T0303	选择 3 号刀及 3 号刀补值
N10	G98 G0 G54 X100 Z100	基本设定每 min 进给量，设定工件坐标系
N20	M03 S800	主轴正转，转速为 800r/min
N30	G00 X42 Z2	刀具快速移动到循环起点
N40	G92 X39.5 Z-62 F2	调用 G92 螺纹循环指令进行第 1 次螺纹加工
N50	X39	第 2 次螺纹加工

续表

O0004		主 程 序 名
N60	X38.7	第 3 次螺纹加工
N70	X38.3	第 4 次螺纹加工
N80	X38	第 5 次螺纹加工
N90	X37.7	第 6 次螺纹加工
N100	X37.4	第 7 次螺纹加工
N110	X37.4	第 8 次螺纹加工
N120	G00 X100 Z100	快速退刀，到达换刀点
N130	M30	程序结束，并回到程序开始位置等待加工
加工程序（螺纹车削复合循环 G76）		
N10	T0303	选择 3 号刀及 3 号刀补值
N20	G98 G0 G54 X100 Z100	基本设定每 min 进给量，设定工件坐标系
N30	M03 S800	主轴正转，转速为 800r/min
N40	G00 X42 Z2	刀具快速移动到循环起点
N50	G76 P010060 Q100 R0.1	调用螺纹切削复合循环，设置相关信息
N60	G76 X37.4 Z-62 R0 P1200 Q500 F2	螺距为 2mm
N70	G00 X100 Z100	快速退刀到达换刀点
N80	M30	程序结束，并回到程序开始位置，等待加工

6. 操作步骤

（1）选择机床：FANUC 0i 数控车床

如图 2-4-4 所示，选择“机床”→“选择机床…”命令，在弹出的“选择机床”对话框中，选择控制系统为 FANUC 0i，机床类型选择车床，单击“确定”按钮。

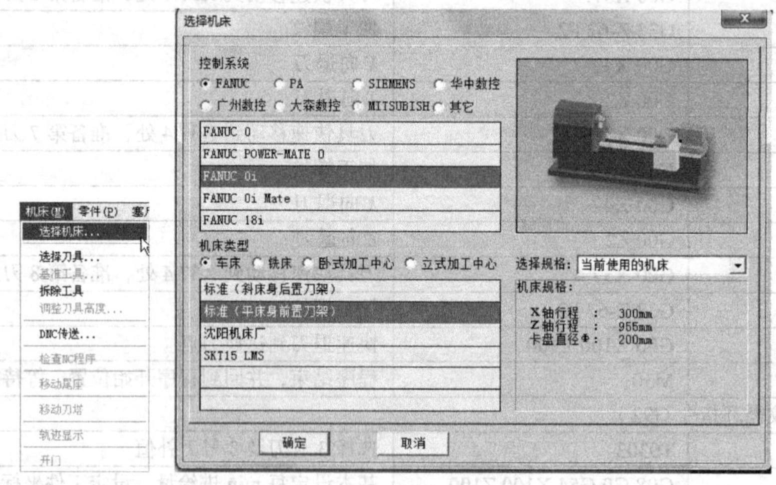

图 2-4-4 选择机床

（2）激活机床

单击启动按钮，使机床电机、伺服控制灯亮；检查紧急停止按钮是否松开至[按钮图标]状态，若未松开，则单击急停按钮[按钮图标]，将其松开，CRT 显示界面上显示 REF **** *** ***。单击操作面板的回零键[按键图标]，使其指示灯亮，单击 X 键，再单击 + 键，此时 X 轴将回零，操作面板上 X 轴的回原点指示灯亮，同时 CRT 显示桌面上的 X 坐标发生变化。如果单击快速键，再单击键，则机床快速回零。用相同方法再单击 Z 轴方向键，使指示灯变亮，单击键和键，此时 Z 轴回原点，回原点灯变亮。此时的 CRT 显示界面如图 2-4-5 所示。

（3）设置并安装工件

选择“零件”→“定义毛坯...”命令，在“定义毛坯”对话框（见图 2-4-6）中，修改零件尺寸，单击“确定”按钮。

图 2-4-5　回参考点显示

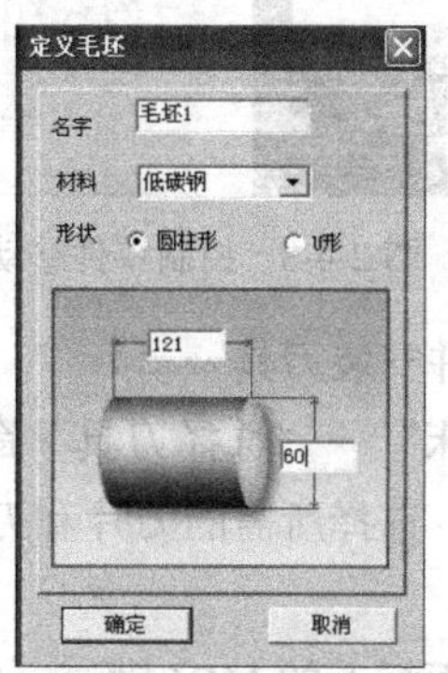

图 2-4-6　“定义毛坯”对话框

选择“零件”→“放置零件”命令，或者在工具栏上单击图标“”，系统会弹出“选择零件”对话框，如图 2-4-7 所示。在列表中选择已定义的毛坯 1，单击“安装零件”按钮，系统自动关闭对话框，界面上出现控制零件移动的面板，如图 2-4-8 所示，可以用其移动零件（使零件伸出约 100mm），移动零件完毕后，单击面板上的“退出”按钮，关闭该面板。

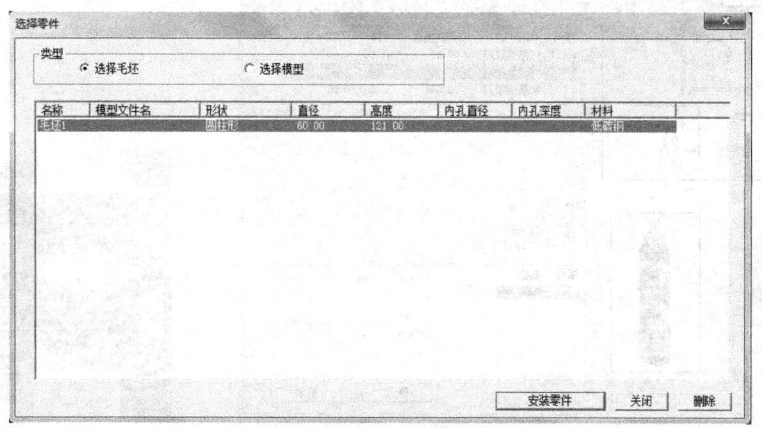

图 2-4-7　“选择零件”对话框

（4）输入或导入加工程序

数控程序可以使用记事本或写字板等编辑软件输入，并保存为文本格式的文件，也可直接用 FANUC 系统的 MDI 键盘输入。此处采用已存有的 NC 程序文件“04.txt”。

单击操作面板上的编辑键，编辑状态指示灯变亮，此时已进入编辑状态。单击 MDI 键盘上的键，CRT 显示界面转入编辑页面。再单击菜单软键“操作”，在出现的下级子菜单中单击软键，再单击菜单软键“READ”，单击 MDI 键盘上的字符键，输入“O0004”，单击软键“EXEC”，选择“机床”→“DNC 传送”命令，在弹出的对话框中选择所需的 NC 程序，单击“打开”按钮确认，则数控程序被导入并显示在 CRT 显示界面上，如图 2-4-9 所示。

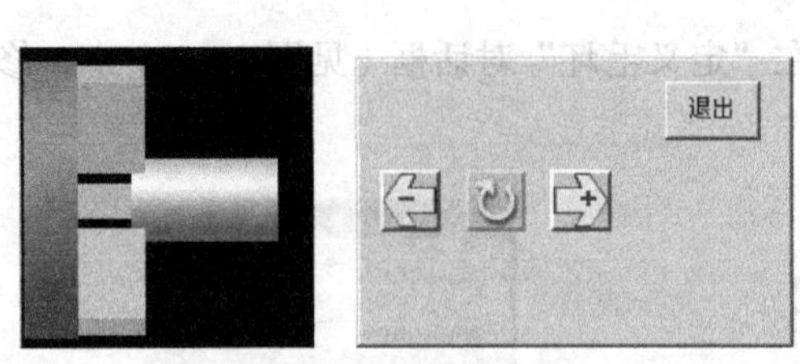

图 2-4-8 控制零件移动的面板

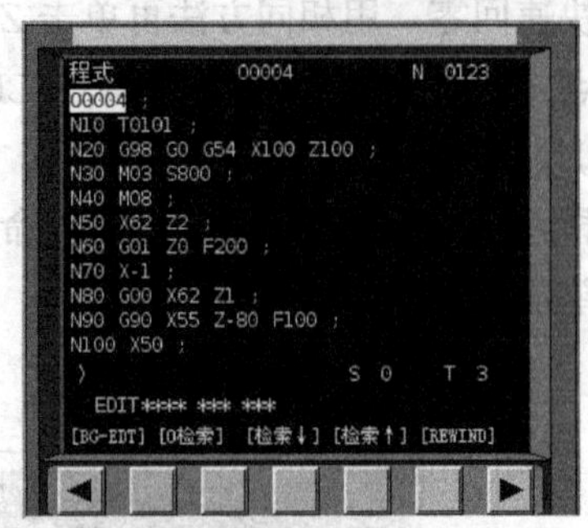

图 2-4-9 导入数控程序

（5）选择并安装刀具

选择“机床”→“选择刀具”命令，或者在工具栏中单击图标“”，在弹出的“刀具选择”对话框中，选择所需的刀片和刀柄，如图 2-4-10 所示，单击“确定”按钮退出。

（6）对刀

单击操作面板上的 MDI 键，使其指示灯亮，在 MDI 键盘上输入 T0100，并单击 INSERT 键；单击操作面板上的循环启动键，调用 1 号刀具；利用操作面板上的手动键，*X* 轴、*Z* 轴的控制键、和机床移动键、，将机床移动到如图 2-4-11 所示的大致位置。

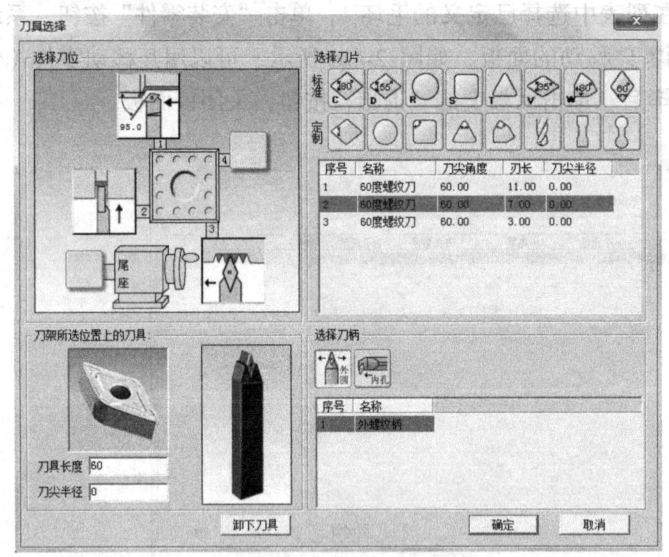

图 2-4-10 “刀具选择”对话框

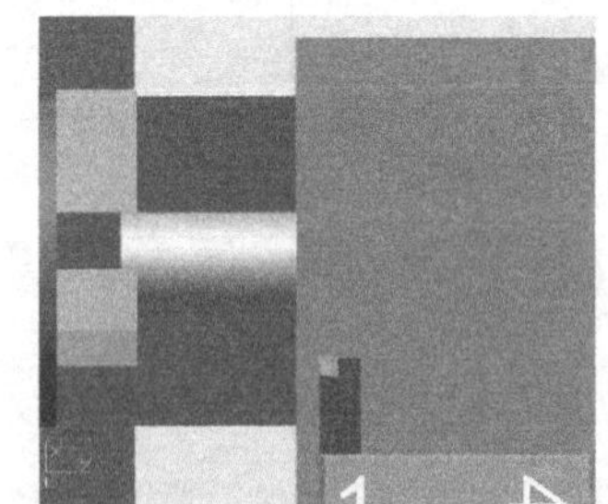

图 2-4-11 机床移动位置

单击操作面板中的“手动”键，手动状态灯亮，进入“手动”方式。单击主轴正转键，使其指示灯亮，启动主轴，利用操作面板上的手动键、*X* 轴、*Z* 轴的控制键和机床主轴移动键，使刀具将外圆表面车去一层，如图 2-4-12 所示。保证 *X* 轴坐标不变，使刀具沿 *Z* 轴退离工件，单击键使主轴停止转动。选择“零件”→“测量...”命令，弹出如图 2-4-13 所示的“车床工件测量”对话框，测得所车外圆直径为 55.561。

在 MDI 键盘上单击键两次，用方向键把光标移动到 01 号刀具的 X 位置，输入“X55.561”。单击 CRT 显示界面上的“测量”软键，如图 2-4-14 所示，刀具 *X* 轴方向的对刀结束。用同样的方法对 Z 轴方向进行对刀，同时把光标移动到 Z 位置，输入“Z0”，单击 CRT 显示界面上的“测量”软键；如图 2-4-15 所示。

图 2-4-12　车去外圆表面一层

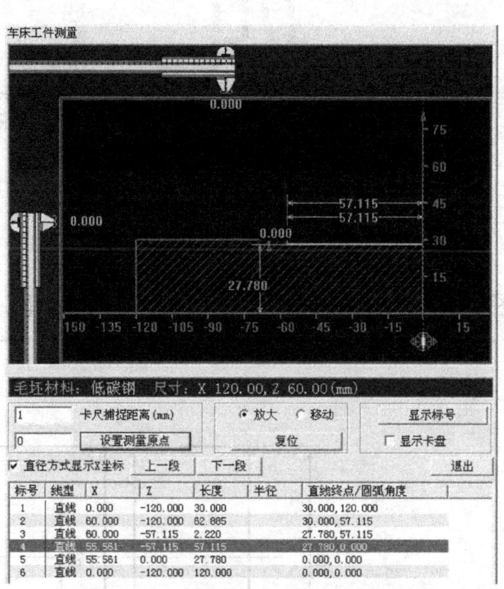

图 2-4-13　“车床工件测量”对话框

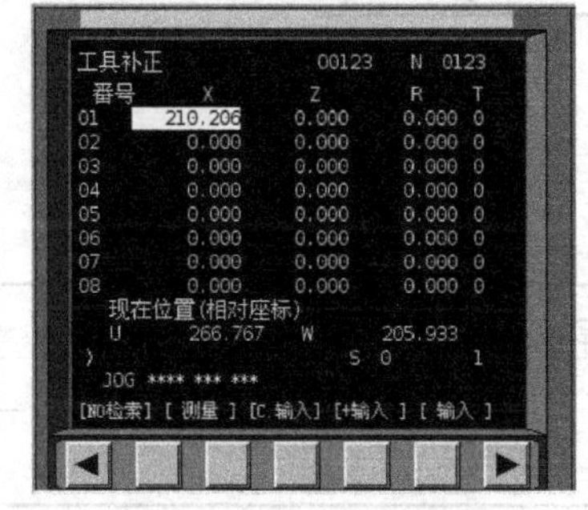

图 2-4-14　*X* 轴刀具补偿参数设置

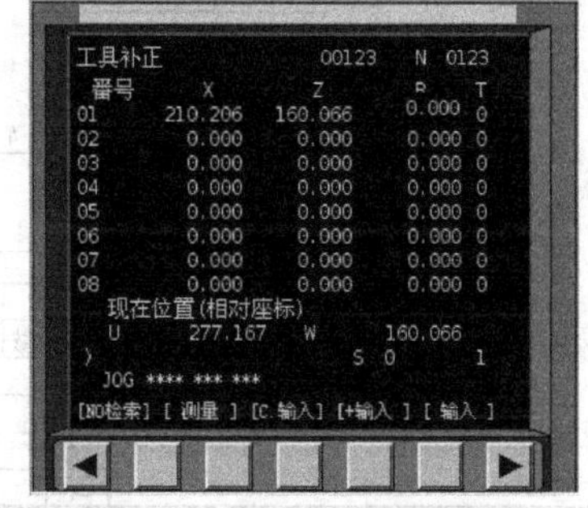

图 2-4-15　*Z* 轴刀具补偿参数设置

用 MDI 方式调用 02、03 号刀具，采用与 01 号刀具对刀相同的方法完成 02、03 号刀具的对刀。

（7）检查运行轨迹、自动加工

① 单击操作面板中的自动运行键，使其指示灯亮，单击 MDI 键盘中的图形模式键，再单击操作面板中的循环启动键，即可观察数控程序的运行轨迹，如图 2-4-16 所示。

② 在 MDI 键盘上单击程序键，单击操作面板中的自动运行键，再单击操作面板中的循环启动键，机床就会开始自动加工，加工后的工件如图 2-4-17 所示。

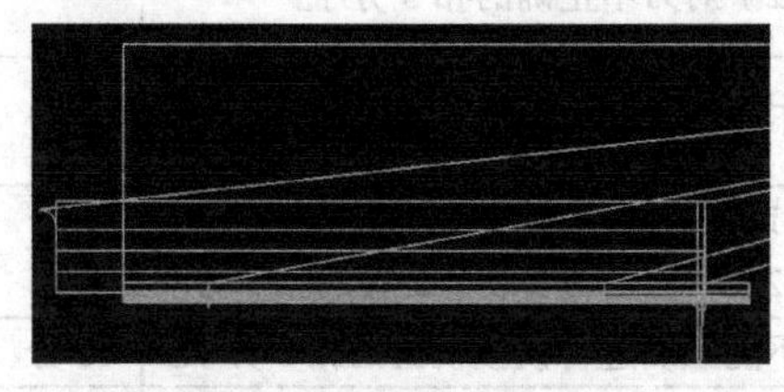

图 2-4-16　刀具运行轨迹

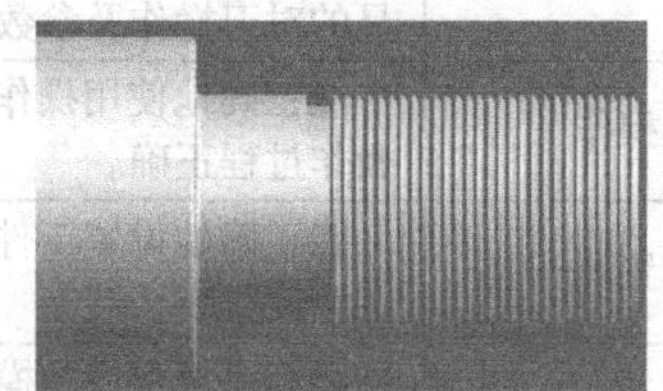

图 2-4-17　零件加工结果

（8）工件测量

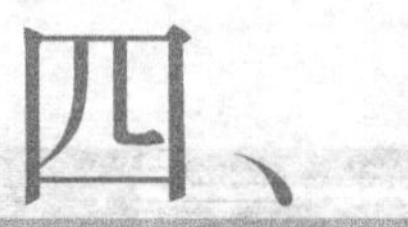

四、实训练习题

1. 零件图

如图 2-4-18 所示，已知毛坯为ϕ30mm 的 45 钢，要求编制数控加工程序，并完成零件的加工。

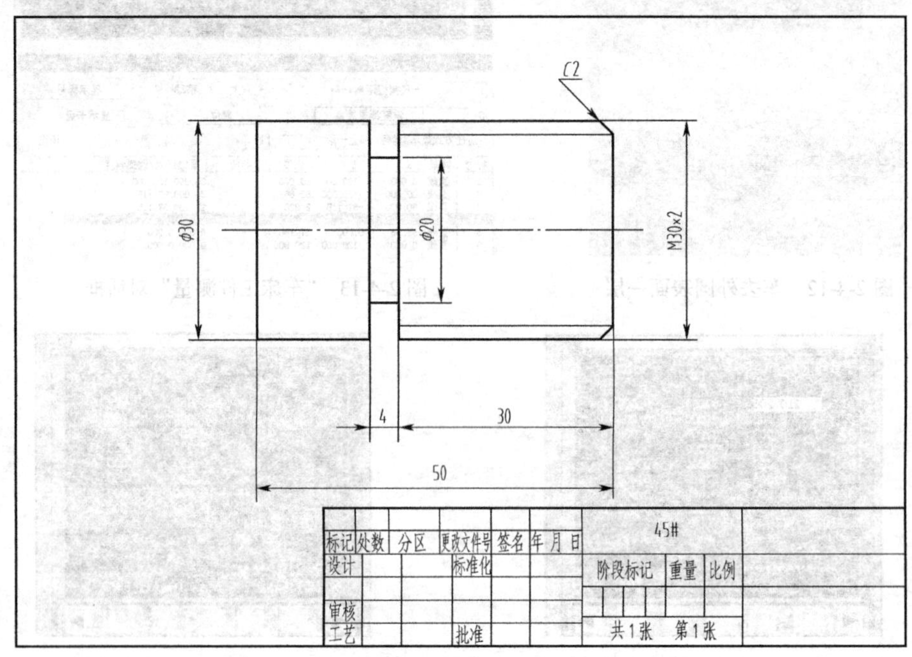

图 2-4-18 零件图

2. 实训操作评分标准

项目要求	实训内容	评分要求	配分	得分
编程及输入	能正确编写程序，正确地输入程序	（1）程序不正确扣 3 分/处 （2）切削用量不正确扣 2 分/处	20 分	
刀具选择及对刀操作	能正确迅速地完成刀具的选择，并能正确地完成所需刀具的对刀操作及参数设置	（1）不能正确选择刀具的扣 3 分/把 （2）对刀不正确的扣 3 分/把	20 分	
软件面板操作	能正确地使用操作面板，且操作过程正确。	不能正确操作扣 2 分/次	20 分	
工件的设置及安装	能正确地设置工件大小，并能正确安装、装夹	（1）工件大小设置不合理的扣 5 分 （2）不能正确安装、装夹的扣 5 分。	10 分	
模拟加工	顺利完成程序的模拟校验	不能正确进行模拟校验的扣 3 分/处	15 分	
工件的测量	工件的尺寸在公差范围内	尺寸超公差的扣 3 分/处	15 分	
		总分		

实训五：

G71 指令的应用——外圆粗切循环加工零件

一、实训目的

1. 能根据零件图纸的要求，合理选择进刀路线及切削用量。
2. 熟悉加工指令的格式及应用。
3. 学会 G71 指令的编程和加工方法。
4. 学会零件的尺寸控制方法，保证加工精度。
5. 遵守数控操作规程，养成安全文明生产的好习惯。

二、必备知识

1. 编程的基础知识

掌握程序的组成、程序段的组成、程序编辑的方法和坐标系的概念及应用，掌握 F、S、T、M 功能的意义及用途、用法。

2. 外圆/内径粗切循环 G71

格式：G71 U（Δd）R（e）;

G71 P（ns）Q（nf）U（Δu）W（Δw）F（f）S（s）T（t）;

功能：该指令适用于车削圆棒料毛坯，粗车外圆和圆筒毛坯料，粗车内径，需多次走刀才能完成的粗加工，图 2-5-1 所示为使用 G71 指令进行外圆循环粗切的加工路线。

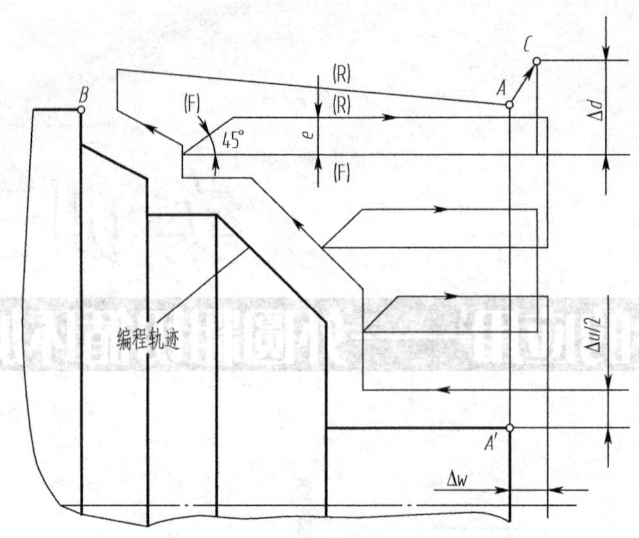

图 2-5-1　外圆循环粗切的加工路线

说明：Δ*d* 为背吃刀量；*e* 为退刀量；ns 为精加工轮廓程序段中开始程序段的段号；nf 为精加工轮廓程序段中结束程序段的段号；Δ*u* 为 *X* 轴向精加工余量；Δ*w* 为 *Z* 轴向精加工余量；f、s、t 为 F、S、T 的代码。

注意　ns～nf 程序段中的 F、S、T 功能，即使被指定也对粗车循环无效，零件轮廓必须符合 *X* 轴、*Z* 轴方向同时单调增大或单调减少；ns～nf 程序段中的第一条指令只能在 *X* 向有运动。

三、操作实例

1. 零件图

如图 2-5-2 所示，已知毛坯为ϕ60mm 的 45 钢，要求编制数控加工程序，并完成零件的加工。

2. 毛坯

ϕ60mm × 121mm，45 钢。

3. 刀具及切削用量的选择

序号	刀具号	刀具类型	加工内容	主轴转速（r/min）	进给速度（mm/min）
1	T1	D 型 93° 外圆车刀	外圆及圆弧 车削	粗：800 精：1200	粗：200 精：120

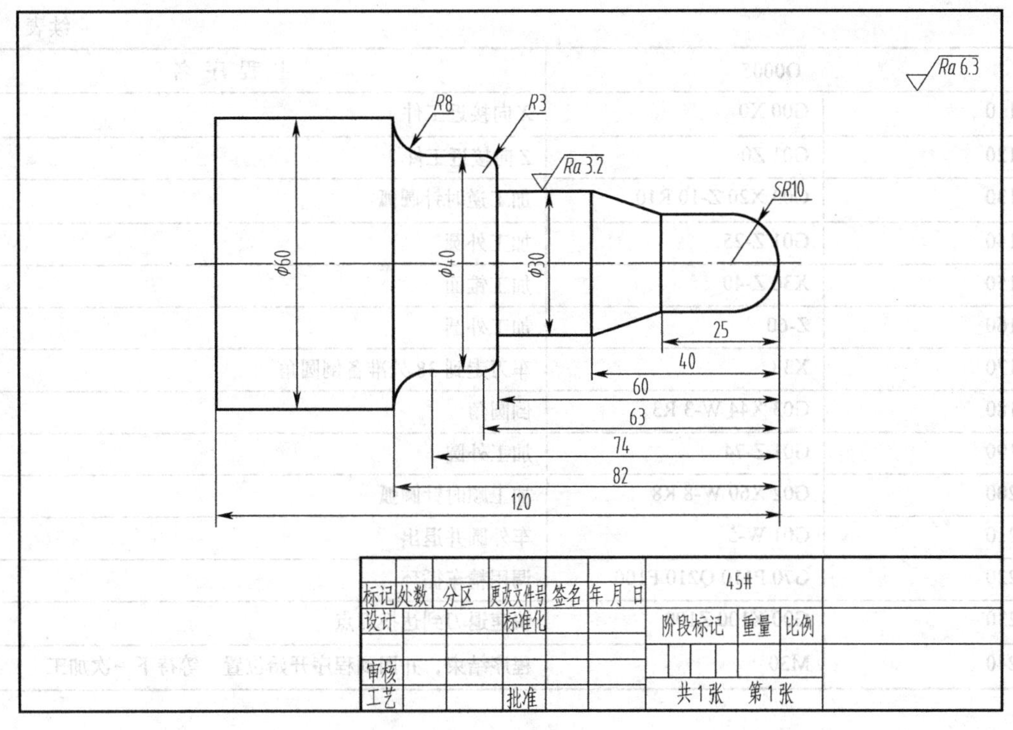

图 2-5-2 零件图

4. 工艺路线

（1）用三爪卡盘夹持工件左端外圆，工件伸出约 100mm。

（2）使用 G71 外圆粗车复合循环指令加工各外圆及圆弧。

5. 参考程序

	O0005	主 程 序 名
N10	T0101	选择 1 号刀及 1 号刀补值
N20	G98 G0 G54 X100 Z100	基本设定每 min 进给量，设定工件坐标系
N30	M03 S800	主轴正转，转速为 800r/min
N40	M08	冷却液开
N50	X62 Z2	刀具快速接近工件
N60	G01 Z0 F200	到达 Z 向零点
N70	X-1	车削端面
N80	G00 X62 Z2	刀具快速接近工件
N90	G71 U1 R1	调用外圆粗车复合循环 U1 表示每次背吃刀量单边 1mm;R1 表示退刀单边 1mm
N100	G71 P110 Q210 U0.5 W0.1 F200	P110 表示精加工第一个程序段的段号；Q210 表示精加工最后一个程序段的段号；U 表示 X 方向精加工余量为 0.5mm；W 表示 Z 向精加工余量为 0.1mm；F 表示粗车进给速度为 200mm/min

续表

O0005		主 程 序 名
N110	G00 X0	X 向接近工件
N120	G01 Z0	Z 向接近工件
N130	G03 X20 Z-10 R10	加工逆时针圆弧
N140	G01 Z-25	加工外圆
N150	X30 Z-40	加工锥面
N160	Z-60	加工外圆
N170	X38	车刀走到 38 处准备倒圆角
N180	G03 X44 W-3 R3	倒圆角
N190	G01 Z-74	加工外圆
N200	G02 X60 W-8 R8	加工顺时针圆弧
N210	G01 W-5	车外圆并退出
N220	G70 P110 Q210 F100	调用精车循环
N230	G00 X100 Z100	快速退刀到达换刀点
N240	M30	程序结束，并回到程序开始位置，等待下一次加工

6. 操作步骤

（1）选择机床：FANUC 0i 数控车床

如图 2-5-3 所示，选择“机床”→“选择机床...”命令，在弹出的“选择机床”对话框中，选择控制系统为 FANUC 0i，机床类型选择车床，单击“确定”按钮。

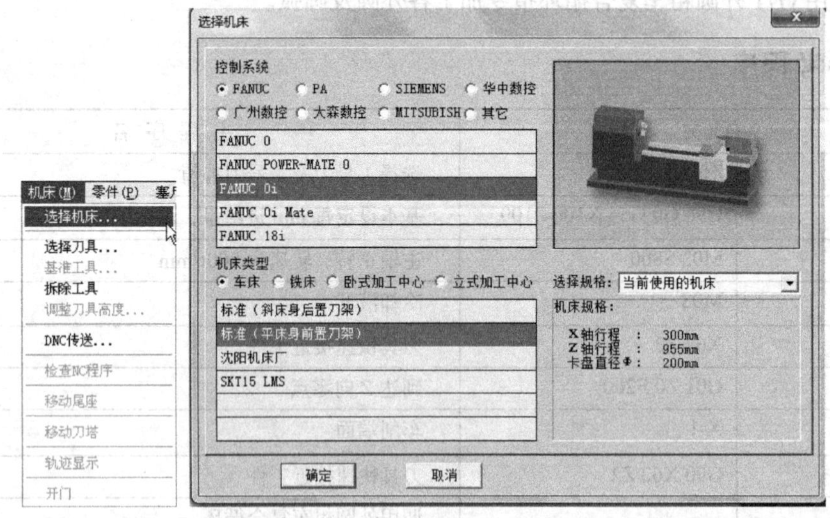

图 2-5-3　选择机床

（2）激活机床

单击启动按钮，使机床电机、伺服控制灯亮；检查紧急停止按钮是否松开至状态，若未松开，则单击急停按钮，将其松开，CRT 显示界面上显示 REF **** *** ***。单击操作面板的回零键，使其指示灯亮，单击X键，再单击+键，此时 X 轴将回零，操作面板上 X 轴的回原点指示灯亮，同时 CRT 显示界面上的 X 坐标发生变化。如果单击快速键，再单击+键，则机床快速回零。用相同方法再单击 Z 轴方向键Z，使指示灯变亮，单击快速键和+键，此时 Z 轴回原点，回原点灯变亮。此时的 CRT 显示界面如图 2-5-4 所示。

（3）设置并安装工件

选择“零件”→“定义毛坯...”命令，在“定义毛坯”对话框（见图 2-5-5）中，修改零件尺寸，单击“确定”按钮。

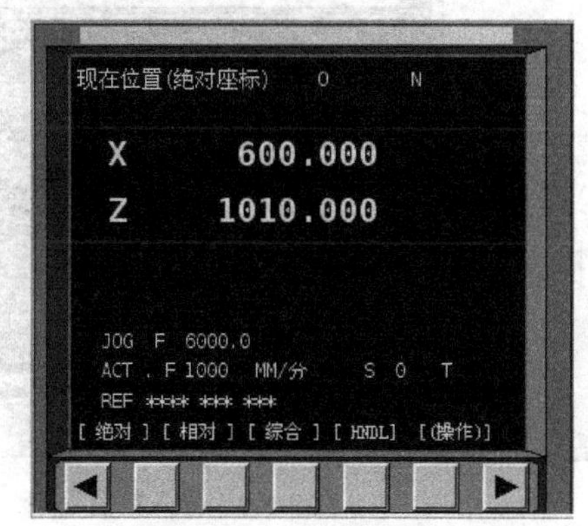

图 2-5-4 回参考点显示

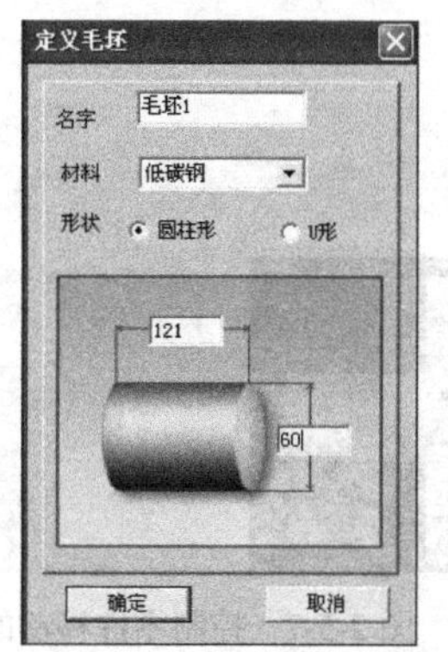

图 2-5-5 “定义毛坯”对话框

选择“零件”→“放置零件”命令，或者在工具栏上单击图标“”，系统会弹出“选择零件”对话框。如图 2-5-6 所示。在列表中选择已定义的毛坯 1，单击“安装零件”按钮，系统自动关闭对话框，界面上出现控制零件移动的面板，如图 2-5-7 所示，可以用其移动零件（使零件伸出约 100mm），移动零件完毕后，单击面板上的“退出”按钮，关闭该面板。

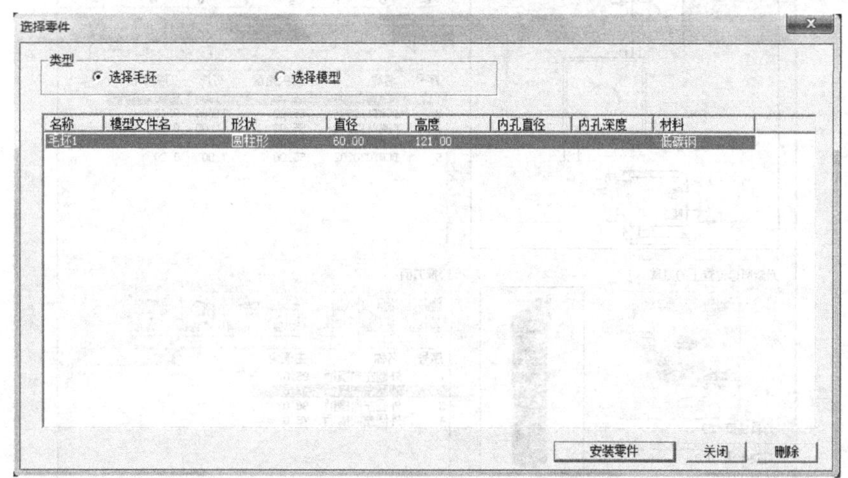

图 2-5-6 “选择零件”对话框

（4）输入或导入加工程序

数控程序可以使用记事本或写字板等编辑软件输入，并保存为文本格式的文件，也可直接用 FANUC 系统的 MDI 键盘输入。此处采用已存有的 NC 程序文件“05.txt”。

单击操作面板上的编辑键，编辑状态指示灯变亮，此时已进入编辑状态。单击 MDI 键盘上的键，CRT 显示界面转入编辑页面。再单击菜单软键“操作”，在出现的下级子菜单中单击软键▶，再单击菜单软键“READ”，单击 MDI 键盘上的字符键，输入“O0005”，单击软键“EXEC”。选择“机床”→“DNC 传送”命令，在弹出的对话框中选择所需的 NC 程序，单击“打开”按钮确认，则数控程序被导入并显示在 CRT 显示界面上，如图 2-5-8 所示。

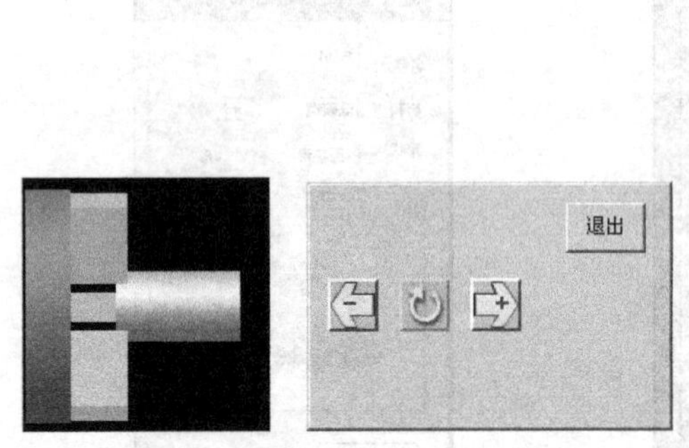

图 2-5-7　控制零件移动的面板

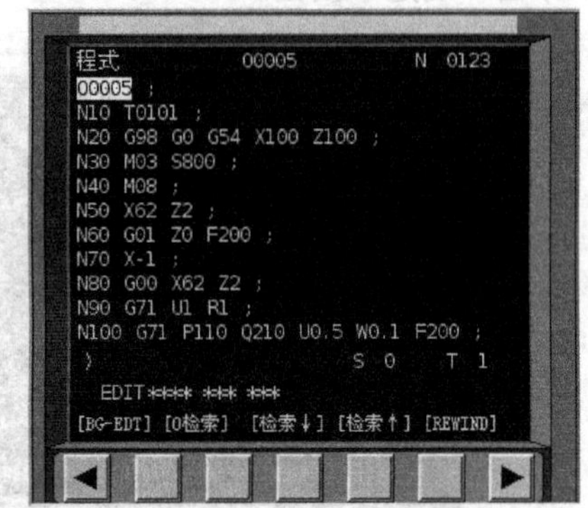

图 2-5-8　导入数控程序

（5）选择并安装刀具

选择“机床”→“选择刀具”命令，或者在工具栏中单击图标“”，在弹出的“刀具选择”对话框中，选择所需的刀片和刀柄，如图 2-5-9 所示，单击“确定”按钮退出。

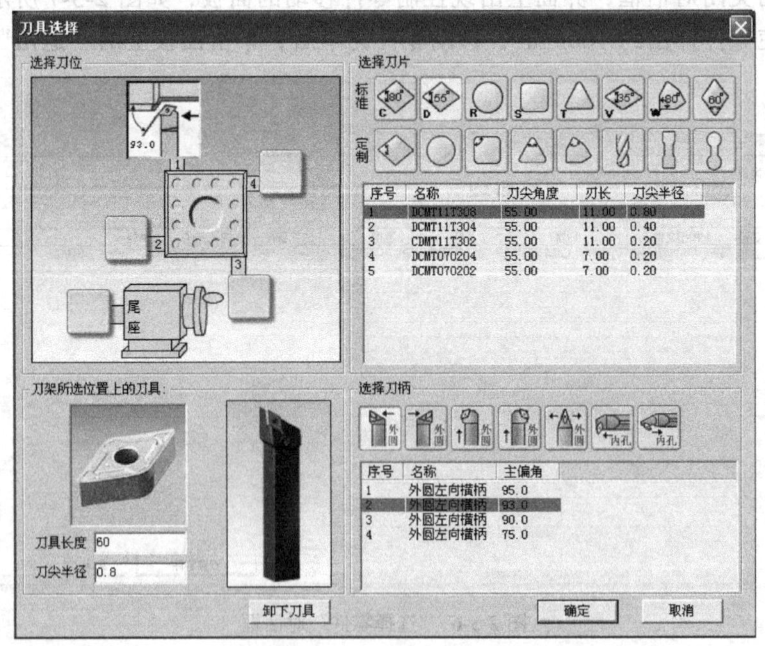

图 2-5-9　“刀具选择”对话框

（6）对刀

单击操作面板上的 MDI 键，使其指示灯亮，在 MDI 键盘上输入 T0100，并单击

INSERT 键；单击操作面板上的循环启动键，调用 1 号刀具；利用操作面板上的手动键，X 轴、Z 轴的控制键、和机床移动键、，将机床移动到如图 2-5-10 所示的大致位置。

单击操作面板中的“手动”键，手动状态灯亮，进入“手动”方式。单击主轴正转键，使其指示灯亮，启动主轴，利用操作面板上的手动键，X 轴、Z 轴的控制键和机床主轴移动键，使刀具将外圆表面车去一层，如图 2-5-11 所示。保证 X 坐标不变，使刀具沿 Z 轴退离工件，单击键使主轴停止转动。选择“零件”→“测量…”命令，弹出如图 2-5-12 所示的“车床工件测量”对话框，测得所车外圆直径为 55.561。

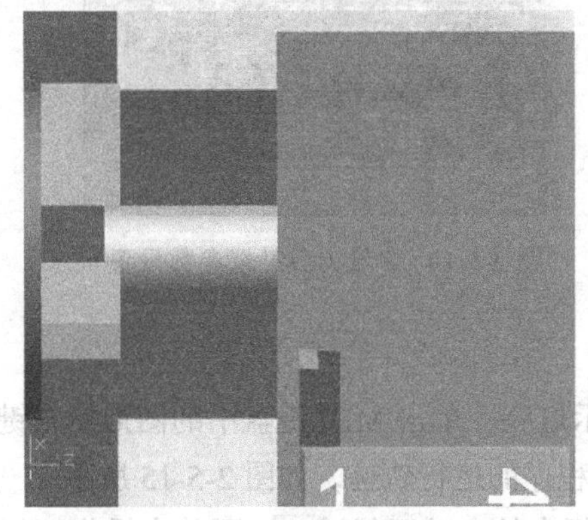

图 2-5-10　机床移动位置

图 2-5-11　车去外圆表面一层

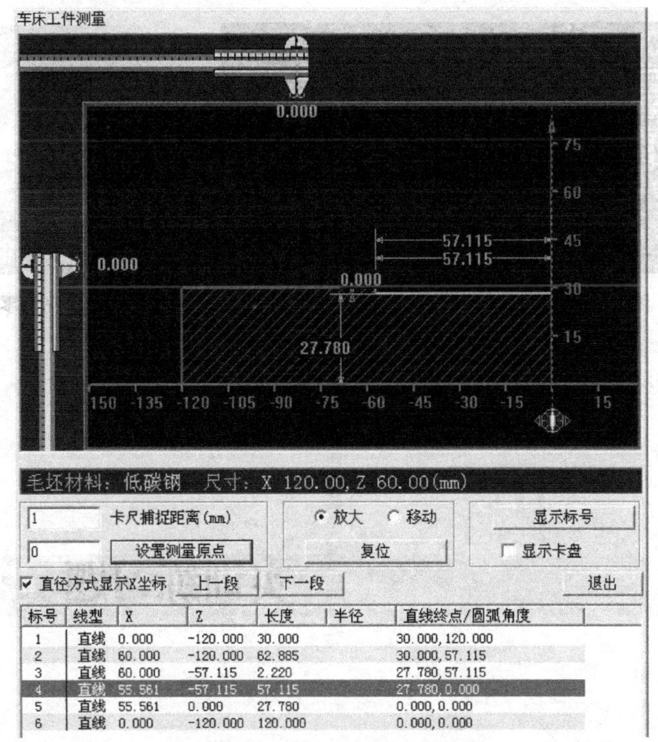

图 2-5-12 “车床工件测量”对话框

在 MDI 键盘上单击键两次，用方向键把光标移动到 01 号刀具的 X 位置，输入“X55.561”。单击 CRT 显示界面上的“测量”软键，如图 2-5-13 所示，刀具 *X* 轴方向的对刀结束。用同样的方法对 Z 轴方向进行对刀，同时把光标移动到 Z 位置，输入“Z0”，单击 CRT 显示界面上的“测量”软键，如图 2-5-14 所示。

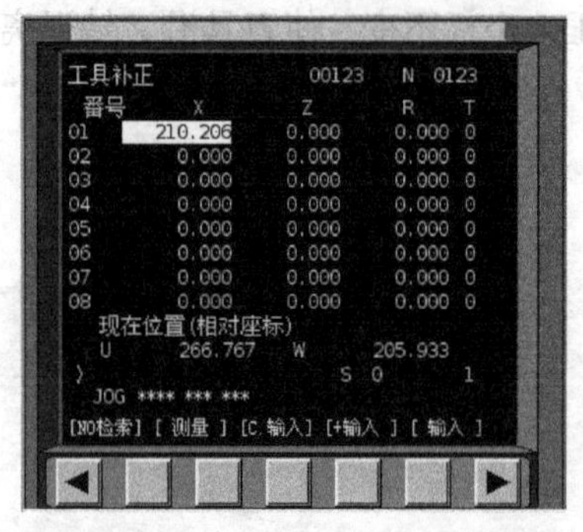

图 2-5-13 *X* 轴刀具补偿参数设置

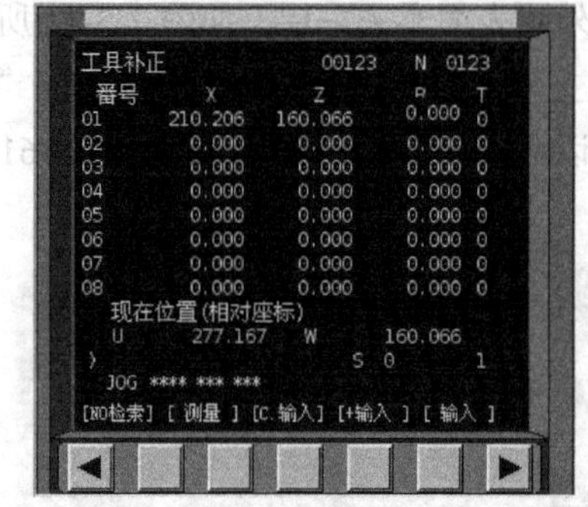

图 2-5-14 *Z* 轴刀具补偿参数设置

（7）检查运行轨迹、自动加工

① 单击操作面板中的自动运行键，使其指示灯亮，单击 MDI 键盘中的图形模式键，再单击操作面板中的循环启动键，即可观察数控程序的运行轨迹，如图 2-5-15 所示。

② 在 MDI 键盘上单击程序键，单击操作面板中的自动运行键，再单击操作面板中的循环启动键，机床就会开始自动加工，加工后的工件如图 2-5-16 所示。

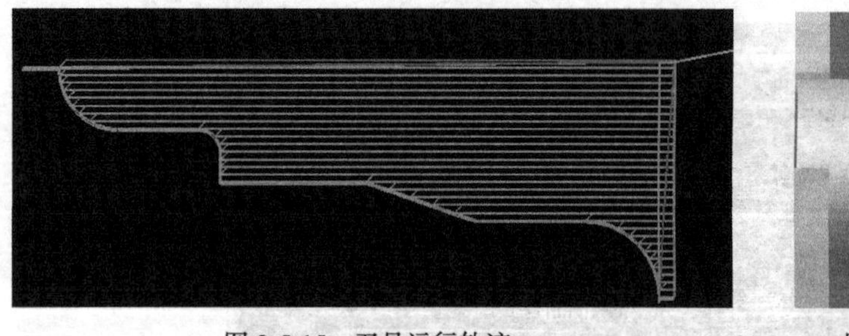

图 2-5-15 刀具运行轨迹

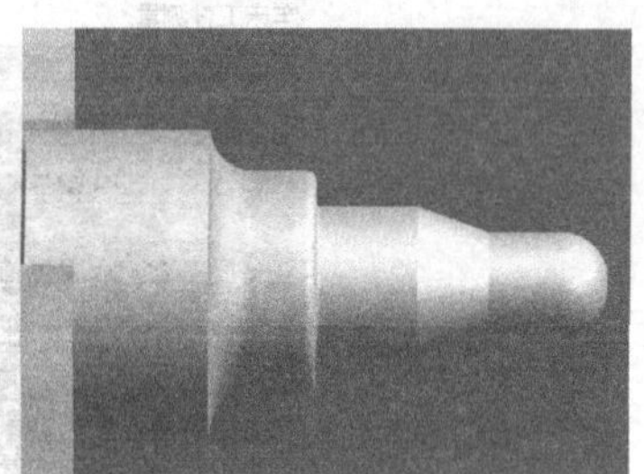

图 2-5-16 零件加工结果

（8）工件测量

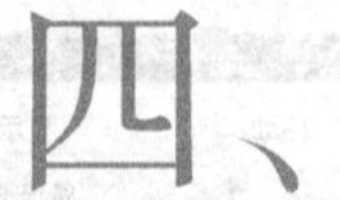

四、实训练习题

1. 零件图

如图 2-5-17 所示，已知毛坯为 ϕ60mm 的 45 钢，编制程序，并完成零件的加工。

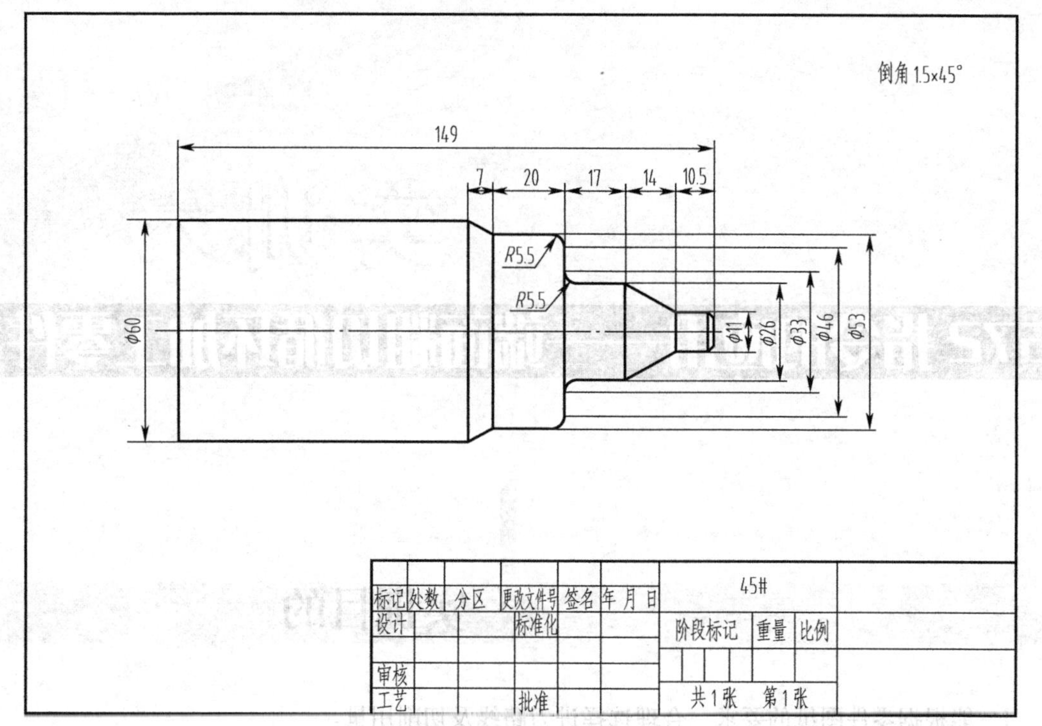

图 2-5-17 零件图

2. 实训操作评分标准

项目要求	实训内容	评分要求	配分	得分
编程及输入	能正确编写程序，正确地输入程序	（1）程序不正确扣 3 分/处 （2）切削用量不正确扣 2 分/处	20 分	
刀具选择及对刀操作	能正确迅速地完成刀具的选择，并能正确地完成所需刀具的对刀操作及参数设置	（1）不能正确选择刀具的扣 3 分/把 （2）对刀不正确的扣 3 分/把	20 分	
软件面板操作	能正确地使用操作面板，且操作过程正确。	不能正确操作扣 2 分/次	20 分	
工件的设置及安装	能正确地设置工件大小，并能正确安装、装夹	（1）工件大小设置不合理的扣 5 分 （2）不能正确安装、装夹的扣 5 分	10 分	
模拟加工	顺利完成程序的模拟校验。	不能正确进行模拟校验的扣 3 分/处	15 分	
工件的测量	工件的尺寸在公差范围内。	尺寸超公差的扣 3 分/处	15 分	
总　分				

实训六：

G72 指令的应用——端面粗切循环加工零件

一、实训目的

1. 能根据零件图纸的要求，合理选择进刀路线及切削用量。
2. 熟悉加工指令的格式及应用。
3. 学会 G72 指令的编程和加工方法。
4. 学会零件的尺寸控制方法，保证加工精度。
5. 遵守数控操作规程，养成安全文明生产的好习惯。

二、必备知识

1. 编程的基础知识

掌握程序的组成、程序段的组成、程序编辑的方法和坐标系的概念及应用，掌握 F、S、T、M 功能的意义及用途、用法。

2. 端面粗切循环指令 G72

格式：G72 W（Δd）R（e）;

G72 P（ns）Q（nf）U（Δu）W（Δw）F（f）S（s）T（t）;

功能：端面粗切循环适于对 Z 向余量小，X 向余量大的棒料进行粗加工，路径为从外径方向往轴心方向车削端面时的走刀路径，如图 2-6-1 所示。

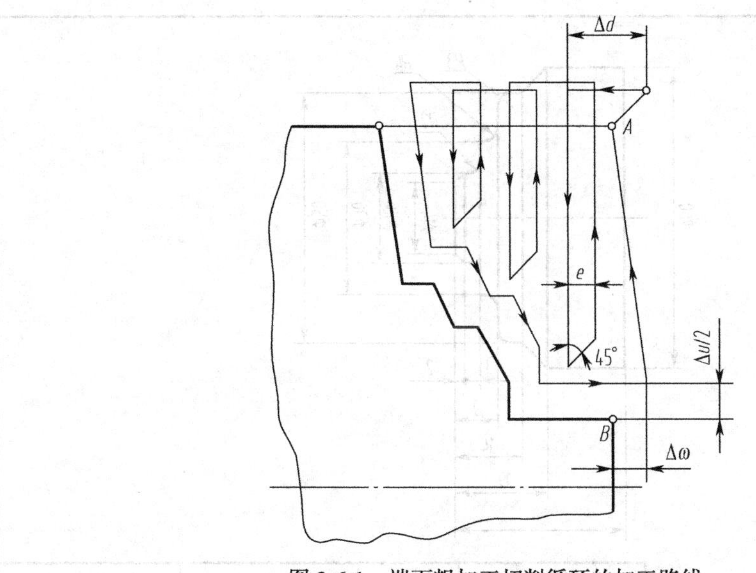

图 2-6-1 端面粗加工切削循环的加工路线

说明：Δd 为背吃刀量；e 为退刀量；ns 为精加工轮廓程序段中开始程序段的段号；nf 为精加工轮廓程序段中结束程序段的段号；Δu 为 X 轴向精加工余量；Δw 为 Z 轴向精加工余量；f、s、t 为 F、S、T 的代码。

注意：ns～nf 程序段中的 F、S、T 功能，即使被指定也对粗车循环无效，零件轮廓必须符合 X 轴、Z 轴方向同时单调增大或单调减少；ns～nf 程序段中的第一条指令只能在 Z 向有运动。

三、操作实例

1. 零件图

如图 2-6-2 所示，已知工件毛坯为ϕ60mm 的 45 钢，要求利用 G72 指令编制程序，并完成零件加工。

2. 毛坯

ϕ60mm × 36mm，45 钢。

3. 刀具及切削用量的选择

序 号	刀 具 号	刀 具 类 型	加 工 内 容	主轴转速（r/min）	进给速度（mm/min）
1	T1	D 型 93°车刀	各台阶及圆弧	800	200

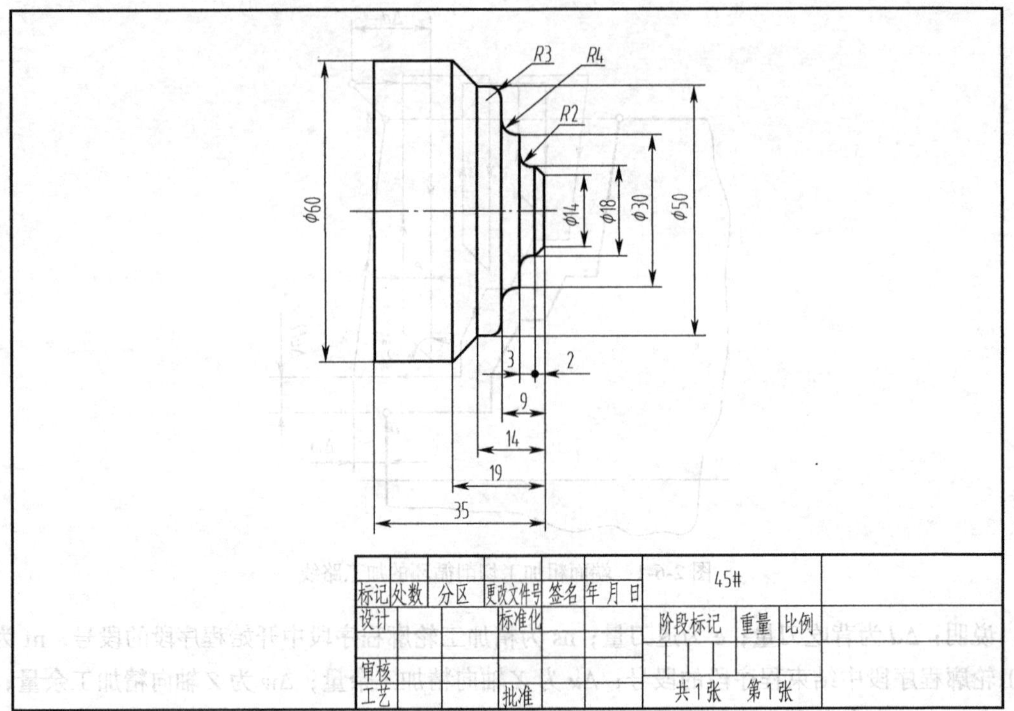

图 2-6-2　零件图

4. 工艺路线

（1）用三爪卡盘夹持工件左端外圆，工件伸出约 25mm。

（2）使用 G00 指令快速定位，接近工件，到达车削起点，用 G72 指令加工外圆。

5. 参考程序

O0006		主 程 序 名
N10	T0101	选择 1 号刀及 1 号刀补值
N20	G98 G0 G54 X100 Z100	基本设定每 min 进给量，设定工件坐标系
N30	M03 S800	主轴正转，转速为 800r/min
N40	M08	冷却液开
N50	G00 X62 Z2	刀具快速接近工件
N60	G72 W1 R1	调用端面粗车复合循环，设置背吃刀量和退刀量
N70	G72 P80 Q180 U0.5 W0.2 F200	设置精加工余量，粗车进给速度为 200mm/min
N80	G00 Z-19	*Z* 向接近加工的第 1 点
N85	G01 X60 F120	
N90	G01 X50 W5 F80	加工倒角
N100	G01 W2 F80	加工外圆
N110	G02 X44 W3 R3 F60	加工顺时针圆弧
N120	G01 X38 F80	车刀走到 X38 处准备车圆弧

续表

O0006		主 程 序 名
N130	G03 X30 W4 R4 F60	加工逆时针圆弧
N140	G01 X22 F80	车刀走到 X22 处准备车圆弧
N150	G03 X18 W2 R2 F60	加工逆时针圆弧
N160	G01 W1 F80	加工外圆
N170	X14 W2 F80	倒角
N180	X-1 F80	车端面
N190	G70 P80 Q180	调用精车循环
N200	G00 X100 Z100	快速退刀到达换刀点
N210	M30	程序结束，并回到程序开始位置，等待下一次加工

6. 操作步骤

（1）选择机床：FANUC 0i 数控车床

如图 2-6-3 所示，选择“机床”→“选择机床...”命令，在弹出的“选择机床”对话框中，选择控制系统为 FANUC 0i，机床类型选择车床，单击“确定”按钮。

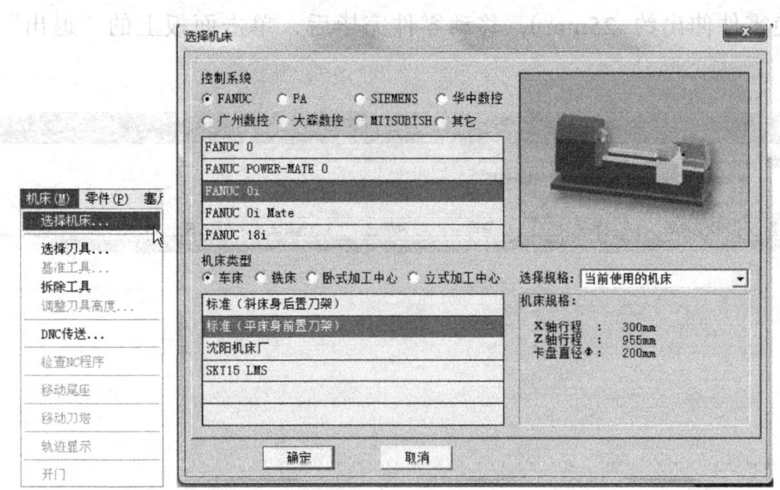

图 2-6-3　选择机床

（2）激活机床

单击启动按钮，使机床电机、伺服控制灯亮；检查紧急停止按钮是否松开至状态，若未松开，则单击急停按钮，将其松开，CRT 显示界面上显示 REF **** *** ***。单击操作面板的回零键，使其指示灯亮，单击 X 键，再单击 + 键，此时 X 轴将回零，操作面板上 X 轴的回原点指示灯亮，同时 CRT 显示界面上的 X 坐标发生变化。如果单击快速键，再单击 + 键，则机床快速回零。用相同方法，再单击 Z 轴方向键 Z，使指示灯变亮，单击快速键和 + 键，此时 Z 轴回原点，回原点灯变亮。此时的 CRT 显示界面如图 2-6-4 所示。

（3）设置并安装工件

选择“零件”→“定义毛坯...”命令，在“定义毛坯”对话框（见图 2-6-5）中，修改零件尺寸，单击“确定”按钮。

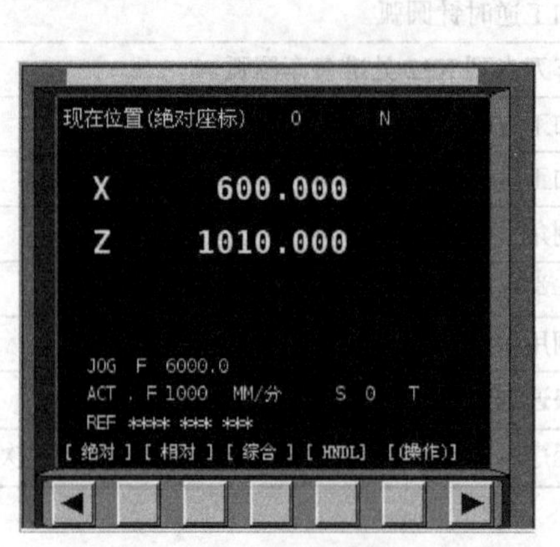

图 2-6-4 回参考点显示

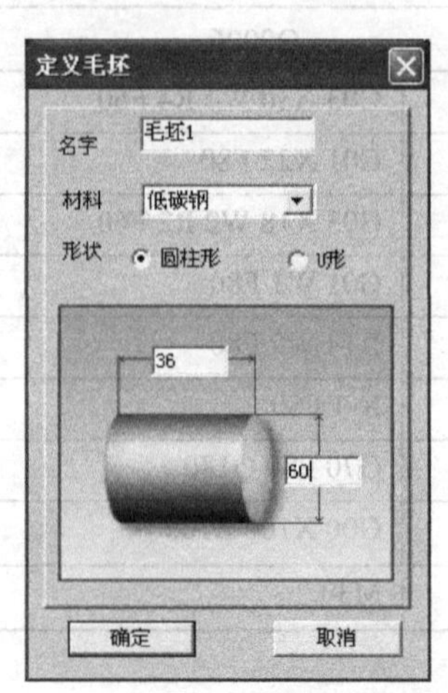

图 2-6-5 “定义毛坯”对话框

选择“零件”→“放置零件”命令，或者在工具栏上单击图标“ ”，系统会弹出“选择零件”对话框。如图 2-6-6 所示。在列表中选择已定义的毛坯 1，单击“安装零件”按钮，系统自动关闭对话框，界面上出现控制零件移动的面板，如图 2-6-7 所示，可以用其移动零件（使零件伸出约 25mm），移动零件完毕后，单击面板上的“退出”按钮，关闭该面板。

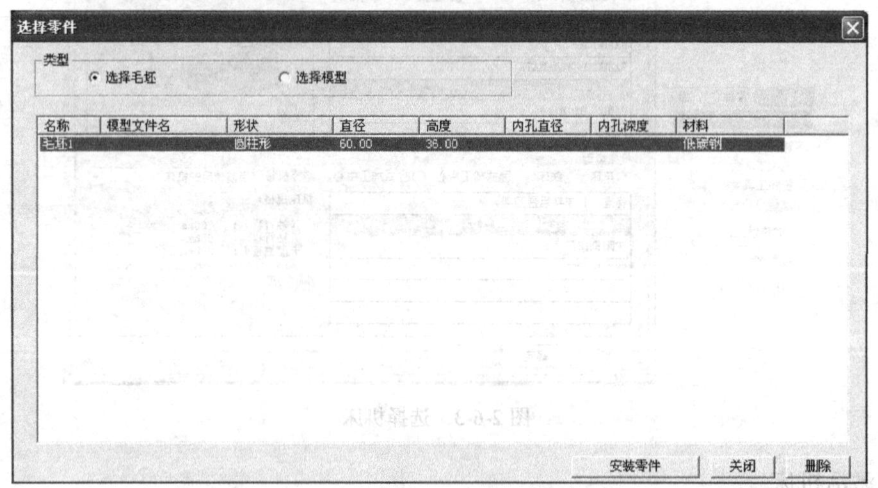

图 2-6-6 “选择零件”对话框

（4）输入或导入加工程序

数控程序可以使用记事本或写字板等编辑软件输入，并保存为文本格式的文件，也可直接用 FANUC 系统的 MDI 键盘输入。此处采用已存有的 NC 程序文件“06.txt”。

单击操作面板上的编辑键 ，编辑状态指示灯 变亮，此时已进入编辑状态。单击 MDI 键盘上的 键，CRT 显示界面转入编辑页面。再单击菜单软键“操作”，在出现的下级子菜单中单击软键 ，再单击菜单软键“READ”，单击 MDI 键盘上的字符键，输入“O0006”，单击软键“EXEC”。选择“机床”→“DNC 传送”命令，在弹出的对话框中选择所需的 NC

程序，单击“打开”按钮确认，则数控程序被导入并显示在 CRT 显示界面上，如图 2-6-8 所示。

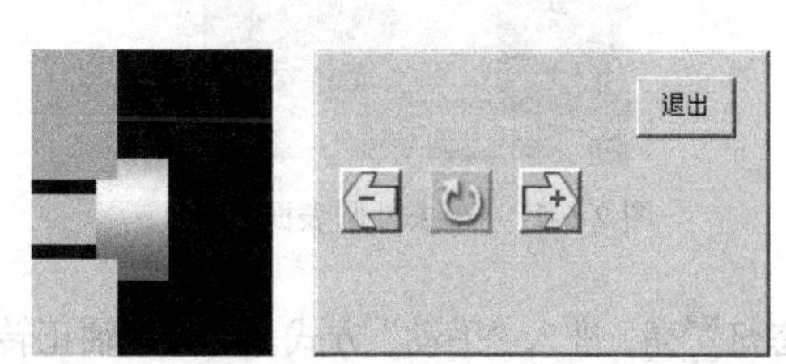

图 2-6-7　控制零件移动的面板

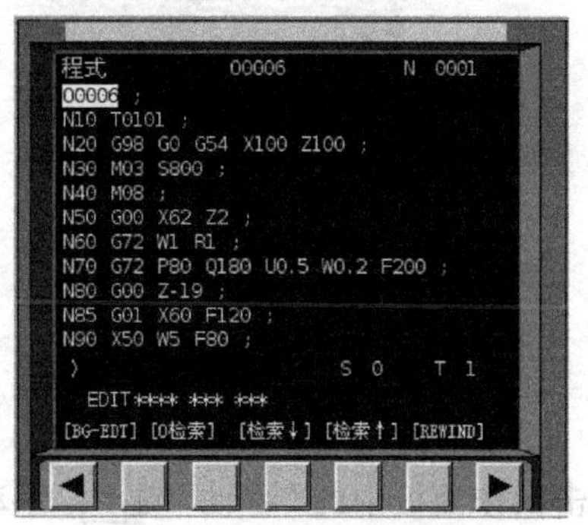

图 2-6-8　导入数控程序

（5）选择并安装刀具

选择“机床”→“选择刀具”命令，或者在工具栏中单击图标“”，在弹出的“刀具选择”对话框中，选择所需的刀片和刀柄，如图 2-6-9 所示，单击“确定”退出。

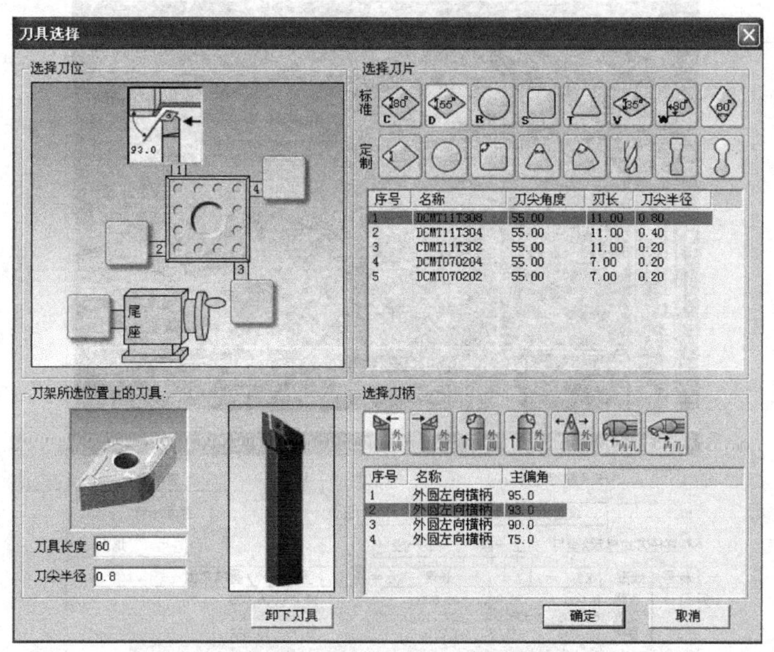

图 2-6-9　“刀具选择”对话框

（6）对刀

单击操作面板上的 MDI 键，使其指示灯亮，在 MDI 键盘上输入 T0100，并单击 INSERT 键；单击操作面板上的循环启动键，调用 1 号刀具；利用操作面板上的“手动”键，*X* 轴、*Z* 轴的控制键 X 、 Z 和机床移动键 + 、 - ，将机床移动到如图 2-6-10 所示的大致位置。

图 2-6-10　机床移动位置

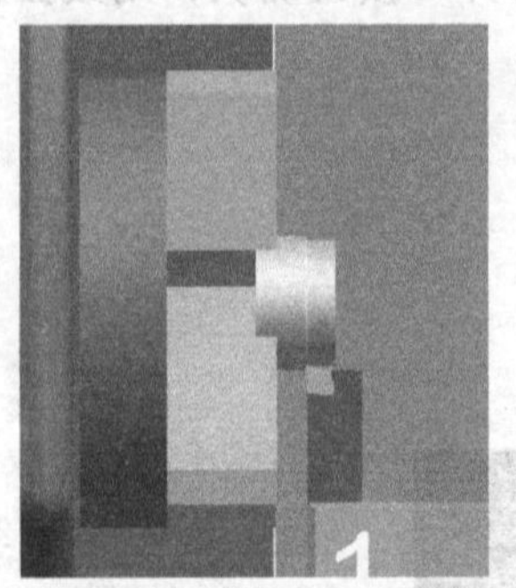

图 2-6-11　车去外圆表面一层

单击操作面板中的“手动”键，手动状态灯亮，进入“手动”方式。单击主轴正转键，使其指示灯亮，启动主轴，利用操作面板上的“手动”键，*X* 轴、*Z* 轴的控制键和机床主轴移动键，使刀具将外圆表面车去一层，如图 2-6-11 所示。保证 *X* 坐标不变，使刀具沿 *Z* 轴退离工件，单击键使主轴停止转动。选择“零件”→“测量…”命令，弹出如图 2-6-12 所示的“车床工件测量”对话框，测得所车外圆直径为 57.461。

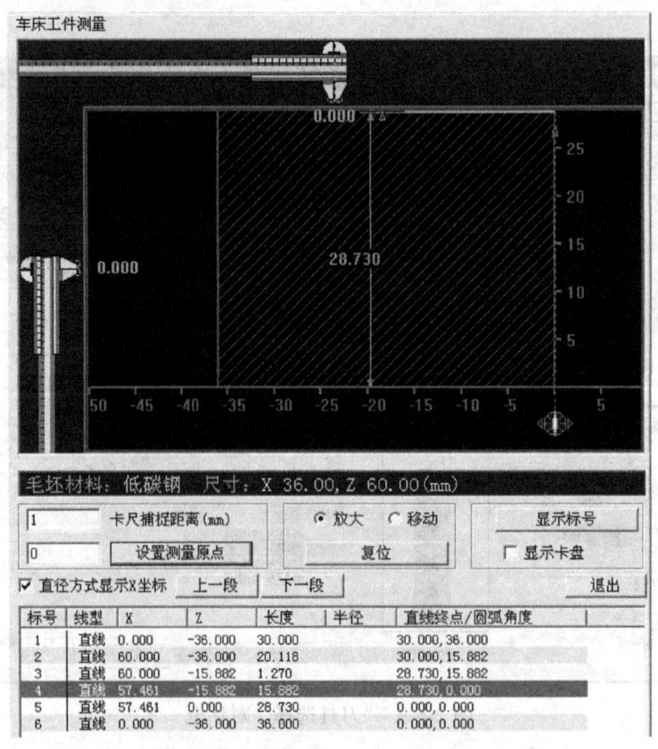

图 2-6-12　“车床工件测量”对话框

在 MDI 键盘上单击键两次，用方向键把光标移动到 01 号刀具的 X 位置，输入“X57.461”。单击 CRT 显示界面上的“测量”软键，如图 2-6-13 所示，刀具 *X* 轴方向的对刀结束。用同样的方法对 Z 轴方向进行对刀，同时把光标移动到 Z 位置，输入“Z0”，单击 CRT 显示界面上的“测量”软键；如图 2-6-14 所示。

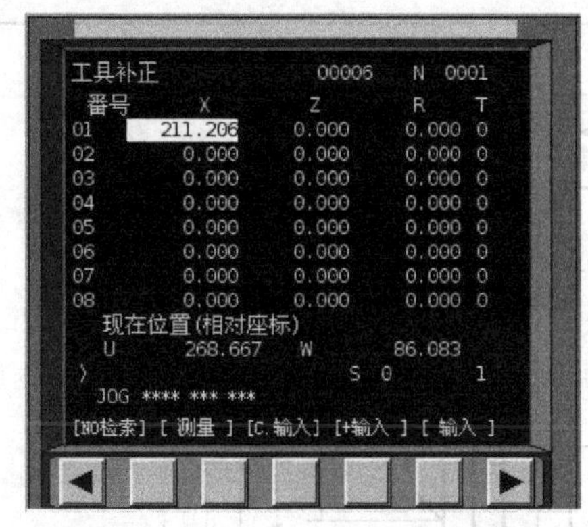

图 2-6-13 *X* 轴刀具补偿参数设置

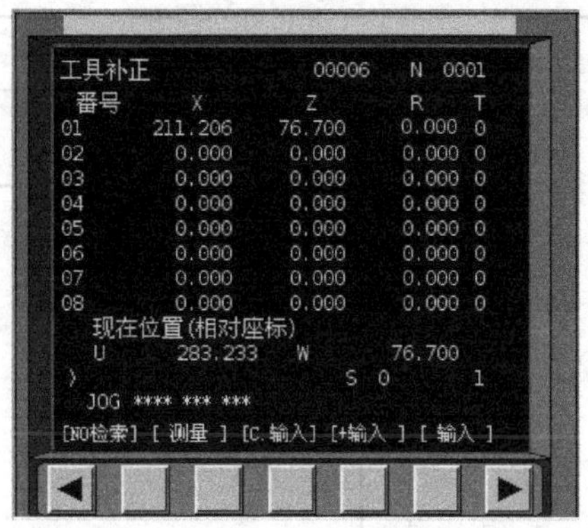

图 2-6-14 *Z* 轴刀具补偿参数设置

（7）检查运行轨迹、自动加工

① 单击操作面板中的自动运行键，使其指示灯亮，单击 MDI 键盘中的图形模式键，再单击操作面板中的循环启动键，即可观察数控程序的运行轨迹，如图 2-6-15 所示。

② 在 MDI 键盘上单击程序键，单击操作面板中的自动运行键，再单击操作面板中的循环启动键，机床就会开始自动加工，加工后的工件如图 2-6-16 所示。

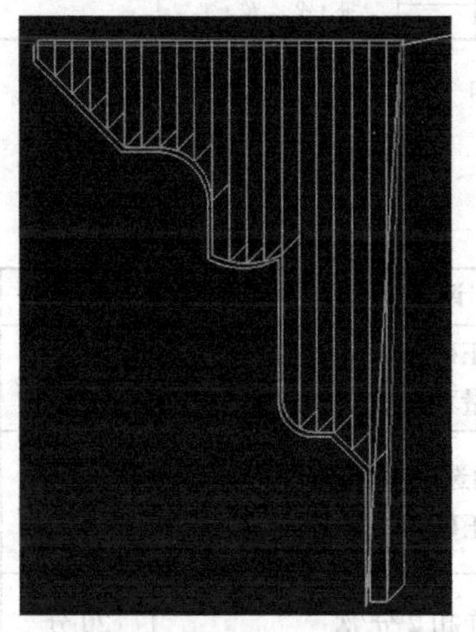

图 2-6-15 刀具运行轨迹

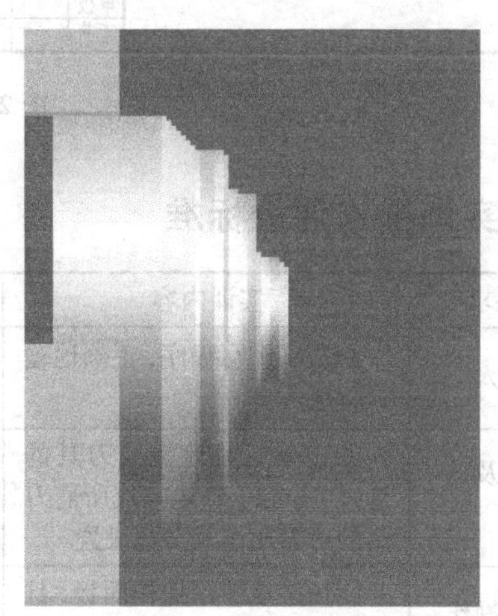

图 2-6-16 零件加工结果

（8）工件测量

四、实训练习题

1. 零件图

如图 2-6-17 所示，毛坯为ϕ120mm 的 45 钢，利用 G72 指令编制程序，并完成零件的加工。

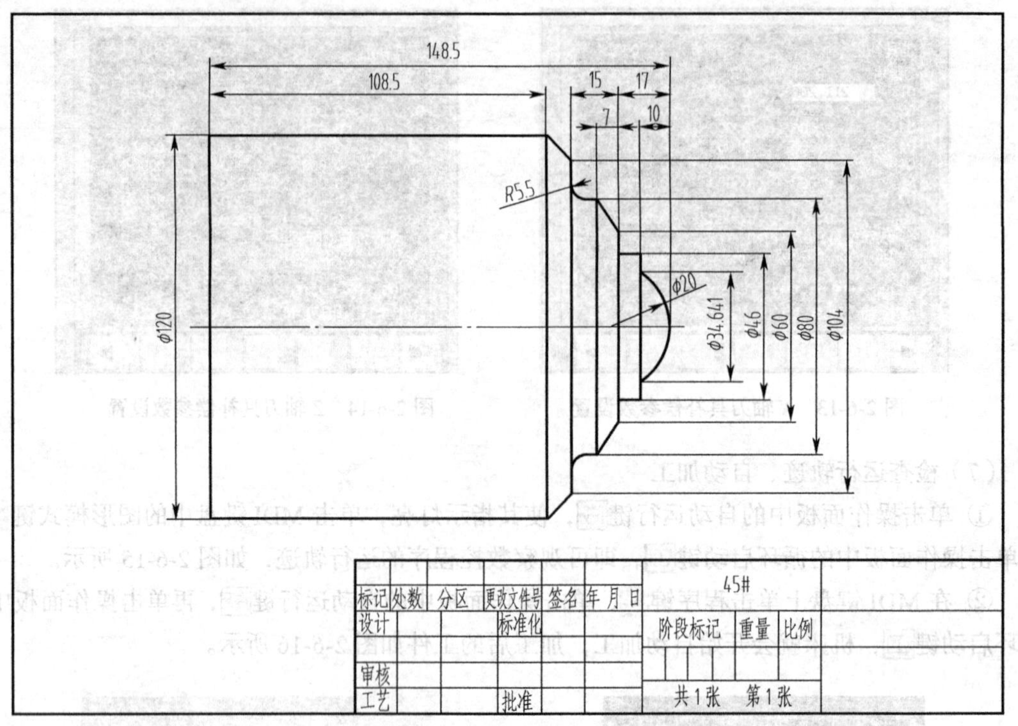

图 2-6-17　零件图

2. 实训操作评分标准

项目要求	实训内容	评分要求	配分	得分
编程及输入	能正确编写程序，正确地输入程序	（1）程序不正确扣 3 分/处 （2）切削用量不正确扣 2 分/处	20 分	
刀具选择及对刀操作	能正确迅速地完成刀具的选择，并能正确地完成所需刀具的对刀操作及参数设置	（1）不能正确选择刀具的扣 3 分/把。 （2）对刀不正确的扣 3 分/把	20 分	
软件面板操作	能正确地使用操作面板，且操作过程正确。	不能正确操作扣 2 分/次	20 分	
工件的设置及安装	能正确地设置工件大小，并能正确安装、装夹。	（1）工件大小设置不合理的扣 5 分 （2）不能正确安装、装夹的扣 5 分	10 分	
模拟加工	顺利完成程序的模拟校验。	不能正确进行模拟校验的扣 3 分/处	15 分	
工件的测量	工件的尺寸在公差范围内。	尺寸超公差的扣 3 分/处	15 分	
总　　分				

实训七：

G73 指令的应用——封闭切削循环加工零件

一、实训目的

1. 能根据零件图纸的要求，合理选择进刀路线及切削用量。
2. 熟悉加工指令的格式及应用。
3. 学会 G73 指令的编程和加工。
4. 学会零件的尺寸控制方法，保证加工精度。
5. 遵守数控操作规程，养成安全文明生产的好习惯。

二、必备知识

1. 编程的基础知识

掌握程序的组成、程序段的组成、程序编辑的方法和坐标系的概念及应用，掌握 F、S、T、M 功能的意义及用途、用法。

2. 封闭切削循环指令 G73

格式：G73 U（Δi） W（Δk） R（d）;

G73 P（ns） Q（nf） U（Δu） W（Δw） F（f） S（s） T（t）;

功能：该指令适用于毛坯轮廓形状与零件轮廓形状基本接近时的粗车加工，如铸造、锻造毛坯或半成品的粗车，对零件轮廓的单调性没有要求，这种循环方式的走刀路线如图 2-7-1 所示。

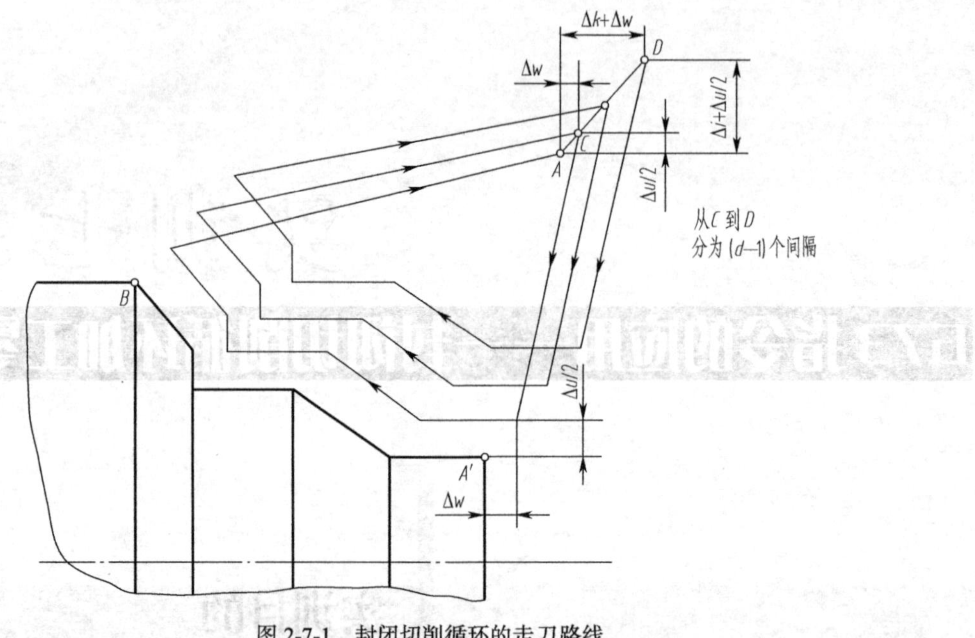

图 2-7-1　封闭切削循环的走刀路线

说明：Δ*i* 为 *X* 方向退刀量的距离和方向；Δ*k* 为 *Z* 方向退刀量的距离和方向；*d* 为分割数；ns 为精加工轮廓程序段中开始程序段的段号；nf 为精加工轮廓程序段中结束程序段的段号；Δ*u* 为 *X* 轴向精加工余量；Δ*w* 为 *Z* 轴向精加工余量；f、s、t 为 F、S、T 的代码。

ns～nf 程序段中的 F、S、T 功能，即使被指定也对粗车循环无效。

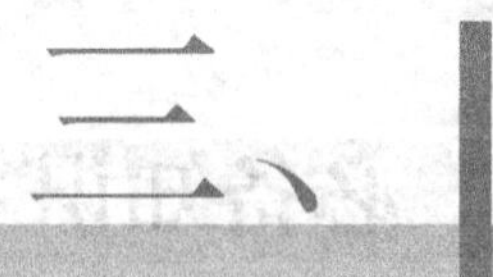

操作实例

1. 零件图

如图 2-7-2 所示，已知毛坯为ϕ70mm 的 45 钢，利用 G73 指令编制程序，并完成零件的加工。

2. 毛坯

ϕ70mm × 111mm，45 钢。

3. 刀具及切削用量的选择

序号	刀具号	刀具类型	加工内容	主轴转速（r/min）	进给速度 mm/min
1	T1	V 型 93° 车刀	圆弧外形车削	800	200

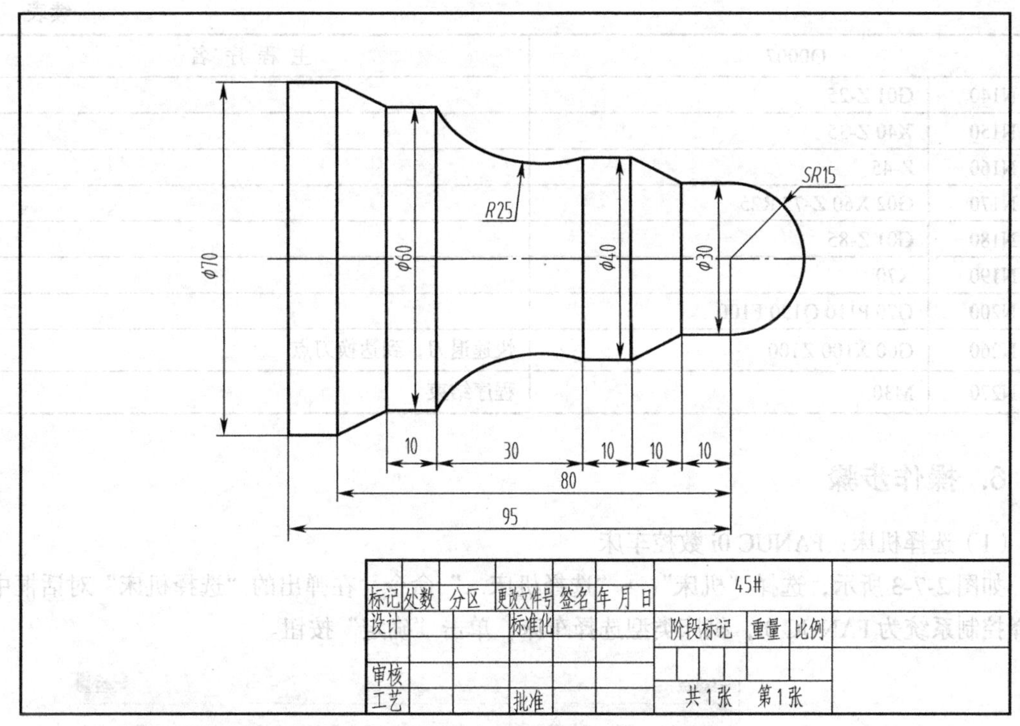

图 2-7-2 零件图

4. 工艺路线

（1）用三爪卡盘夹持工件左端外圆。

（2）使用 G00 指令快速定位，接近工件，到达车削起点，用 G73 封闭切削循环指令加工各外圆及圆弧。

5. 参考程序

O0007		主 程 序 名
N10	T0101	选择 1 号刀及 1 号刀补值
N20	G98 G0 G54 X100 Z100	基本设定每 min 进给量，设定工件坐标系
N30	M03 S800	主轴正转，转速 800r/min
N40	M08	冷却液开
N50	X73 Z2	刀具快速接近工件
N60	G01 Z0 F200	到达 Z 向零点
N70	X-1	车削端面
N80	G00 X100 Z5	快速退刀，到达工件切削的起点位置
N90	G73 U35 W0 R18	
N100	G73 P110 Q190 U0.5 W0 F200	
N110	G00 X0 Z2	
N120	G01 Z0	
N130	G03 X30 Z-15 R15	

续表

O0007		主 程 序 名
N140	G01 Z-25	
N150	X40 Z-35	
N160	Z-45	
N170	G02 X60 Z-75 R25	
N180	G01 Z-85	
N190	X70	
N200	G70 P110 Q190 F100	
N260	G00 X100 Z100	快速退刀，到达换刀点
N270	M30	程序结束

6. 操作步骤

（1）选择机床：FANUC 0i 数控车床

如图 2-7-3 所示，选择“机床”→“选择机床...”命令，在弹出的“选择机床”对话框中，选择控制系统为 FANUC 0i，机床类型选择车床，单击“确定”按钮。

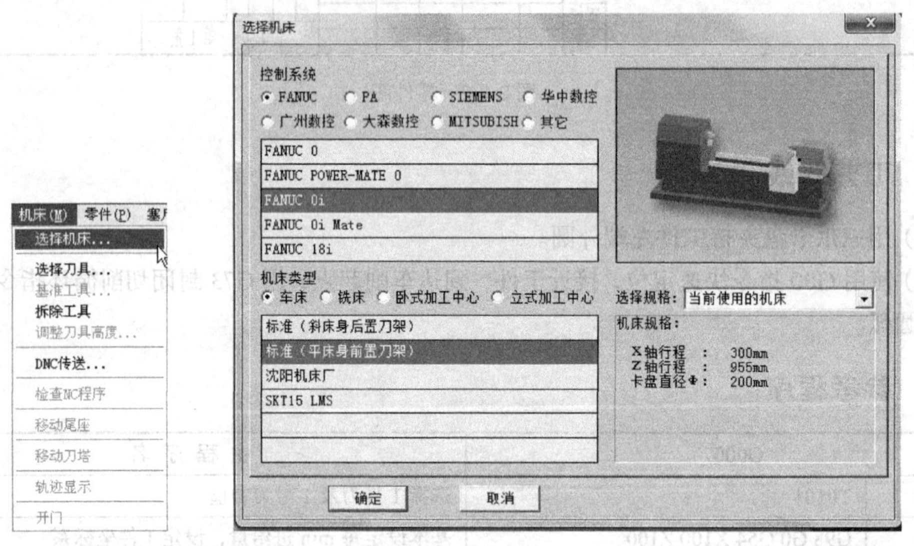

图 2-7-3　选择机床

（2）激活机床

单击启动按钮，使机床电机、伺服控制灯亮；检查紧急停止按钮是否松开至状态，若未松开，则单击急停按钮，将其松开，CRT 显示界面上显示 REF **** *** ***。单击操作面板的回零键，使其指示灯亮，单击 X 键，再单击 + 键，此时 X 轴将回零，操作面板上 X 轴的回原点指示灯亮，同时 CRT 显示界面上的 X 坐标发生变化。如果单击快速键，再单击 + 键，则机床快速回零。用相同方法再单击 Z 轴方向键 Z，使指示灯变亮，单击快速键和 + 键，此时 Z 轴回原点，回原点灯变亮。此时的 CRT 显示界面如图 2-7-4 所示。

（3）设置并安装工件

选择“零件”→“定义毛坯...”命令，在“定义毛坯”对话框（见图 2-7-5）中，修改零件尺寸，单击“确定”按钮。

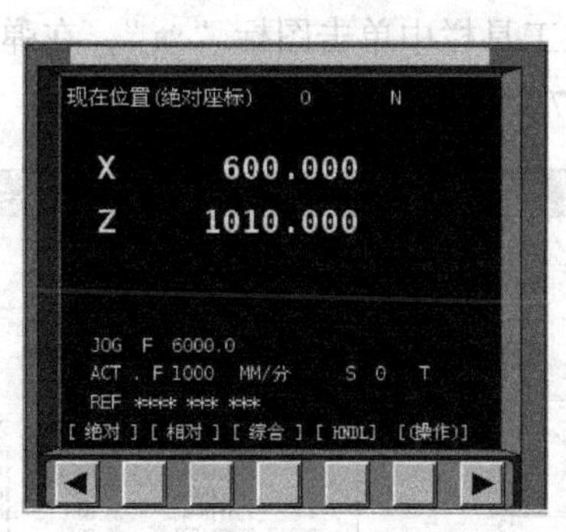

图 2-7-4 回参考点显示

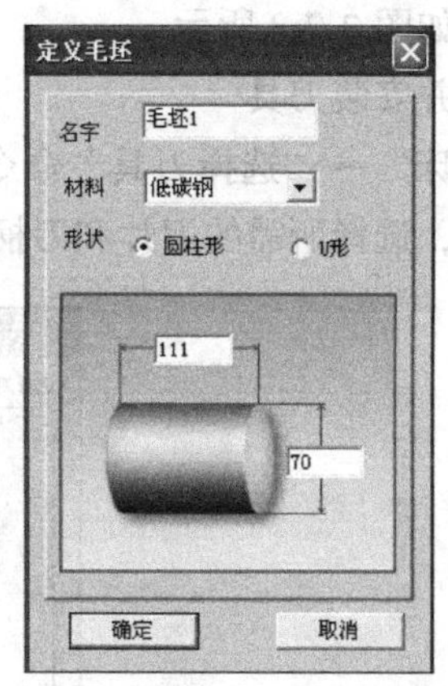

图 2-7-5 “定义毛坯”对话框

选择“零件”→“放置零件”命令，或者在工具栏上单击图标“”，系统会弹出“选择零件”对话框，如图 2-7-6 所示。在列表中选择已定义的毛坯 1，单击“安装零件”按钮，系统自动关闭对话框，界面上出现控制零件移动的面板，如图 2-7-7 所示，可以用其移动零件（使零件伸出约 100mm），移动零件完毕后，单击面板上的“退出”按钮，关闭该面板。

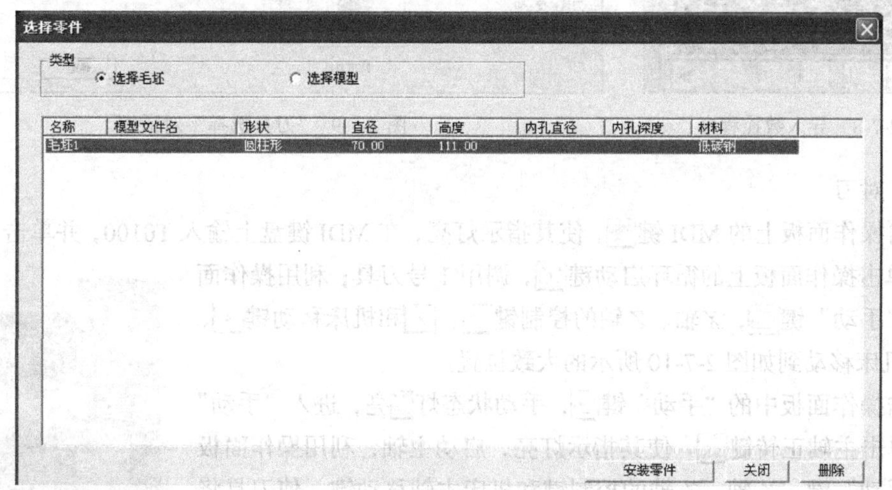

图 2-7-6 “选择零件”对话框

（4）输入或导入加工程序

数控程序可以使用记事本或写字板等编辑软件输入，并保存为文本格式的文件，也可直接用 FANUC 系统的 MDI 键盘输入。此处采用已存有的 NC 程序文件“07.txt”。

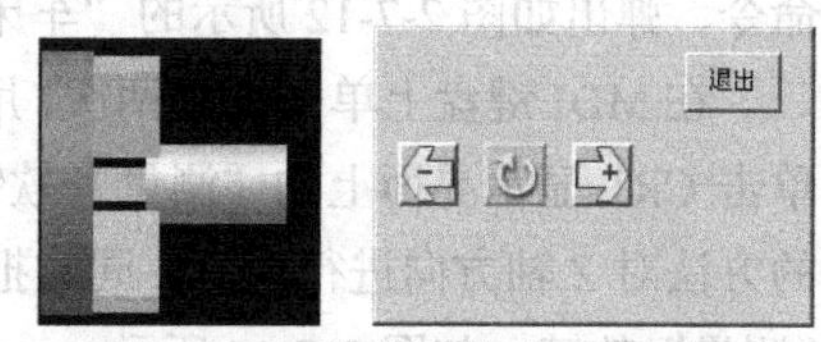

图 2-7-7 控制零件移动的面板

单击操作面板上的编辑键，编辑状态指示灯变亮，此时已进入编辑状态。单击 MDI 键盘上的键，CRT 显示界面转入编辑页面。再单击菜单软键“操作”，在出现的下级子菜单中单击软键，再单击菜单软键“READ”，单击 MDI 键盘上的字符键，输入“O0007”，单击软键“EXEC”。选择“机床”→“DNC 传送”命令，在弹出的对话框中选择所需的 NC 程序，单击“打开”按钮确认，则数控程序被导入并显示在 CRT 显示界面上，如图 2-7-8 所示。

（5）选择并安装刀具

选择“机床”→“选择刀具”命令，或者在工具栏中单击图标“ ”，在弹出的“刀具选择”对话框中，选择所需的刀片和刀柄，如图 2-7-9 所示，单击“确定”退出。

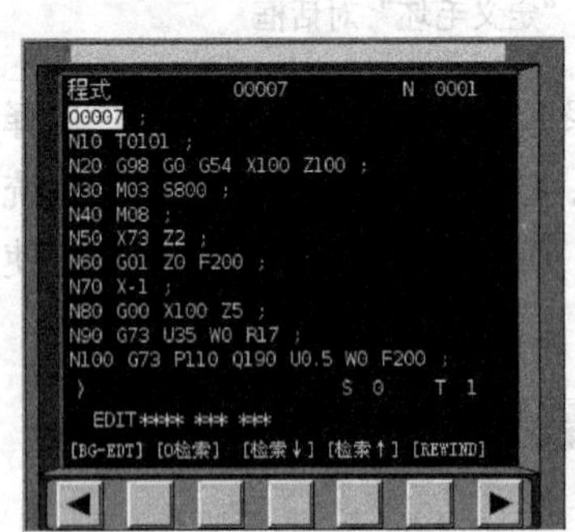

图 2-7-8 导入数控程序

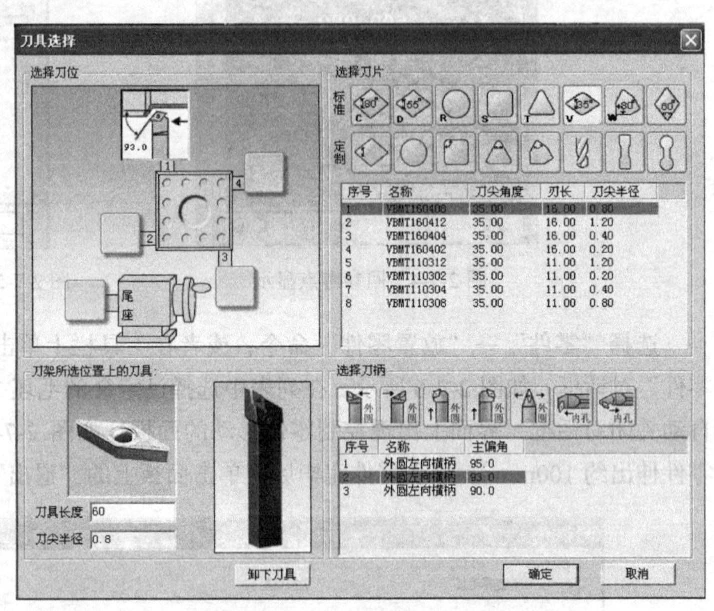

图 2-7-9 “刀具选择”对话框

（6）对刀

单击操作面板上的 MDI 键 ，使其指示灯亮，在 MDI 键盘上输入 T0100，并单击 INSERT 键 ；单击操作面板上的循环启动键 ，调用 1 号刀具；利用操作面板上的“手动”键 ，*X* 轴、*Z* 轴的控制键 X 、 Z 和机床移动键 + 、 - ，将机床移动到如图 2-7-10 所示的大致位置。

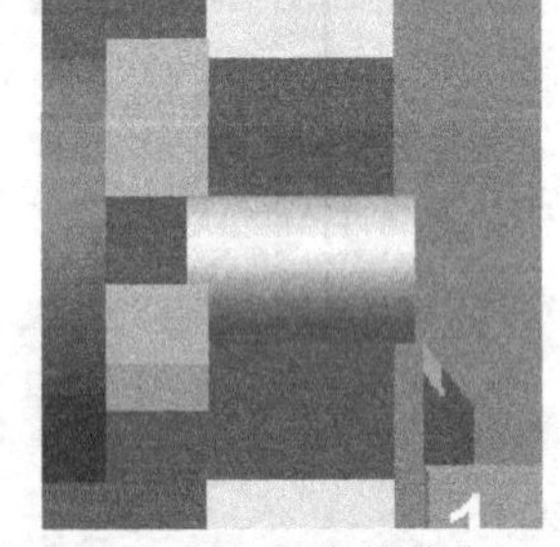

图 2-7-10 机床移动位置

单击操作面板中的“手动”键 ，手动状态灯 亮，进入“手动”方式。单击主轴正转键 ，使其指示灯亮，启动主轴，利用操作面板上的“手动”键，*X* 轴、*Z* 轴的控制键和机床主轴移动键，使刀具将外圆表面车去一层，如图 2-7-11 所示。保证 *X* 坐标不变，使刀具沿 *Z* 轴退离工件，单击 键使主轴停止转动。选择“零件”→“测量…”命令，弹出如图 2-7-12 所示的“车床工件测量”对话框，测得所车外圆直径为 68.918。

在 MDI 键盘上单击 键两次，用方向键把光标移动到 01 号刀具的 X 位置，输入“X68.918”。单击 CRT 显示界面上的“测量”软键，如图 2-7-13 所示，刀具 *X* 轴方向的对刀结束。用同样的方法对 *Z* 轴方向进行对刀，同时把光标移动到 Z 位置，输入“Z0”，单击 CRT 显示界面上的“测量”软键，如图 2-7-14 所示。

（7）检查运行轨迹、自动加工

① 单击操作面板中的自动运行键 ，使其指示灯亮，单击 MDI 键盘中的图形模式键 ，再单击操作面板中的循环启动键 ，即可观察数控程序的运行轨迹，如图 2-7-15 所示。

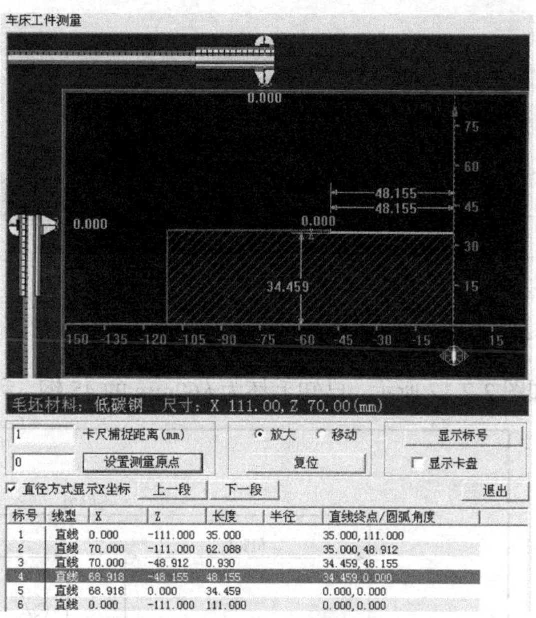

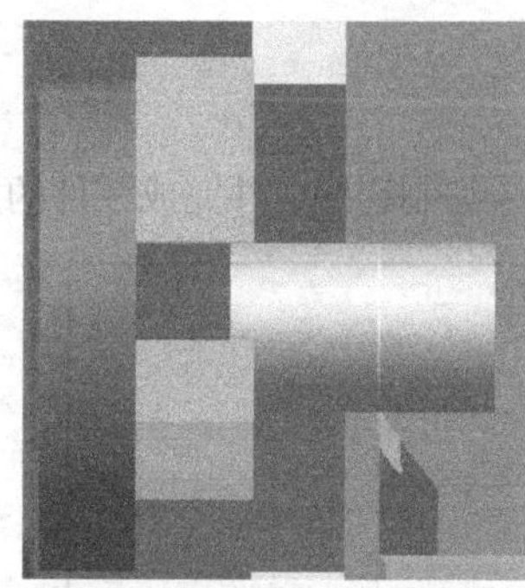

图 2-7-11　车去外圆表面一层

图 2-7-12　“车床工件测量”对话框

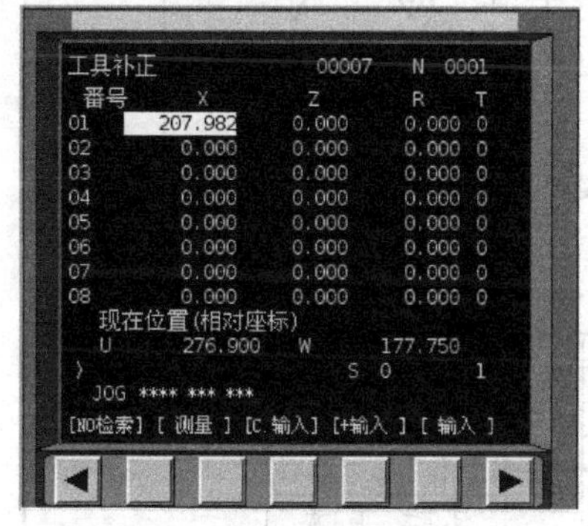

图 2-7-13　*X* 轴刀具补偿参数设置

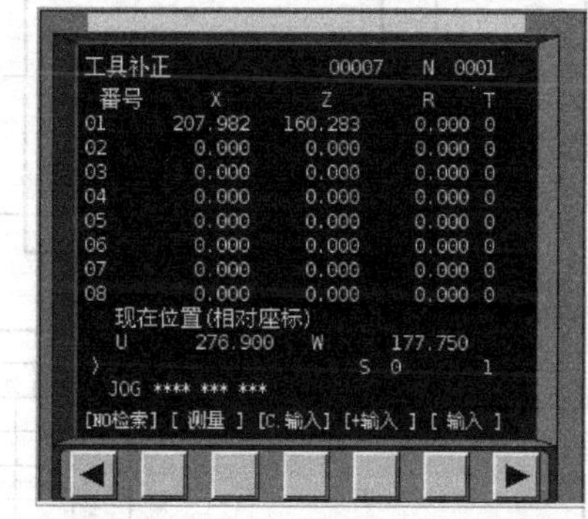

图 2-7-14　*Z* 轴刀具补偿参数设置

② 在 MDI 键盘上单击程序键PROG，单击操作面板中的自动运行键，再单击操作面板中的循环启动键，机床就会开始自动加工，加工后的工件如图 2-7-16 所示。

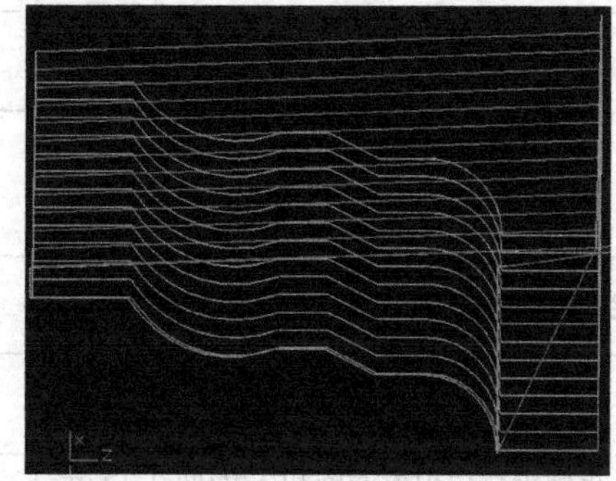

图 2-7-15　刀具运行轨迹

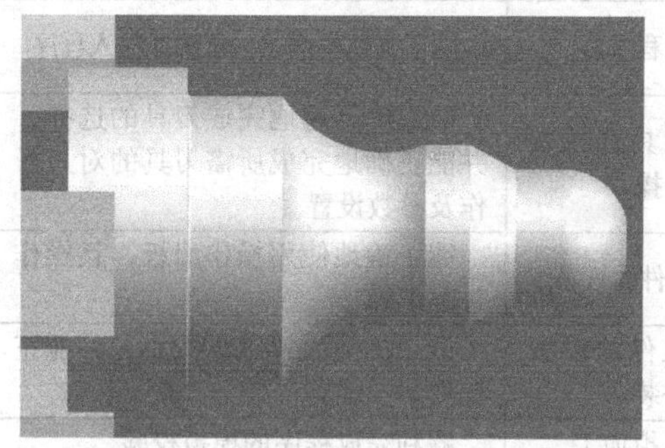

图 2-7-16　零件加工结果

（8）工件测量

四、实训练习题

1. 零件图

如图 2-7-17 所示，已知毛坯为ϕ60mm 的 45 钢，利用 G72 指令编制程序，并完成零件的加工。

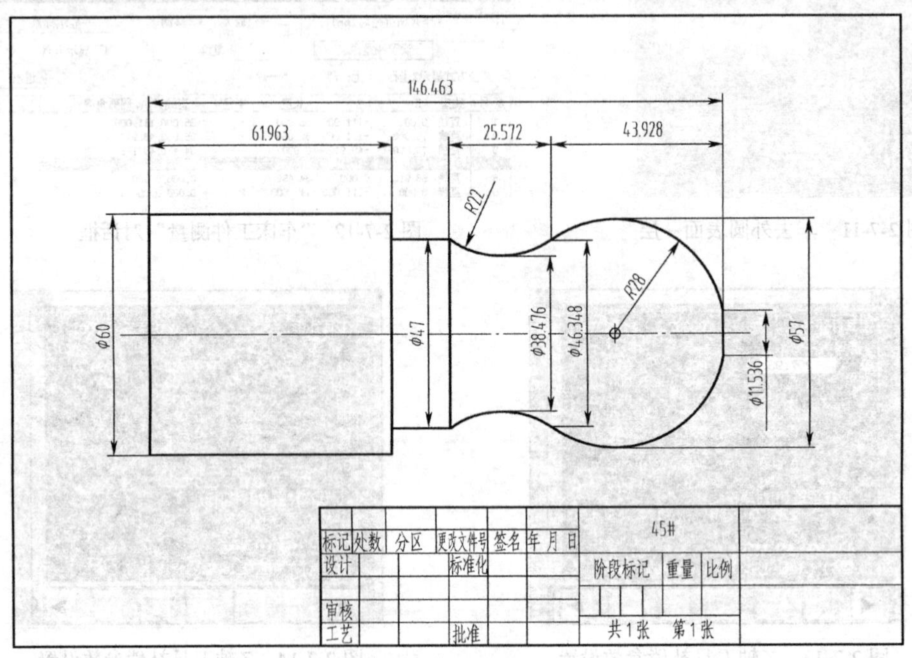

图 2-7-17 零件图

2. 实训操作评分标准

项 目 要 求	实 训 内 容	评 分 要 求	配分	得分
编程及输入	能正确编写程序，正确地输入程序	（1）程序不正确扣 3 分/处 （2）切削用量不正确扣 2 分/处	20 分	
刀具选择及对刀操作	能正确迅速地完成刀具的选择，并能正确地完成所需刀具的对刀操作及参数设置	（1）不能正确选择刀具的扣 3 分/把 （2）对刀不正确的扣 3 分/把	20 分	
软件面板操作	能正确地使用操作面板，且操作过程正确	不能正确操作扣 2 分/次	20 分	
工件的设置及安装	能正确地设置工件大小，并能正确安装、装夹	（1）工件大小设置不合理的扣 5 分 （2）不能正确安装、装夹的扣 5 分	10 分	
模拟加工	顺利完成程序的模拟校验	不能正确进行模拟校验的扣 3 分/处	15 分	
工件的测量	工件的尺寸在公差范围内	尺寸超公差的扣 3 分/处	15 分	
总分				

实训八：

数控车床综合练习

一、实训目的

1. 能根据零件图纸的要求，合理选择进刀路线及切削用量。
2. 掌握加工指令的格式，并能很好地编程应用。
3. 掌握 G70 精加工指令的应用。
4. 练习综合运用车床指令编写加工程序。
5. 学会零件的尺寸控制方法，保证加工精度。
6. 遵守数控操作规程，养成安全文明生产的好习惯。

二、必备知识

1. 编程的基础知识

掌握程序的组成、程序段的组成、程序编辑的方法和坐标系的概念及应用，掌握 F、S、T、M 功能的意义及用途、用法。掌握各种加工指令编程的综合应用。

2. G70 精加工循环

格式：G70 P（ns） Q（nf）

功能：该指令用于执行 G71、G72、G73 粗加工循环指令后的精加工循环。

说明：

（1）ns 为精加工轮廓程序段中开始程序段的段号；nf 为精加工轮廓程序段中结束程序段的段号。

（2）G70 指令不能单独使用，只能配合 G71、G72、G73 指令使用，完成精加工固定循环。

（3）精加工时，G71、G72、G73 程序段中的 F、S、T 指令无效，只有在 ns～nf 程序段中的 F、S、T 指令才有效。

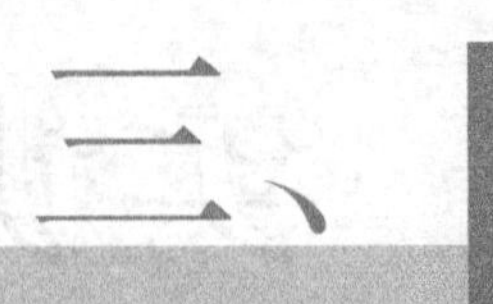

三、操作实例

1. 零件图

如图 2-8-1 所示，已知毛坯为ϕ52mm 的 45 钢，依据图纸编制程序，并完成零件的加工。

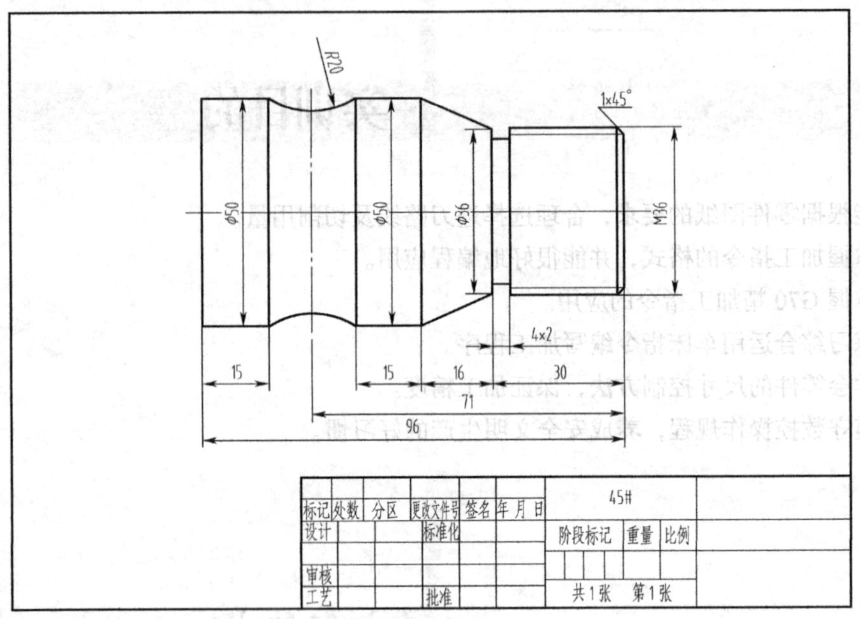

图 2-8-1 零件图

2. 毛坯

ϕ52mm × 120mm，45 钢。

3. 刀具及切削用量的选择

序　号	刀 具 号	刀 具 类 型	加 工 面	主轴转速 r/min	进 给 速 度
1	T1	93°外圆车刀	外圆车削	800	200mm/min
2	T2	4mm 外圆切刀	外圆沟槽	450	35mm/min
3	T3	60°螺纹刀	外螺纹	520	2mm/r

4. 工艺路线

（1）用 1 号 93° 外圆车刀使用 G71 外圆粗车复合循环指令加工右端的外圆及圆弧。

（2）用 1 号 93° 外圆车刀使用 G70 精车循环加工右端的外圆及锥度。

（3）用 3 号 60° 外圆车刀粗、精车圆弧。

（4）用 4mm 外圆切刀加工外圆各沟槽。

（5）用 60° 外圆螺纹刀加工外螺纹 M36。

（6）用 4mm 外圆切刀切断工件。

5. 参考程序

O0008		主 程 序 名
N10	T0101	选择 1 号刀及 1 号刀补值
N20	G98 G0 G54 X100 Z100	基本设定每 min 进给量，设定工件坐标系
N30	M03 S800	主轴正转，转速 800r/min
N40	M08	冷却液开
N50	X52 Z2	刀具快速接近工件
N60	G01 Z0 F200	到达 Z 向零点
N70	X-1	车削端面
N80	G00 X52 Z2	快速退刀，到达工件切削的起点位置
N90	G71 U1 R1	调用外圆粗车复合循环 U1 表示每次背吃刀量单边 1mm；R1 表示退刀单边 1mm
N100	G71 P110 Q160 U0.5 W0.1 F200	P110：粗加工第一个程序段的段号；Q210：粗加工最后一个程序段的段号；U0.5：精加工余量双边 0.5mm；W0.1：精加工余量 0.1mm；F200：粗车进给速度 200mm/min
N110	G00 X34	精加工的起点
N120	G01 Z0 F100	
N130	X35.8 Z-1	车倒角
N140	Z-30	车外圆
N150	X50 Z-46	车斜度
N160	Z-100	车外圆
N180	G70 P110 Q160	精加工循环
N190	G00 X100 Z100	
N192	T0303	
N194	G00 G98 G54 X100 Z100	
N196	M03 S1000	
N200	G00 X51 Z-61	直线进给，准备加工圆弧
N230	G02 Z-81 R20	加工圆弧，两次进给，第一次粗加工
N232	G01 X52	
N240	G00 W20	
N250	G01 X50	
N260	G02 Z-81 R20	加工圆弧，两次进给，第二次精加工
N270	G01 X52	
N280	M05	
N290	G00 X100 Z100	快速退刀，到达换刀点
N290	T0202	选择 2 号刀及 2 号刀补值
N300	M03 S500	主轴正转，转速 500r/min
N310	G00 X40 Z-30	快速到达切槽的起点
N320	G01 X32 F50	
N330	X40	

续表

O0008		主 程 序 名
N340	G00 X100 Z100	
N350	M05	
N360	T0303	选择 3 号刀及 3 号刀补值
N370	M03 S800	主轴正转，转速 800r/min
N380	G00 X38 Z2	刀具快速移动到循环起点
N390	G76 P010060 Q100 R0.1	调用螺纹切削复合循环，设置相关信息
N400	G76 X33.4 Z-28 R0 P1200 Q500 F2	螺距为 2mm
N410	T0202	选择 2 号刀及 2 号刀补值
N420	G00 X54 Z-100	
N430	M03 S500	
N440	G01 X0 F30	
N450	G0 X60	
N460	G00 X100 Z100	快速退刀，到达换刀点
N470	M30	程序结束，并回到程序开始位置，等待下一次加工

6. 操作步骤

（1）选择机床：FANUC 0i 数控车床

如图 2-8-2 所示，选择“机床”→“选择机床…”命令，在弹出的“选择机床”对话框中，选择控制系统为 FANUC 0i，机床类型选择车床，单击“确定”按钮。

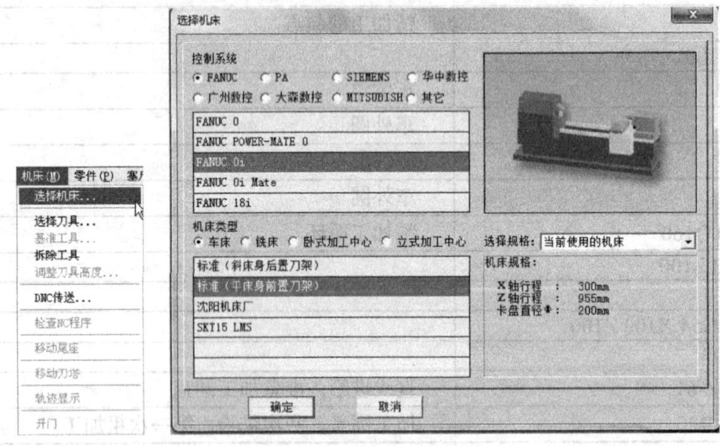

图 2-8-2 选择机床

（2）激活机床

单击启动按钮，使机床电机、伺服控制灯亮；检查紧急停止按钮是否松开至状态，若未松开，则单击急停按钮，将其松开，CRT 显示界面上显示 REF **** *** ***。单击操作面板的回零键，使其指示灯亮，单击X键，再单击+键，此时 X 轴将回零，操作面板上 X 轴的回原点指示灯亮，同时 CRT 显示界面上的 X 坐标发生变化。如果单击快速键，再单击+键，则机床快速回零。用相同方法再单击 Z 轴方向键Z，使指示灯变亮，单击快速键和+键，此时 Z 轴回原点，回原点灯变亮。此时的 CRT 显示界面如图 2-8-3 所示。

（3）设置并安装工件

选择“零件”→“定义毛坯…”命令，在“定义毛坯”对话框（见图 2-8-4）中，修改零件尺寸，单击“确定”按钮。

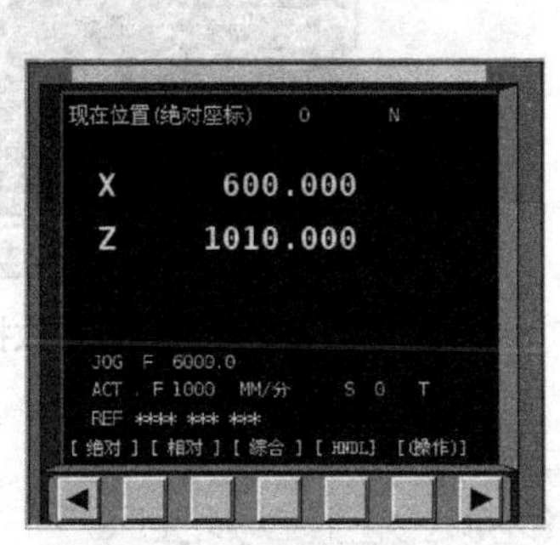

图 2-8-3　回参考点显示

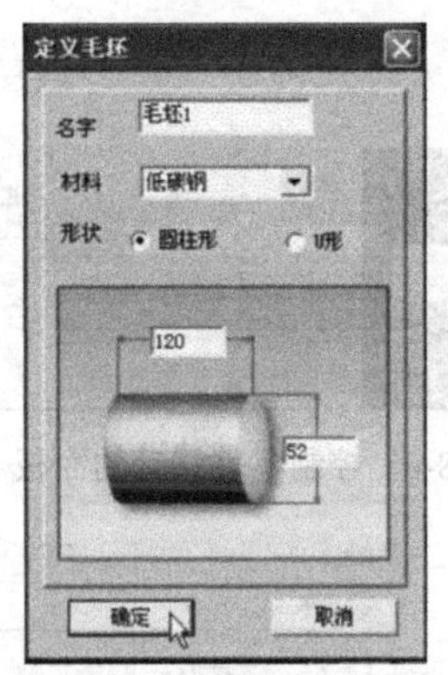

图 2-8-4　“定义毛坯”对话框

选择“零件”→“放置零件”命令，或者在工具栏上单击图标“”，系统会弹出“选择零件”对话框，如图 2-8-5 所示。在列表中选择已定义的毛坯 1，单击“安装零件”按钮，系统自动关闭对话框，界面上出现控制零件移动的面板，如图 2-8-6 所示，可以用其移动零件（使零件伸出约 105mm），移动零件完毕后，单击面板上的“退出”按钮，关闭该面板。

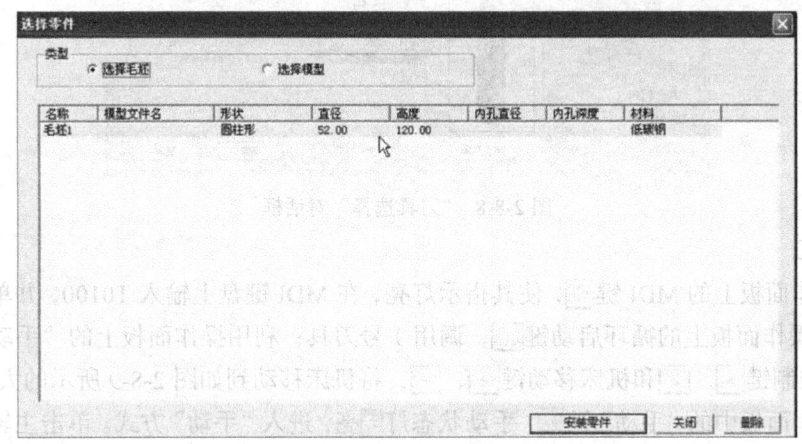

图 2-8-5　“选择零件”对话框

（4）输入或导入加工程序

数控程序可以使用记事本或写字板等编辑软件输入，并保存为文本格式的文件，也可直接用 FANUC 系统的 MDI 键盘输入。此处采用已存有的 NC 程序文件“08.txt”。

单击操作面板上的编辑键，编辑状态指示灯变亮，此时已进入编辑状态。单击 MDI 键盘上的PROG键，CRT 显示界面转入编辑页面。再单击菜单软键“操作”，在出现的下级子菜单中单击软键▶，再单击菜单软键“READ”，单击 MDI 键盘上的字符键，输入“O0008”，单击软键“EXEC”。选择“机床”→“DNC 传送”命令，在弹出的对话框中选择所需的 NC 程序，单击“打开”按钮确认，则数控程序被导入并显示在 CRT 显示界面上，如图 2-8-7 所示。

（5）选择并安装刀具

选择“机床”→“选择刀具”命令，或者在工具栏中单击图标“”，在弹出的“刀具选择”对话框中，选择所需的刀片和刀柄，如图 2-8-8 所示，单击“确定”退出。

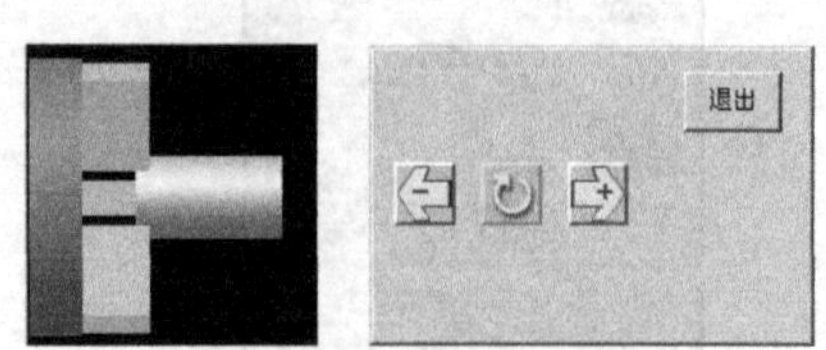

图 2-8-6　控制零件移动的面板

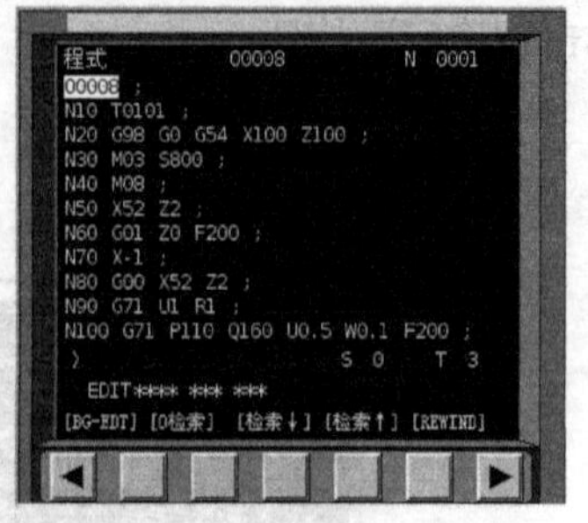

图 2-8-7　导入数控程序

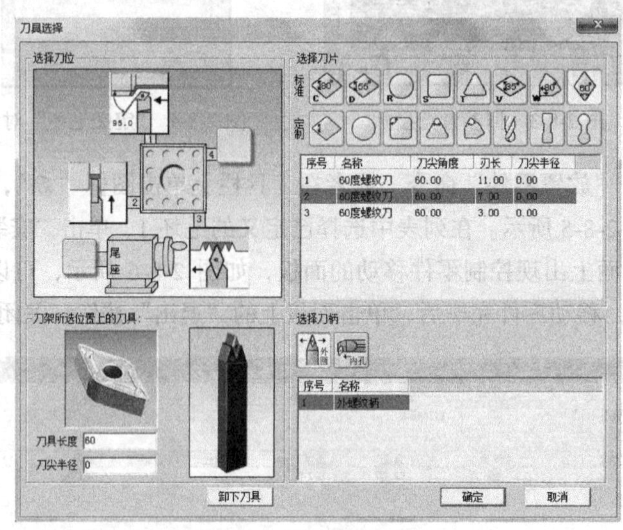

图 2-8-8　“刀具选择”对话框

（6）对刀

单击操作面板上的 MDI 键，使其指示灯亮，在 MDI 键盘上输入 T0100，并单击 INSERT 键；单击操作面板上的循环启动键，调用 1 号刀具；利用操作面板上的“手动”键，*X* 轴、*Z* 轴的控制键、和机床移动键、，将机床移动到如图 2-8-9 所示的大致位置。

单击操作面板中的“手动”键，手动状态灯亮，进入“手动”方式。单击主轴正转键，使其指示灯亮，启动主轴，利用操作面板上的“手动”键，*X* 轴、*Z* 轴的控制键和机床主轴移动键，使刀具将外圆表面车去一层，如图 2-8-10 所示。保证 *X* 坐标不变，使刀具沿 *Z* 轴退离工件，单击键使主轴停止转动。选择“零件”→“测量…”命令，弹出如图 2-8-11 所示的“车床工件测量”对话框测得所车外圆直径为 49.327。

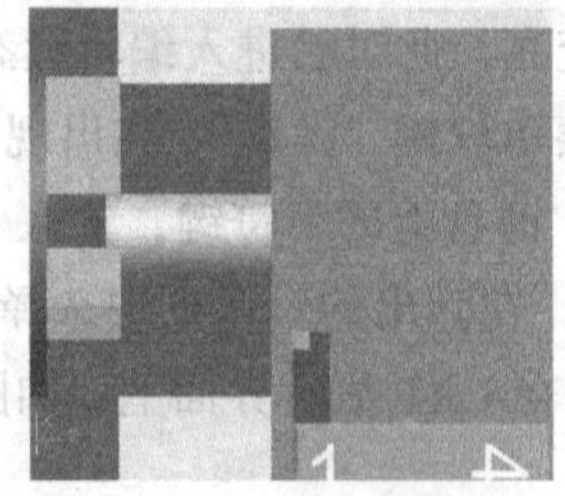

图 2-8-9　机床移动位置

图 2-8-10　车去外圆表面一层

在 MDI 键盘上单击键两次，用方向键把光标移动到 01 号刀具的 X 位置，输入“X49.327”。

单击 CRT 显示界面上的“测量”软键，如图 2-8-12 所示，刀具 X 轴方向的对刀结束。用同样的方法对 Z 轴方向进行对刀，同时把光标移动到 Z 位置，输入“Z0”，单击 CRT 显示界面上的“测量”软键，如图 2-8-13 所示。

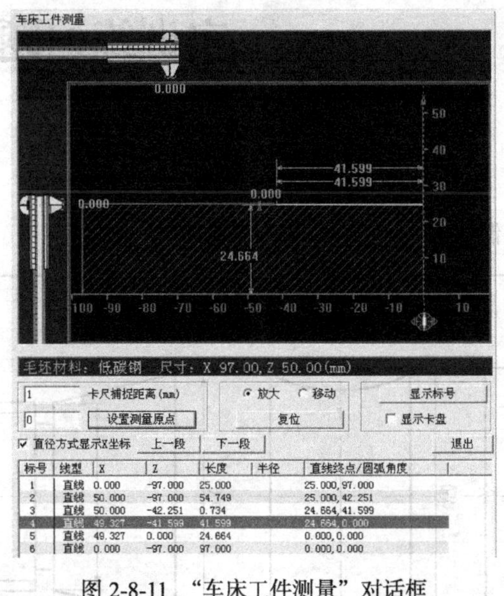

图 2-8-11 “车床工件测量”对话框

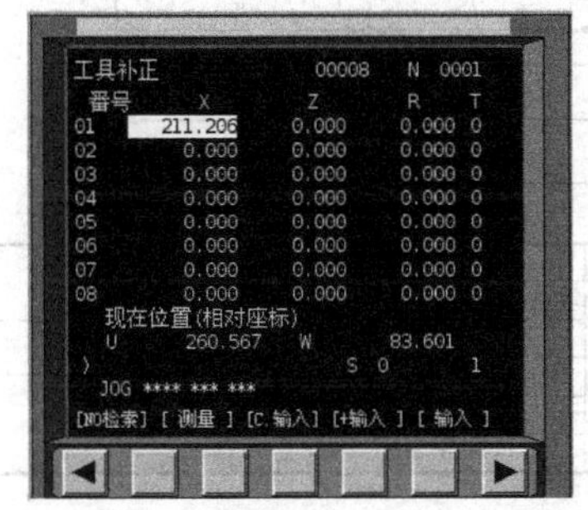

图 2-8-12　X 轴刀具补偿参数设置

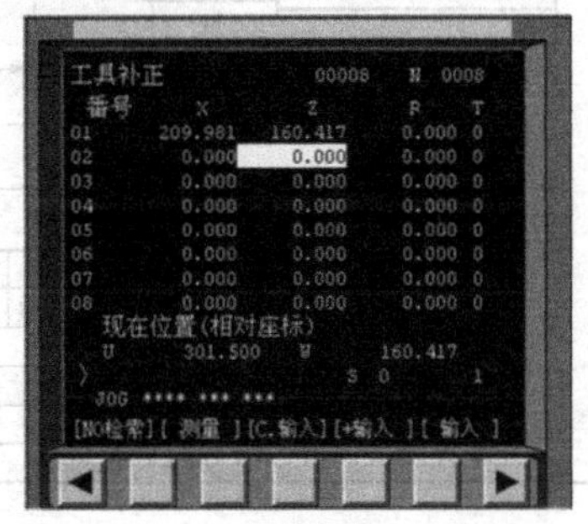

图 2-8-13　Z 轴刀具补偿参数设置

用 MDI 方式调用 02、03 号刀具，同理采用 01 号刀具对刀方法完成 02、03 号刀具的对刀。

（7）检查运行轨迹、自动加工

① 单击操作面板中的自动运行键，使其指示灯亮，单击 MDI 键盘中的图形模式键，再单击操作面板中的循环启动键，即可观察数控程序的运行轨迹，如图 2-8-14 所示。

② 在 MDI 键盘上单击程序键，单击操作面板中的自动运行键，再单击操作面板中的循环启动键，机床就会开始自动加工，加工后的工件如图 2-8-15 所示。

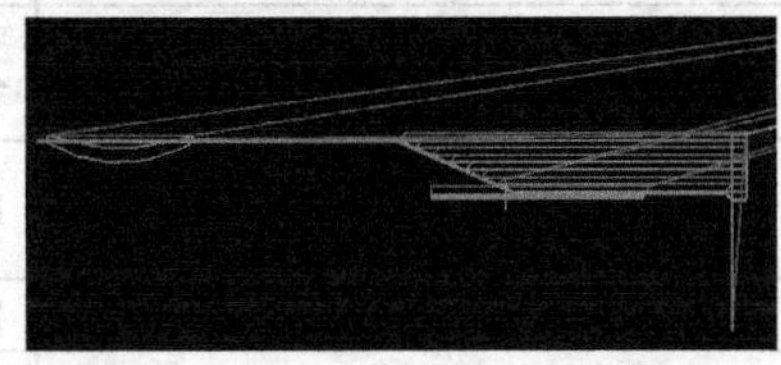

图 2-8-14　刀具运行轨迹

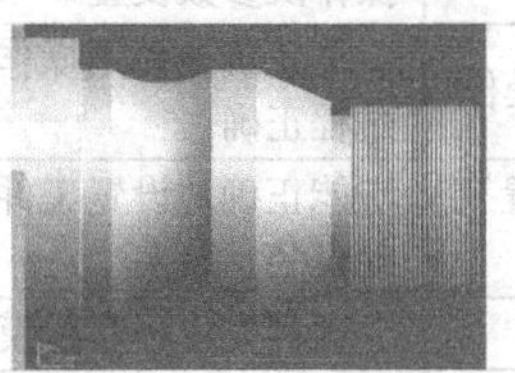

图 2-8-15　零件加工结果

（8）工件测量

四、实训练习题

1. 零件图

如图 2-8-16 所示，编制程序并完成零件的加工。

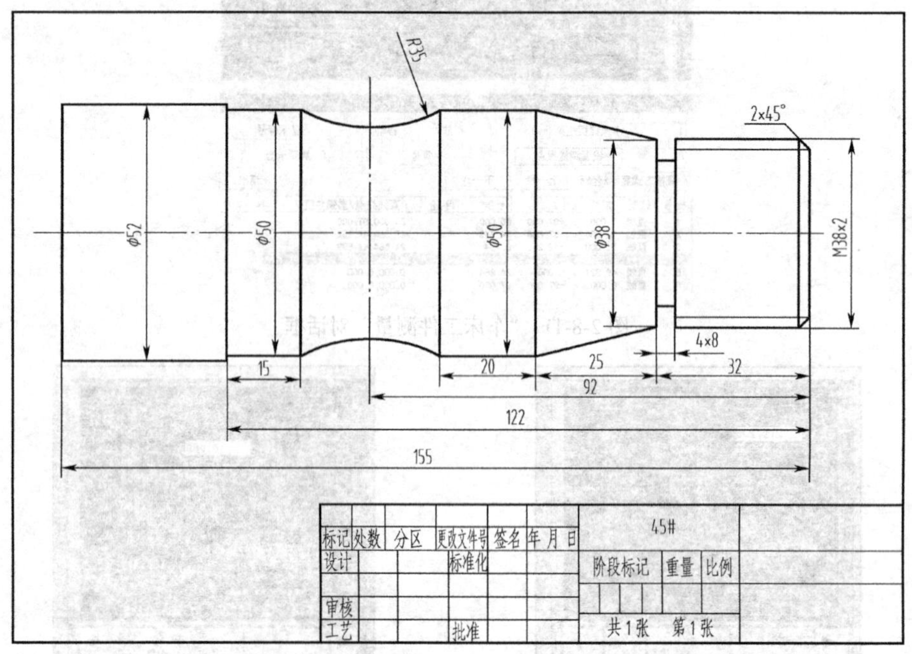

图 2-8-16　零件图

2. 实训操作评分标准

项 目 要 求	实 训 内 容	评 分 要 求	配分	得分
编程及输入	能正确编写程序，正确的输入程序	（1）程序不正确扣 3 分/处 （2）切削用量不正确扣 2 分/处	20 分	
刀具选择及对刀操作	能正确迅速地完成刀具的选择，并能正确地完成所需刀具的对刀操作及参数设置	（1）不能正确选择刀具的扣 3 分/把 （2）对刀不正确的扣 3 分/把	20 分	
软件面板操作	能正确地使用操作面板，且操作过程正确	不能正确操作扣 2 分/次	20 分	
工件的设置及安装	能正确地设置工件大小，并能正确安装、装夹	（1）工件大小设置不合理的扣 5 分 （2）不能正确安装、装夹的扣 5 分	10 分	
模拟加工	顺利完成程序的模拟校验	不能正确进行模拟校验的扣 3 分/处	15 分	
工件的测量	工件的尺寸在公差范围内	尺寸超公差的扣 3 分/处	15 分	
总分				

实训九：数控车床仿真实训综合测试

一、操作过程的记录及演示

操作过程的记录和回放可以让老师察看学生操作的全过程，了解学生实训操作的情况。

1．操作过程记录（以“快速登录”方式进入系统）

① 开始记录：如图 2-9-1 所示，选择“文件”→“开始记录”命令，在弹出的“另存为”对话框中选择保存路径，并输入文件名。

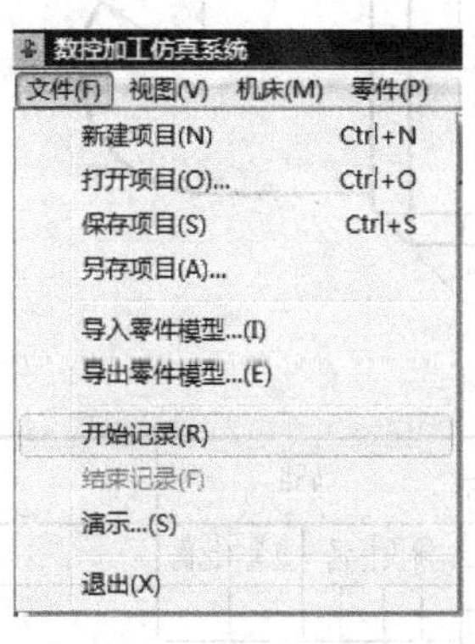

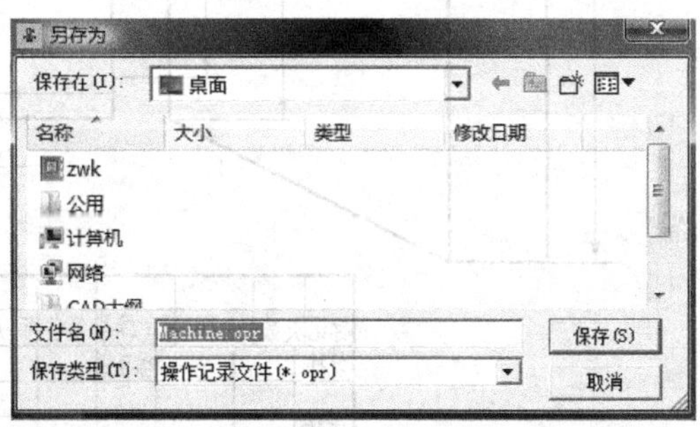

图 2-9-1 操作过程记录

② 进行正常的操作（正常操作 1h 的记录文件大小约为 200KB）。

③ 停止记录：选择“文件”→“结束记录”命令。

2．操作过程的读取和演示

① 选择“文件”→“演示”命令，在弹出的“打开”对话框中选取要打开的记录文件（后缀名为.opr），单击“打开”按钮。

系统弹出提示“此记录是在机床操作过程中开始记录的，是否快速到开始记录位置？”，选择“Y”从开始记录处播放，选择“N”则播放整个项目的操作内容。

② 单击屏幕右上角的控制条上的“播放”键开始回放。

③ 播放完毕后，单击控制条上的“退出”键，返回练习状态。在回放的过程中按住 PC 键盘上的“SHIFT”键，可取回鼠标控制权，进行暂停、快进、加速、减速、重播、退出等操作。

二、数控车床仿真实训综合测试

1. 综合测试题一：编制图 2-9-2 所示零件的数控加工程序并进行加工仿真。（毛坯为ϕ24mm 的棒料，材料为 45 钢）

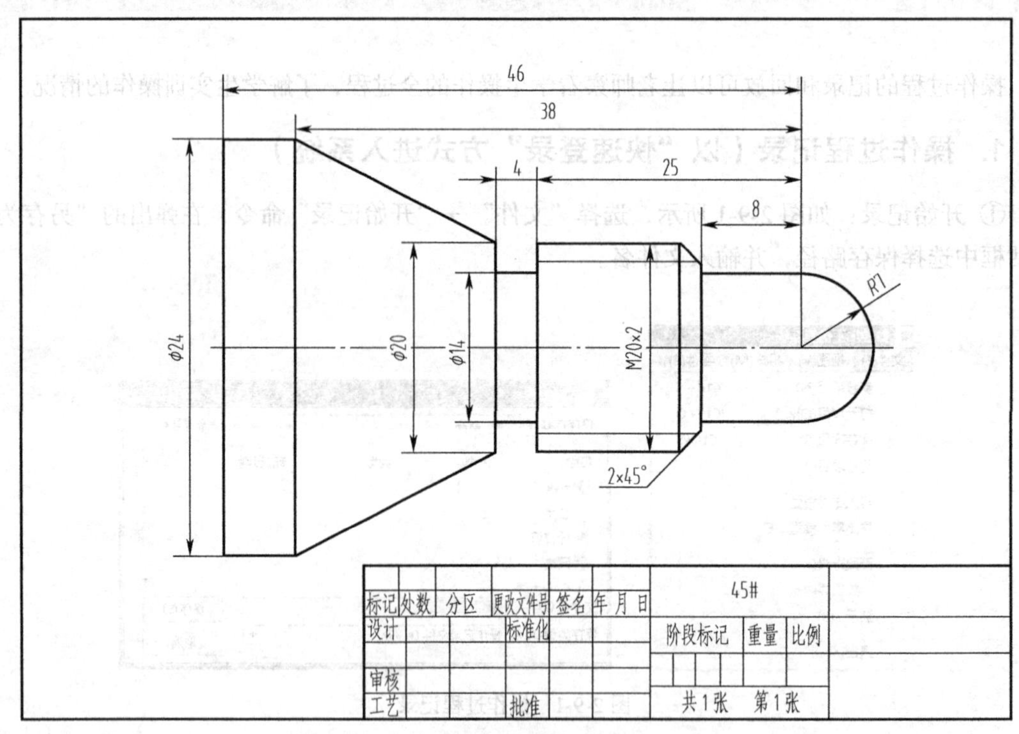

图 2-9-2 综合测试题一图

2. 综合测试题二：编制图 2-9-3 所示零件的数控加工程序并进行加工仿真。（毛坯为ϕ25mm 的棒料，材料为 45 钢）

3. 综合测试题三：编制图 2-9-4 所示零件的数控加工程序并进行加工仿真。（毛坯为ϕ58mm 的棒料，材料为 45 钢）

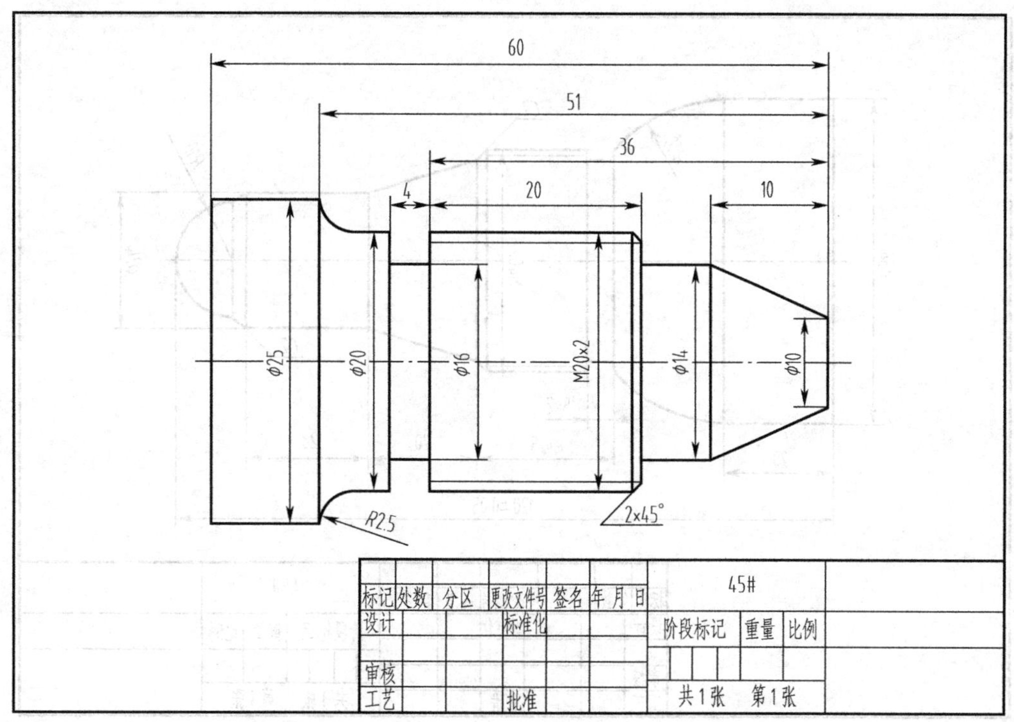

图 2-9-3　综合测试题二图

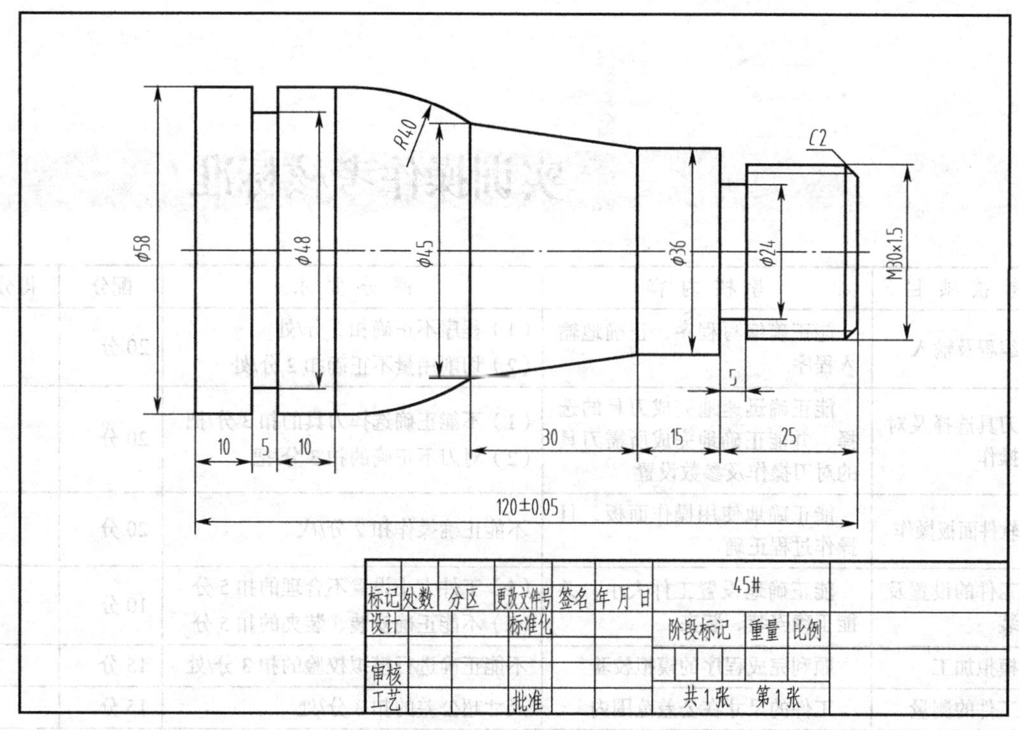

图 2-9-4　综合测试题三图

4. 综合测试题四：编制图 2-9-5 所示零件的数控加工程序并进行加工仿真。（毛坯为ϕ58mm 的棒料，材料为 45 钢）

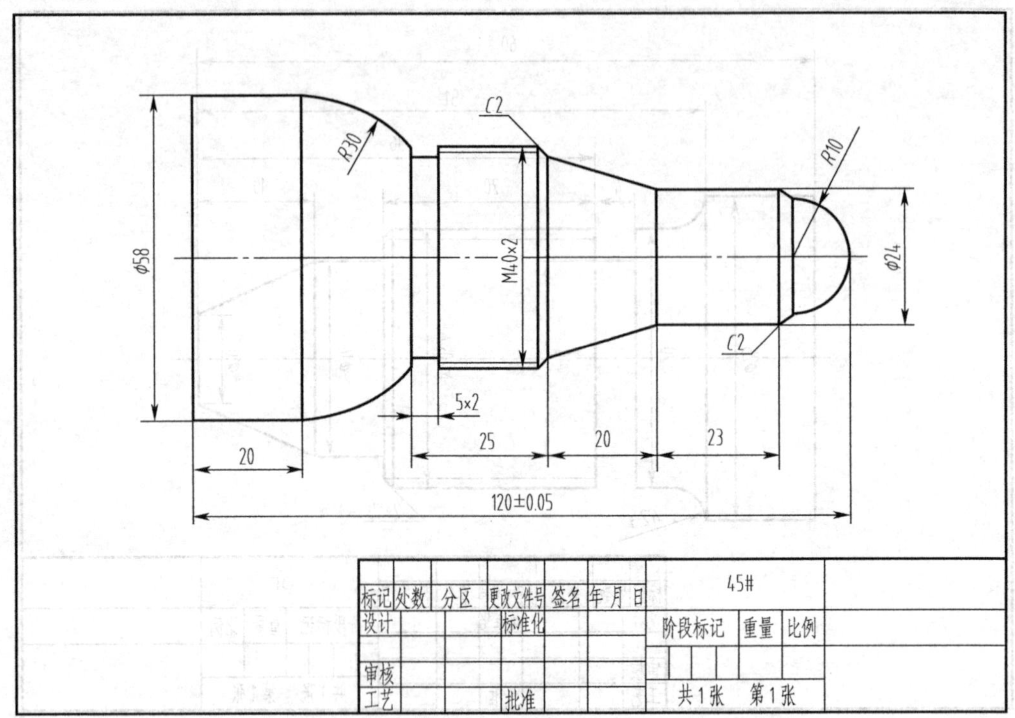

图 2-9-5　综合测试题四图

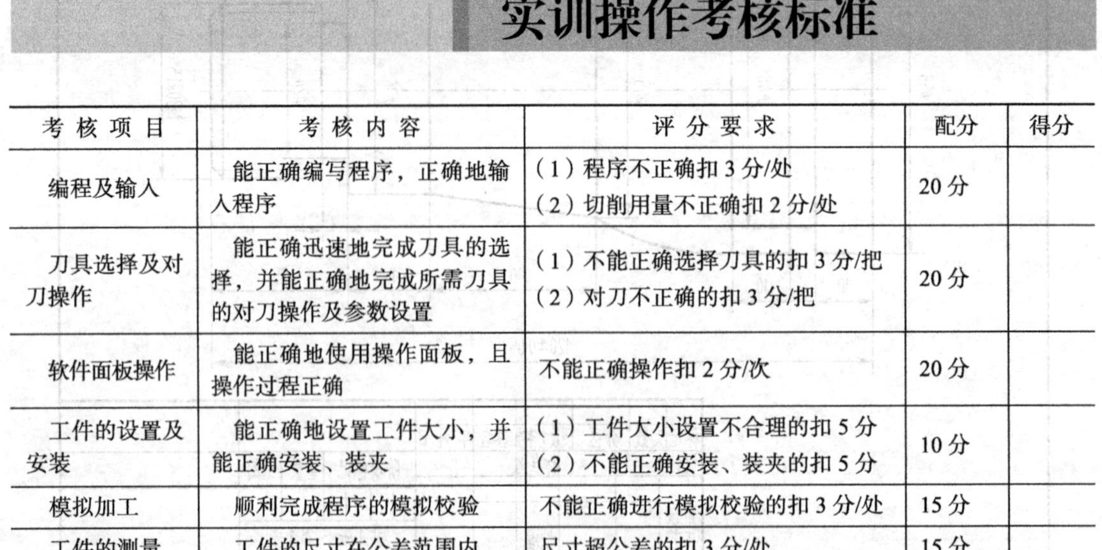

三、实训操作考核标准

考 核 项 目	考 核 内 容	评 分 要 求	配分	得分
编程及输入	能正确编写程序，正确地输入程序	（1）程序不正确扣 3 分/处 （2）切削用量不正确扣 2 分/处	20 分	
刀具选择及对刀操作	能正确迅速地完成刀具的选择，并能正确地完成所需刀具的对刀操作及参数设置	（1）不能正确选择刀具的扣 3 分/把 （2）对刀不正确的扣 3 分/把	20 分	
软件面板操作	能正确地使用操作面板，且操作过程正确	不能正确操作扣 2 分/次	20 分	
工件的设置及安装	能正确地设置工件大小，并能正确安装、装夹	（1）工件大小设置不合理的扣 5 分 （2）不能正确安装、装夹的扣 5 分	10 分	
模拟加工	顺利完成程序的模拟校验	不能正确进行模拟校验的扣 3 分/处	15 分	
工件的测量	工件的尺寸在公差范围内	尺寸超公差的扣 3 分/处	15 分	
总分				

第三篇

数控铣床和加工中心加工实训

实训一：

G00/G01 指令的应用——零件的槽加工

一、实训目的

1. 掌握对刀的方法及数据输入的方法。
2. 熟悉加工指令的格式及应用。
3. 学会简单零件的编程和加工。
4. 学会零件尺寸控制的方法。
5. 遵守数控操作规程，养成注意安全、文明生产的好习惯。

二、必备知识

1. 编程的基础知识

掌握程序及程序段的组成、程序编辑的方法和坐标系的概念及应用，掌握 F、S、T、M 功能的意义及用途、用法。

2. 刀具快速点定位指令 G00

格式：G00　X__Y__Z__;

功能：使刀具以点位控制的方式，从刀具所在点快速移动到目标点，但是目标点不能直接选择在工件上，一般选择在离工件 3～5mm 处。

说明：X、Y、Z 为终点坐标值。

使用 G00 指令时，刀具的实际运动路线并不一定是直线，而是因机床的数控系统而异。因此，编程人员应了解所使用的数控系统的刀具移动轨迹情况，要注意刀具是否与工件和夹具发生干涉。对不适合联动的场合，可采用每轴单动的方式。

3. 直线插补指令 G01

格式：G01　X__ Y__ Z__ F__；

功能：使刀具以给定的进给速度切削工件，从所在点出发，直线移动到目标点。可以进行工件的上表面、侧面、内外轮廓、倒角、沟槽等的加工。

说明：X、Y、Z 为终点坐标值；F 为刀具的进给速度（进给量）。

三、操作实例

1. 零件图

如图 3-1-1 所示，已知零件毛坯大小为 100mm × 100mm × 20mm，利用 G01 指令编写程序，并进行零件的加工。

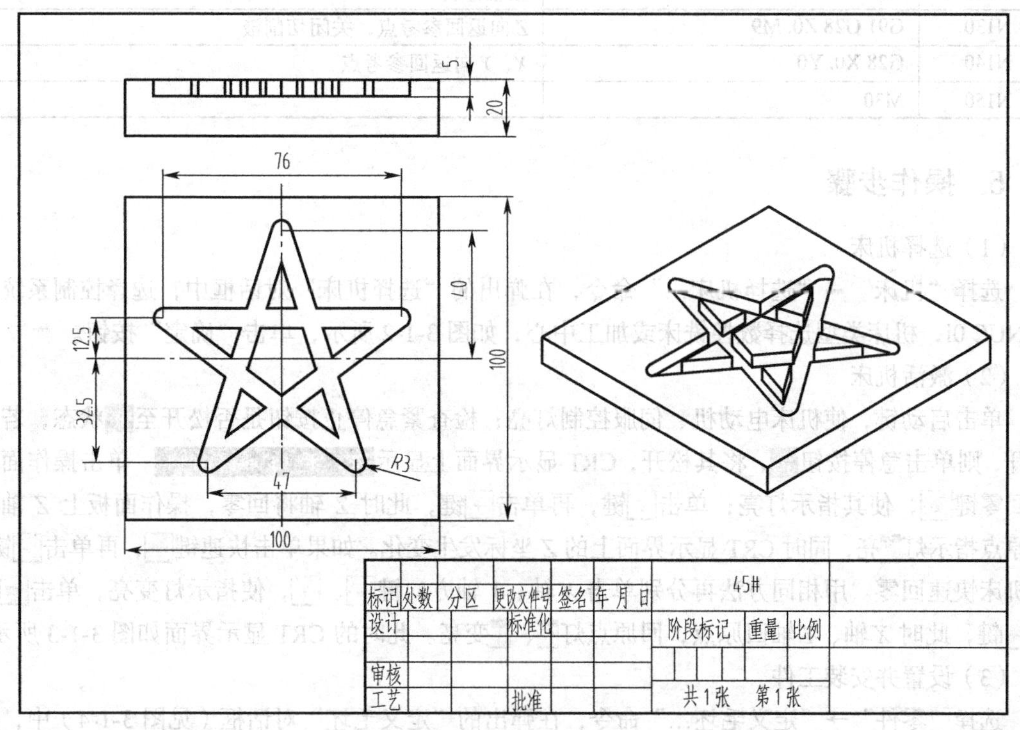

图 3-1-1　零件图

2. 毛坯

设定毛坯为 100mm × 100mm × 20mm 的 45 钢。

3. 刀具及加工工艺的选择

（1）选用通用夹具虎钳装夹工件，工件上表面略微高出钳口。

（2）设定工件中心为 G54 指令中的坐标原点。

（3）在刀具库中选择ϕ6 键槽铣刀。

（4）在自动模式下运行程序，完成工件加工。

4. 参考程序

O0001		主程序名
N10	G54 G0 G90 X0. Y40. S2000 M3	刀具移至起刀点，主轴正转，转速为 2 000r/min
N20	G43 H1 Z100. M8	刀具进行长度补偿，切削液开
N40	Z3.	刀具移动到临削点
N50	G1 Z-5. F100.	*Z* 向切削至−5mm
N60	X23.5 Y-32.5 F200.	开始进行槽加工
N70	X-38. Y12.5 R3.	
N80	X38.	
N90	X-23.5 Y-32.5	
N100	X0 Y40.	
N110	G0 Z100	加工完毕，抬刀
N120	M5	主轴停转
N130	G91 G28 Z0. M9	*Z* 向返回参考点，关闭切削液
N140	G28 X0. Y0	*X*、*Y* 向返回参考点
N150	M30	

5. 操作步骤

（1）选择机床

选择“机床”→“选择机床…”命令，在弹出的“选择机床”对话框中，选择控制系统为 FANUC 0i，机床类型选择数控铣床或加工中心，如图 3-1-2 所示，单击“确定”按钮。

（2）激活机床

单击启动键，使机床电动机、伺服控制灯亮；检查紧急停止按钮是否松开至状态，若未松开，则单击急停按钮，将其松开，CRT 显示界面上显示 REF **** *** ***。单击操作面板的回零键，使其指示灯亮；单击 Z 键，再单击 + 键，此时 *Z* 轴将回零，操作面板上 *Z* 轴的回原点指示灯亮，同时 CRT 显示界面上的 *Z* 坐标发生变化。如果单击快速键，再单击 + 键，则机床快速回零。用相同方法再分别单击 *X* 轴、*Y* 轴方向键 X、Y，使指示灯变亮，单击快速键和 + 键，此时 *X* 轴、*Y* 轴回原点，回原点灯、变亮。此时的 CRT 显示界面如图 3-1-3 所示。

（3）设置并安装工件

选择“零件”→“定义毛坯…”命令，在弹出的“定义毛坯”对话框（见图 3-1-4）中，改写毛坯尺寸，单击“确定”按钮。

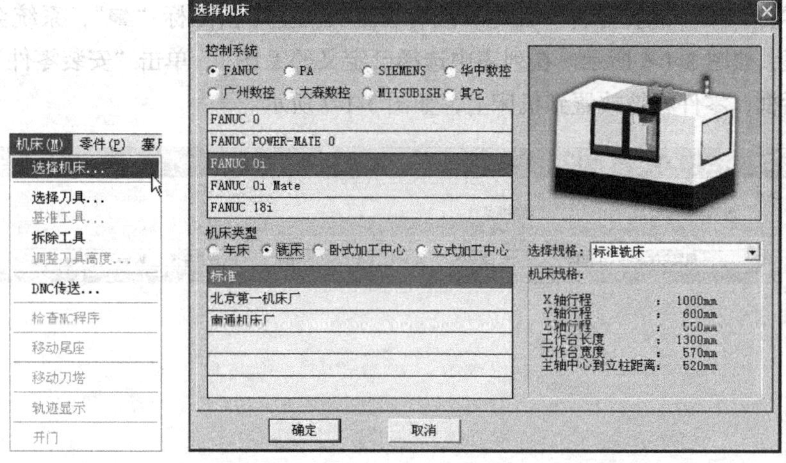

图 3-1-2　选择机床

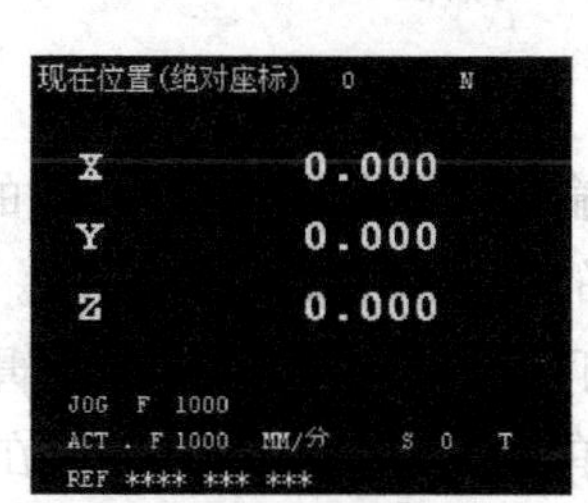

图 3-1-3　回参考点显示

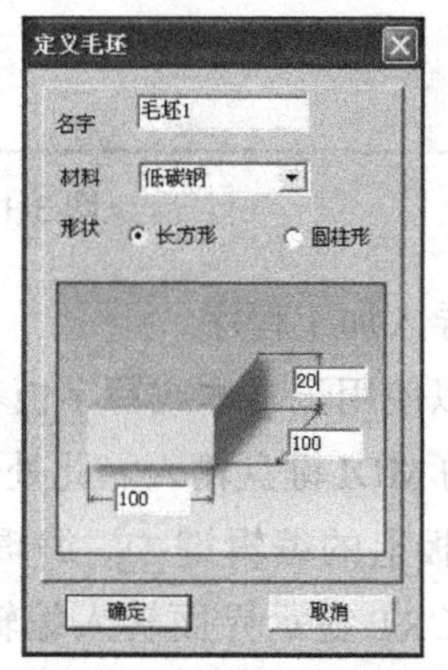

图 3-1-4　“定义毛坯”对话框

选择“零件”→“安装夹具”命令，或者在工具栏上单击图标，打开“选择夹具”对话框。首先在“选择零件”列表框中选择定义的毛坯。然后在“选择夹具”列表框中选择夹具，如图 3-1-5 所示。

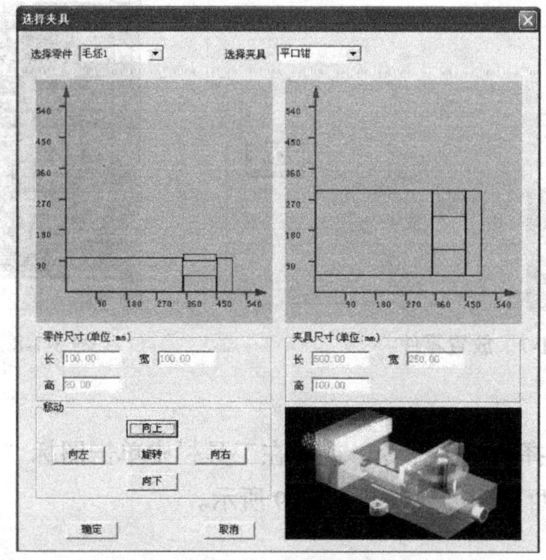

图 3-1-5　“选择夹具”对话框

选择“零件”→“放置零件”命令，或者在工具栏上单击图标“ ”，系统会弹出“选择零件”对话框，如图 3-1-6 所示。在列表中选择已定义的毛坯 1，单击“安装零件”按钮，系统自动关闭对话框，零件将被放置到机床上，如图 3-1-7 所示。

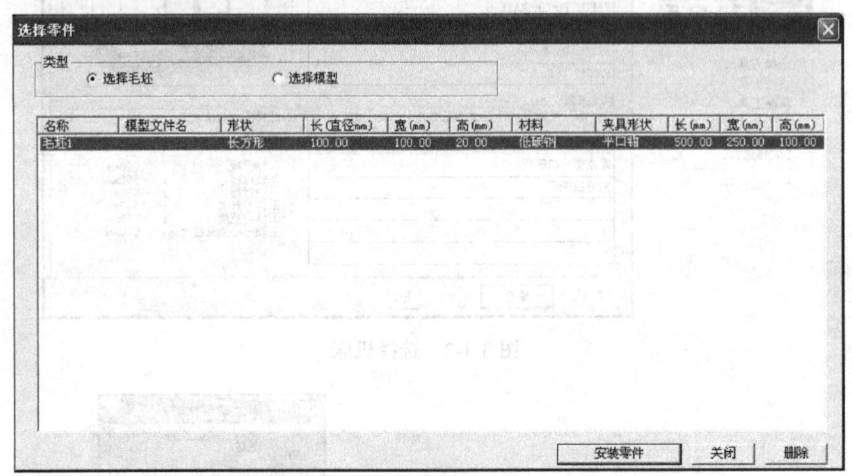

图 3-1-6 “选择零件”对话框

（4）输入或导入加工程序

数控程序可以使用记事本或写字板等编辑软件输入，并保存为文本格式的文件，也可直接用 FANUC 系统的 MDI 键盘输入。此处采用已存有的 NC 程序文件“01.txt”。

单击操作面板上的编辑键，编辑状态指示灯变亮，此时已进入编辑状态。单击 MDI 键盘上的键，CRT 显示界面转入编辑页面。再单击菜单软键“操作”，在出现的下级子菜单中单击软键，再单击菜单软键“READ”，单击 MDI 键盘上的字符键，输入“O0001”，单击软键“EXEC”。选择“机床”→“DNC 传送”命令，在弹出的对话框中选择所需的 NC 程序，单击“打开”按钮确认，则数控程序被导入并显示在 CRT 显示界面上，如图 3-1-8 所示。

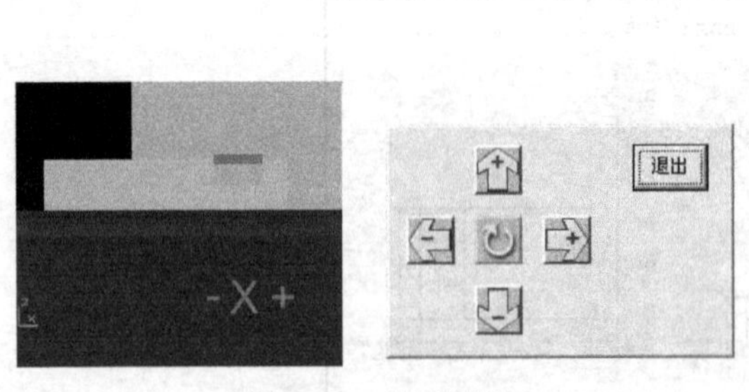

图 3-1-7 放置零件

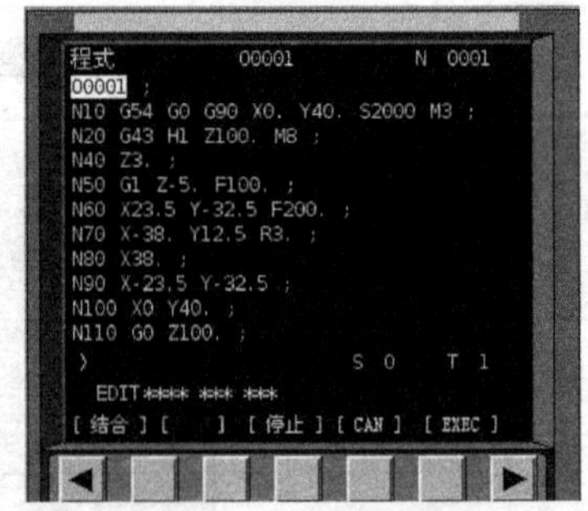

图 3-1-8 导入数控程序

（5）选择并安装刀具

选择“机床”→“选择刀具”命令，或者在工具栏中单击图标“ ”，在弹出的“选择铣刀”对话框中选择 DZ 型两刃$\phi 6$刀，如图 3-1-9 所示。

（6）对刀

① X轴、Y轴对刀。选择“机床”→“基准工具...”命令，弹出的“基准工具”对话框如

图 1-8-13 所示，左边的基准工具是“刚性靠棒”，右边的是“寻边器”，选择“刚性靠棒”进行 *X*、*Y* 方向对刀。

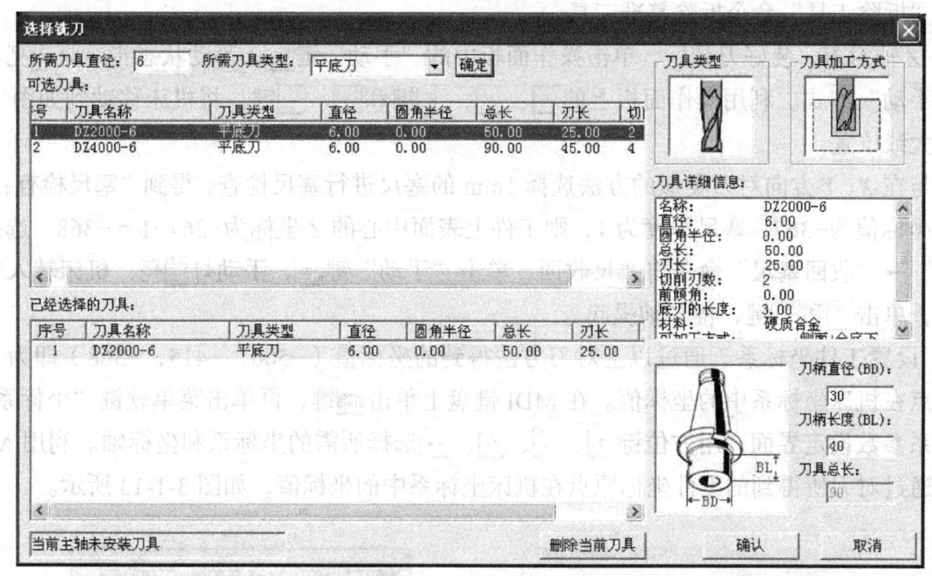

图 3-1-9 “选择铣刀”对话框

单击操作面板中的“手动”键，手动状态指示灯亮，进入“手动”方式。

单击 MDI 键盘上的键，使 CRT 显示界面上显示坐标值。借助“视图”菜单中的动态平移、动态旋转、动态放缩等工具，适当单击X、Y、Z键和+、-键，将机床移动到如图 3-1-10 所示的大致位置。

移动到大致位置后，选择“塞尺检查”→“1mm”命令，基准工具和零件之间将被插入塞尺。单击操作面板上的“手动脉冲”键或键，使手动脉冲指示灯变亮，采用手动脉冲方式精确移动机床，单击显示手轮，将手轮对应轴旋钮置于（X 档），调节手轮进给速度旋钮，在手轮上单击鼠标左键或右键精确地移动靠棒，使得“提示信息”对话框显示“塞尺检查的结果：合适”，如图 3-1-11 所示。

图 3-1-10 机床移动位置

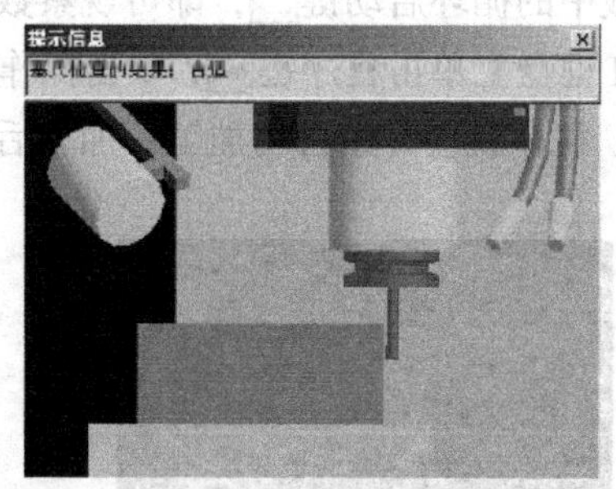

图 3-1-11 塞尺检查结果“合适”

记下塞尺检查结果为合适时，CRT 显示界面中的 *X* 坐标值−442，作为基准工具中心的 *X* 坐标。已知定义毛坯数据时设定的零件的长度为 100，塞尺厚度为 1，刚性靠棒直径为 14，则工件上表面中心的 *X* 的坐标为−442−50−7−1 = −500。

Y 方向对刀也采用同样的方法，得到工件中心的 *Y* 坐标为−415。

完成 X、Y 方向的对刀后，选择“塞尺检查”→“收回塞尺”命令将塞尺收回，单击“手动”键，手动灯亮，机床转入手动操作状态，单击Z键和+键，将 Z 轴提起，再选择“机床”→“拆除工具”命令拆除基准工具。

② Z 轴对刀。装好刀具后，单击操作面板中的“手动”键，手动状态指示灯亮，系统进入“手动”方式。利用操作面板上的X、Y、Z键和+、-键，将机床移动到如图 3-1-12 所示的大致位置。

用与在 X、Y 方向对刀类似的方法选择 1mm 的塞尺进行塞尺检查，得到“塞尺检查：合适”时 Z 的坐标值为−367，塞尺厚度为 1，则工件上表面中心的 Z 坐标为−367−1 = −368。选择“塞尺检查”→“收回塞尺”命令将塞尺收回，单击“手动”键，手动灯亮，机床转入手动操作状态，单击Z和+键，将 Z 轴提起。

③ 设置工件坐标系。通过以上对刀方法得到的坐标值（−500，−415，−368）即为工件坐标系原点在机床坐标系中的坐标值。在 MDI 键盘上单击键，再单击菜单软键“坐标系”，进入坐标系参数设定界面，用方位键↑、↓、←、→选择所需的坐标系和坐标轴。利用 MDI 键盘输入通过对刀所得到的工件坐标原点在机床坐标系中的坐标值，如图 3-1-13 所示。

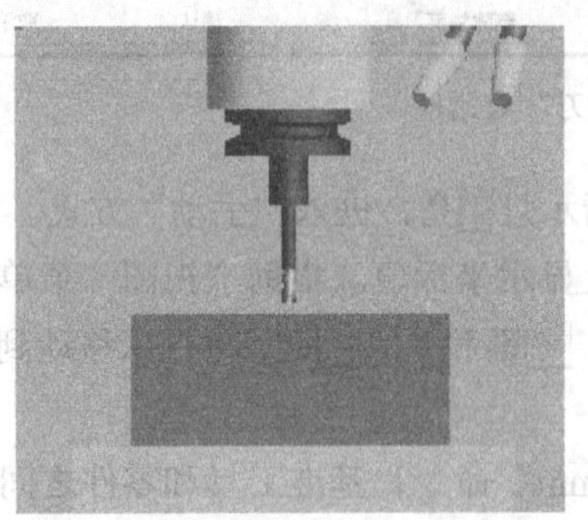
图 3-1-12　机床移动位置

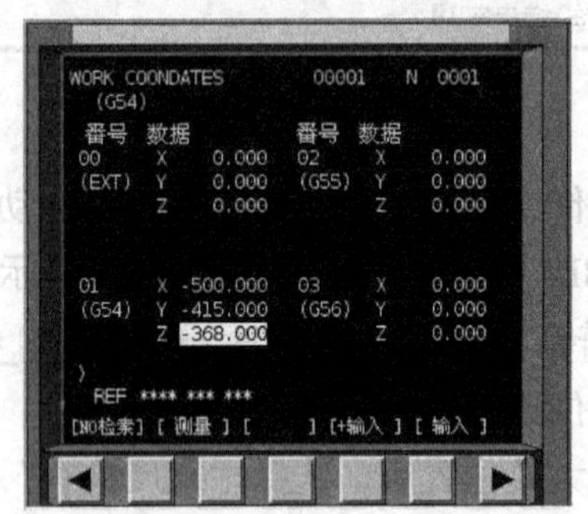

图 3-1-13　设置工件坐标系

（7）自动加工

① 单击操作面板中的自动运行键，使其指示灯亮，单击 MDI 键盘中的图形模式键，再单击操作面板中的循环启动键，即可观察数控程序的运行轨迹，如图 3-1-14 所示。

② 在 MDI 键盘上单击程序键，单击操作面板中的自动运行键，再单击操作面板中的循环启动键，机床就会开始自动加工，加工后的工件如图 3-1-15 所示。

图 3-1-14　刀具运行轨迹

图 3-1-15　零件加工结果

（8）工件测量

四、实训练习题

1. 零件图

如图 3-1-16 所示，已知毛坯为 100mm × 100mm × 15mm 的 45 钢，编制程序，并完成零件的加工。

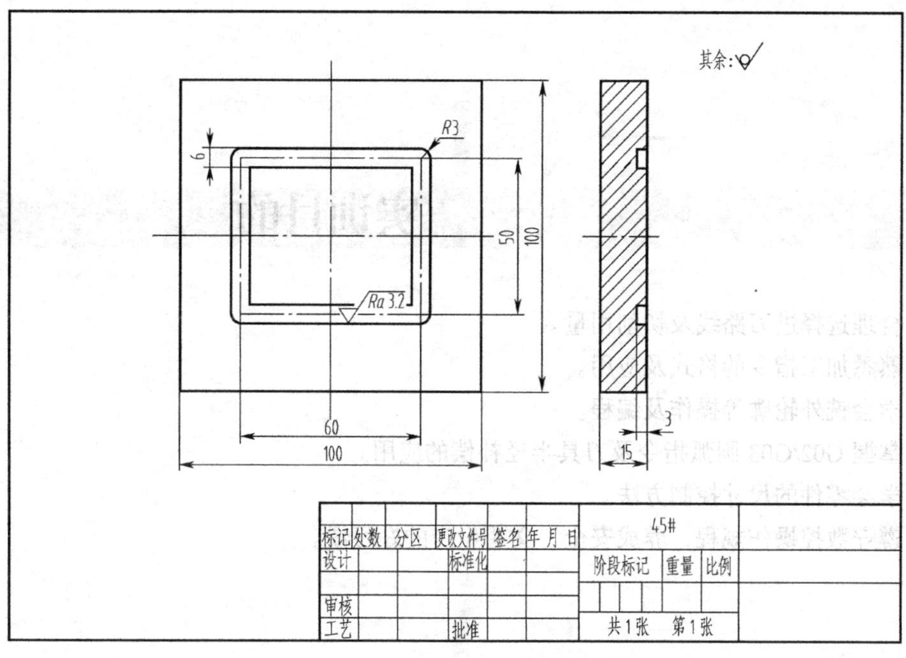

图 3-1-16　零件图

2. 实训操作评分标准

项 目 要 求	实 训 内 容	评 分 要 求	配分	得分
编程及输入	能正确编写程序，正确地输入程序	（1）程序不正确扣 3 分/处 （2）切削用量不正确扣 2 分/处	20 分	
刀具选择及对刀操作	能正确迅速地完成刀具的选择，并能正确地完成所需刀具的对刀操作及参数设置	（1）不能正确选择刀具的扣 3 分/把 （2）对刀不正确的扣 3 分/把	20 分	
软件面板操作	能正确地使用操作面板，且操作过程正确	不能正确操作扣 2 分/次	20 分	
工件的设置及安装	能正确地设置工件大小，并能正确安装、装夹	（1）工件大小设置不合理的扣 5 分 （2）不能正确安装、装夹的扣 5 分	10 分	
模拟加工	顺利完成程序的模拟校验	不能正确进行模拟校验的扣 3 分/处	15 分	
工件的测量	工件的尺寸在公差范围内	尺寸超公差的扣 3 分/处	15 分	
总分				

实训二：

G02/G03 指令的应用——零件的外轮廓加工

一、实训目的

1. 合理选择进刀路线及切削用量。
2. 熟悉加工指令的格式及应用。
3. 学会铣外轮廓等操作及编程。
4. 掌握 G02/G03 圆弧指令及刀具半径补偿的应用。
5. 学会零件的尺寸控制方法。
6. 遵守数控操作规程，养成安全、文明生产的好习惯。

二、必备知识

1. 编程的基础知识

掌握程序及程序段的组成、程序编辑的方法和坐标系的概念及应用，掌握 F、S、T、M 功能的意义及用途、用法。

2. 圆弧插补指令 G02/G03

格式：G17/G18/G19　G02/G03 X__Y__Z__I__J__K__F__

　　或 G17/G18/G19　G02/G03 X__Y__Z__R__F__

功能：用 G02、G03 指令指定圆弧进给参数，其中 G02 为顺时针方向，G03 为逆时针方向。

说明：G17、G18、G19 为圆弧插补平面选择指令，分别用来指定程序段中刀具的插补平面和刀具半径补偿平面，G17 可以省略；X、Y、Z 为圆弧终点坐标值，可以在 G90 指令下用绝对坐标，也可以在 G91 指令下用增量坐标；I、J、K 表示圆弧圆心的坐标，它是圆心相对起点在 X、Y、Z 轴方向上的增量值，也可以理解为圆弧起点到圆心的矢量在 X、Y、Z 轴上的投影，与前面定义的 G90 或 G91 无关；R 是圆弧半径，当圆弧起始点到终点所移动的角度小于 180° 时，半径 R 用正值表示，当从圆弧起始点到终点所移动的角度超过 180° 时，半径 R 用负值表示，正好 180° 时，正负均可。还应注意，在整圆编程时不可以使用 R，只能用 I、J、K，I、J、K 为零时可以省略。

三、操作实例

1. 零件图

如图 3-2-1 所示，已知零件毛坯大小为 100mm × 100mm × 25mm，编写程序，并进行零件加工。

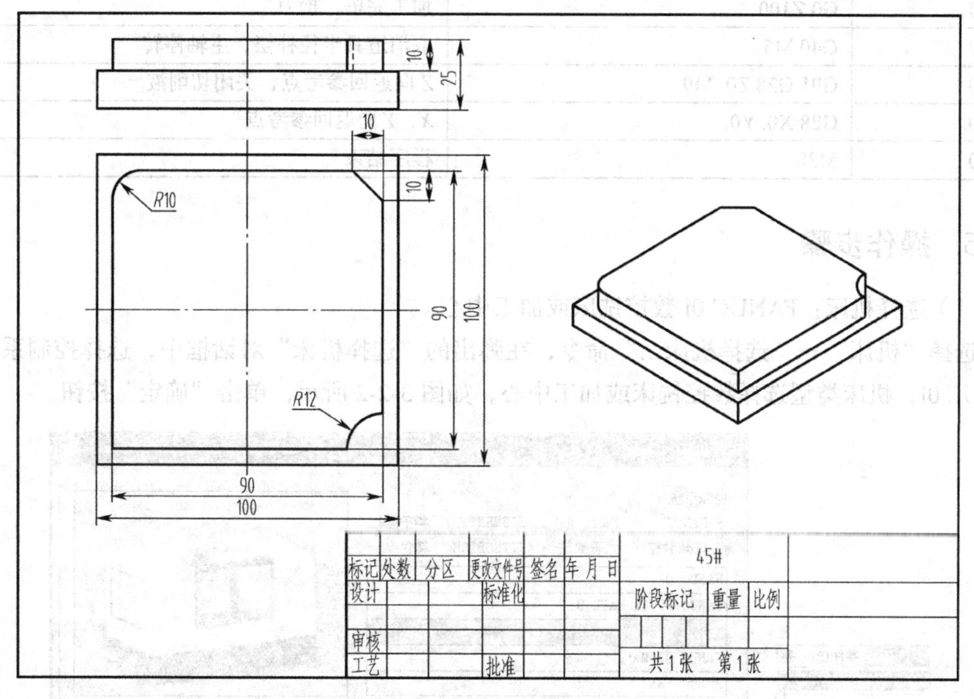

图 3-2-1　零件图

2. 毛坯

设定毛坯大小为 100mm × 100mm × 25mm

3. 刀具及加工工艺的选择

（1）选用通用夹具虎钳装夹工件，工件上表面高出钳口大于 10mm。

（2）设定工件上表面中心为 G54 指令中的坐标原点。

（3）在刀具库中选择ϕ20 平底铣刀。

（4）在自动模式下运行程序，完成工件加工。

4. 参考程序

O0002		主程序名
N10	G54 G0 G90 X-60. Y-60. S800 M3	刀具移至起刀点，主轴正转，转速为 800r/min
N20	G43 H1 Z100. M8	刀具进行长度补偿，切削液开
N30	Z3.	刀具移动到临削点
N40	G1 Z-10. F300.	*Z* 向切削至−10mm
N50	G41 X-45. D1 F500.	开始进行轮廓加工
N60	Y35.	
N70	G2 X-35. Y45. R10.	
N80	G1 X35.	
N90	X45. Y35.	
N100	Y-33	
N110	G3 X33. Y-45. R12	
N120	G1 X-65	
N130	G0 Z100	加工完毕，抬刀
N140	G40 M5	取消道具半径补偿，主轴停转
N150	G91 G28 Z0. M9	*Z* 向返回参考点，关闭切削液
N160	G28 X0. Y0.	*X*、*Y* 向返回参考点
N170	M30	程序结束

5. 操作步骤

（1）选择机床：FANUC 0i 数控铣床或加工中心

选择“机床”→“选择机床...”命令，在弹出的“选择机床”对话框中，选择控制系统为 FANUC 0i，机床类型选择数控铣床或加工中心，如图 3-2-2 所示，单击“确定”按钮。

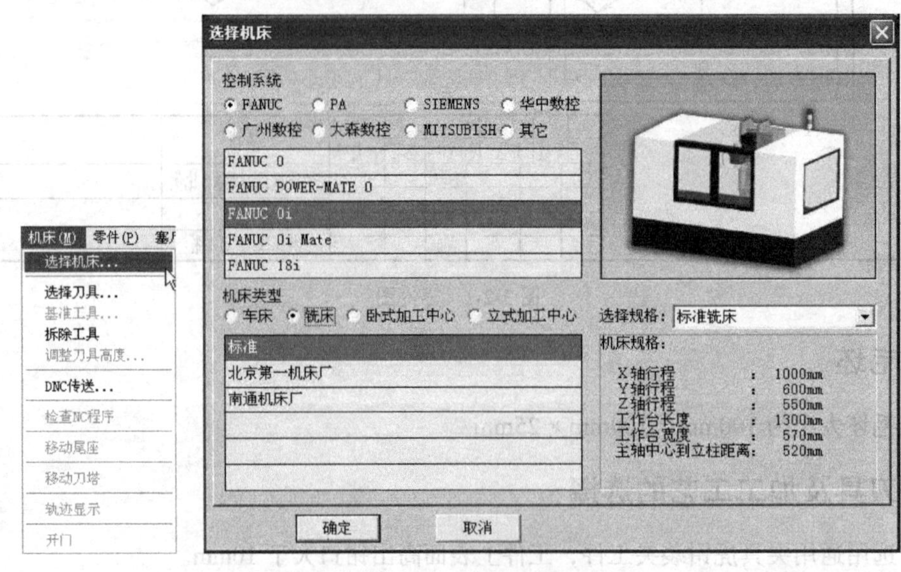

图 3-2-2 选择机床

（2）激活机床

单击启动键，使机床电机、伺服控制灯亮；检查紧急停止按钮是否松开至状态，若未松开，则单击急停按钮，将其松开，CRT 显示界面上显示 REF **** *** ***。单击操作面板的回零键，使其指示灯亮；单击Z键，再单击+键，此时 Z 轴将回零，操作面板上 Z 轴的回原点指示灯亮，同时 CRT 显示界面上的 Z 坐标发生变化。如果单击快速键，再单击+键，则机床快速回零。用相同方法再分别单击 X 轴、Y 轴方向键X、Y，使指示灯变亮，单击快速键和+键，此时 X 轴、Y 轴回原点，回原点灯、变亮。此时的 CRT 显示界面如图 3-2-3 所示。

```
现在位置(绝对座标)   O      N

X          0.000
Y          0.000
Z          0.000

JOG  F  1000
ACT . F 1000   MM/分     S 0    T
REF **** *** ***
```

图 3-2-3　回参考点显示

（3）设置并安装工件

选择“零件”→“定义毛坯...”命令，在弹出的“定义毛坯”对话框（见图 3-2-4）中，改写毛坯尺寸，单击“确定”按钮。

选择“零件”→“安装夹具”命令，或者在工具栏上单击图标“”，打开“选择夹具”对话框。首先在“选择零件”列表框中选择定义的毛坯。然后在“选择夹具”列表框中选择夹具，如图 3-2-5 所示。

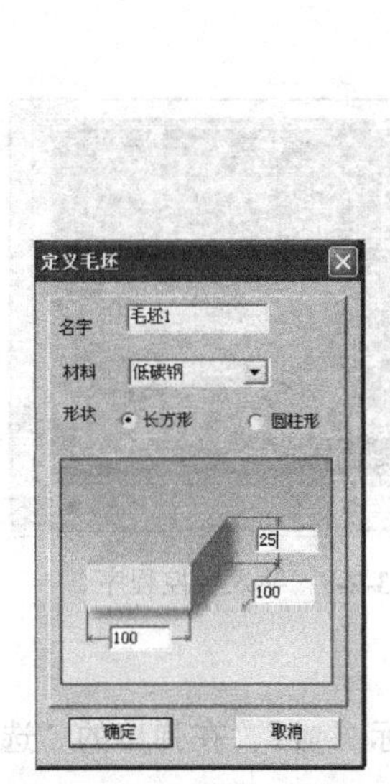

图 3-2-4 “定义毛坯”对话框

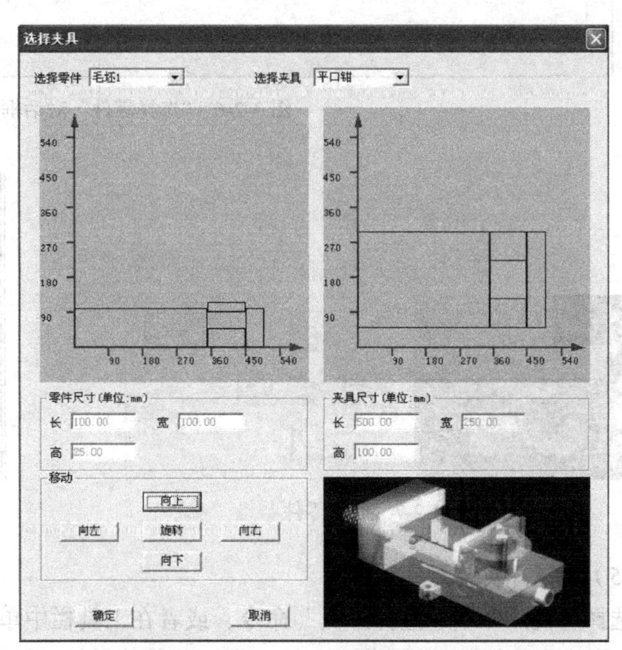

图 3-2-5 “选择夹具”对话框

选择“零件”→“放置零件”命令，或者在工具栏上单击图标“”，系统会弹出“选择零件”对话框，如图 3-2-6 所示。在列表中选择已定义的毛坯 1，单击“安装零件”按钮，系统自动关闭对话框，零件将被放置到机床上，如图 3-2-7 所示。

（4）输入或导入加工程序

数控程序可以使用记事本或写字板等编辑软件输入，并保存为文本格式的文件，也可直接用 FANUC 系统的 MDI 键盘输入。此处采用已存有的 NC 程序文件“02.txt”。

单击操作面板上的编辑键，编辑状态指示灯变亮，此时已进入编辑状态。单击 MDI

键盘上的PROG键，CRT 显示界面转入编辑页面。再单击菜单软键“操作”，在出现的下级子菜单中单击软键▶，再单击菜单软键“READ”，单击 MDI 键盘上的字符键，输入“O0002”，单击软键“EXEC”。选择“机床”→“DNC 传送”命令，在弹出的对话框中选择所需的 NC 程序，单击“打开”按钮确认，则数控程序被导入并显示在 CRT 显示界面上，如图 3-2-8 所示。

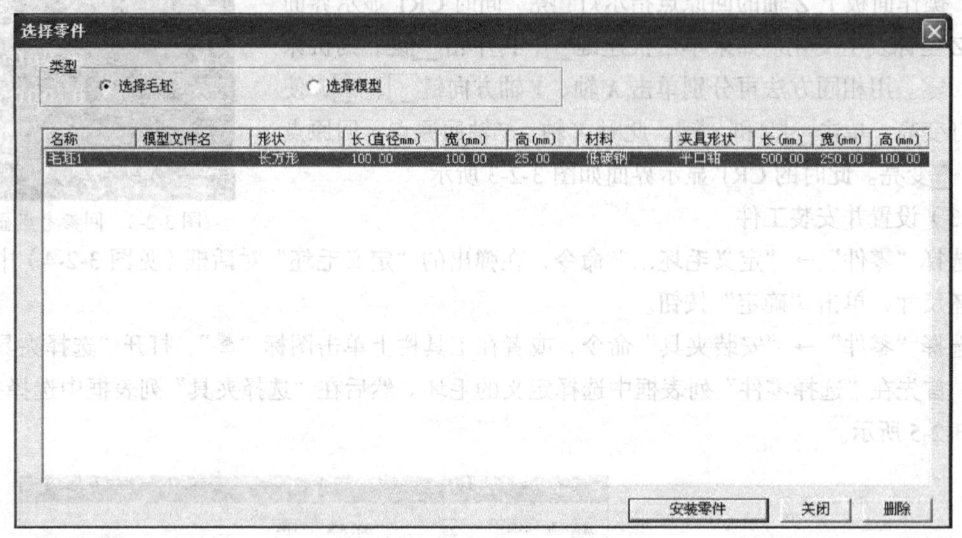

图 3-2-6 “选择零件”对话框

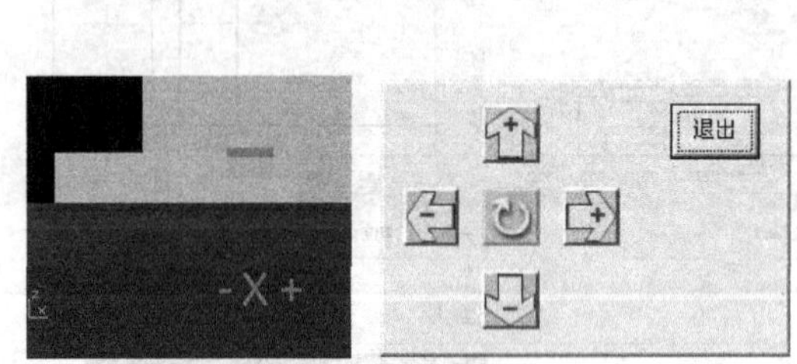

图 3-2-7 放置零件

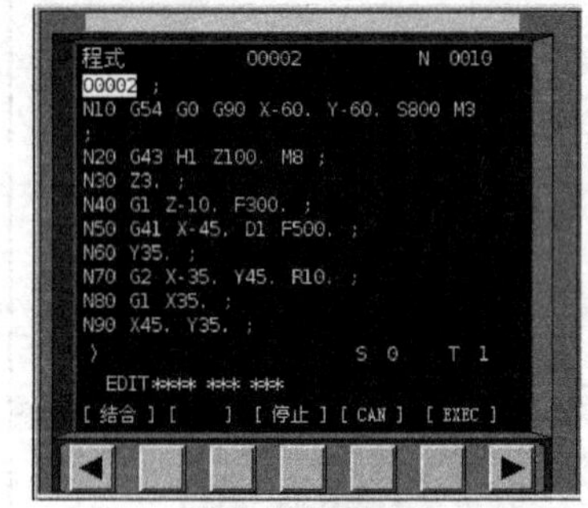

图 3-2-8 导入数控程序

（5）选择并安装刀具

选择“机床”→“选择刀具”命令，或者在工具栏中单击图标“ ”，在弹出的“选择铣刀”对话框中选择ϕ20 平底铣刀，如图 3-2-9 所示。

（6）对刀

① X轴、Y轴对刀。

选择“机床”→“基准工具…”命令，弹出的“基准工具”对话框如图 1-8-13 所示，左边的基准工具是“刚性靠棒”，右边的是“寻边器”，选择“刚性靠棒”进行 X、Y 方向对刀。

单击操作面板中的“手动”键，手动状态指示灯亮，进入“手动”方式。

单击 MDI 键盘上的POS键，使 CRT 显示界面上显示坐标值。借助“视图”菜单中的动态平移、动态旋转、动态放缩等工具，适当单击X、Y、Z键和+、-键，将机床移动到如图 3-2-10 所示的大致位置。

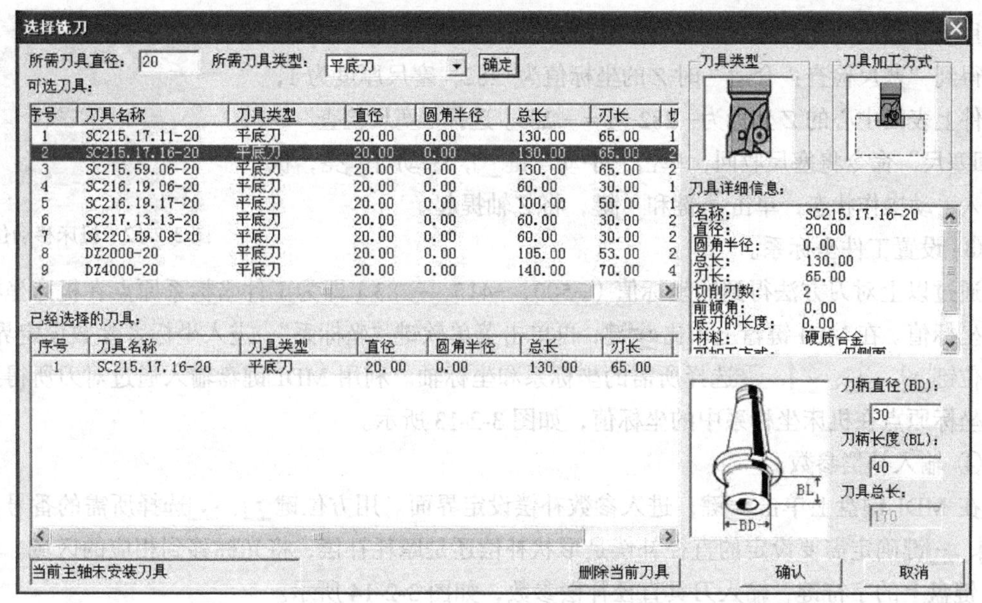

图 3-2-9 “选择铣刀”对话框

移动到大致位置后，选择“塞尺检查”→“1mm”命令，基准工具和零件之间将被插入塞尺。单击操作面板上的“手动脉冲”键或键，使手动脉冲指示灯变亮，采用手动脉冲方式精确移动机床，单击显示手轮，将手轮对应轴旋钮置于（X 挡），调节手轮进给速度旋钮，在手轮上单击鼠标左键或右键精确地移动靠棒，使得“提示信息”对话框显示“塞尺检查的结果：合适”，如图 3-2-11 所示。

图 3-2-10 机床移动位置

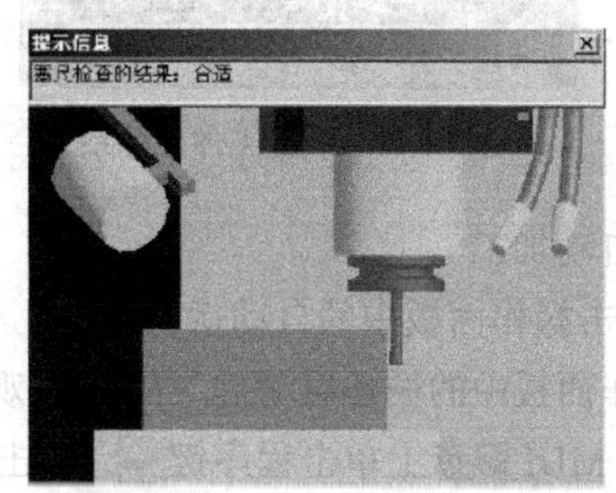

图 3-2-11 塞尺检查结果“合适”

记下塞尺检查结果为合适时，CRT 显示界面中的 *X* 坐标值−442，作为基准工具中心的 *X* 坐标。已知定义毛坯数据时设定零件的长度为 100，塞尺厚度为 1，刚性靠棒直径为 14，则工件上表面中心的 *X* 坐标为$-442-50-7-1=-500$。

Y 方向对刀也采用同样的方法，得到工件中心的 *Y* 坐标值为−415。

完成 *X*、*Y* 方向的对刀后，选择“塞尺检查”→“收回塞尺”命令将塞尺收回，单击“手动”键，手动灯亮，机床转入手动操作状态，单击Z键和+键，将 *Z* 轴提起，再选择“机床”→“拆除工具”命令拆除基准工具。

② *Z* 轴对刀。

装好刀具后，单击操作面板中的“手动”键，手动状态指示灯亮，系统进入“手动”方式。利用操作面板上的X、Y、Z键和+、−键，将机床移动到如图 3-2-12 所示的大致位置。

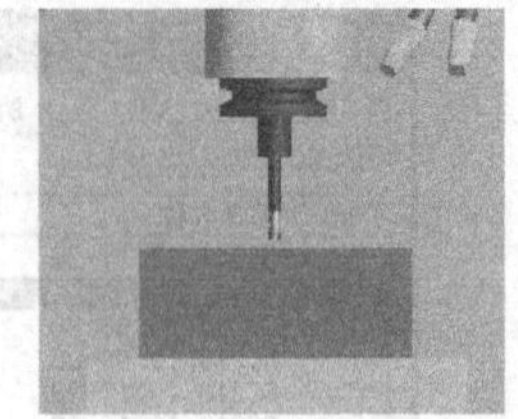
图 3-2-12　机床移动位置

用与在 *X*、*Y* 方向对刀类似的方法选择 1mm 的塞尺进行塞尺检查，得到“塞尺检查：合适”时 *Z* 的坐标值为−282，塞尺厚度为 1，则工件上表面中心的 *Z* 坐标为−282−1＝−283。选择“塞尺检查”→“收回塞尺”命令将塞尺收回，单击“手动”键，手动灯亮，机床转入手动操作状态，单击Z键和+键，将 *Z* 轴提起。

③ 设置工件坐标系。

通过以上对刀方法得到的坐标值（−500，−415，−283）即为工件坐标系原点在机床坐标系中的坐标值。在 MDI 键盘上单击键，再单击菜单软键“坐标系”，进入坐标系参数设定界面，用方位键↑、↓、←、→选择所需的坐标系和坐标轴。利用 MDI 键盘输入通过对刀所得到的工件坐标原点在机床坐标系中的坐标值，如图 3-2-13 所示。

④ 输入补偿参数。

在 MDI 键盘上单击键，进入参数补偿设定界面。用方位键↑、↓选择所需的番号，并用←、→键确定需要设定的直径补偿是形状补偿还是摩耗补偿，将光标移到相应的区域。单击 MDI 键盘上的字符键，输入刀具直径补偿参数，如图 3-2-14 所示。

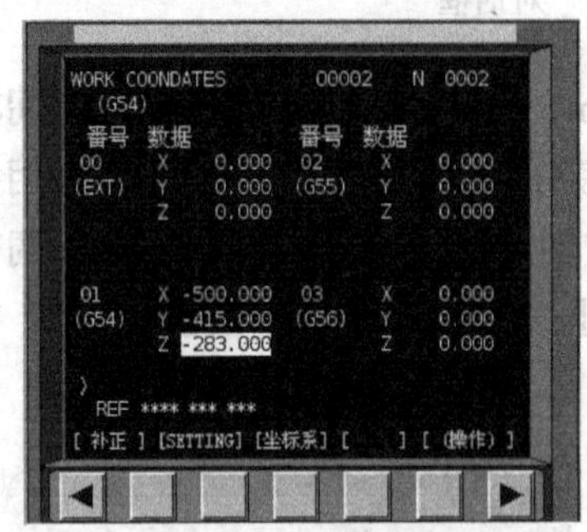

图 3-2-13　设置工件坐标系

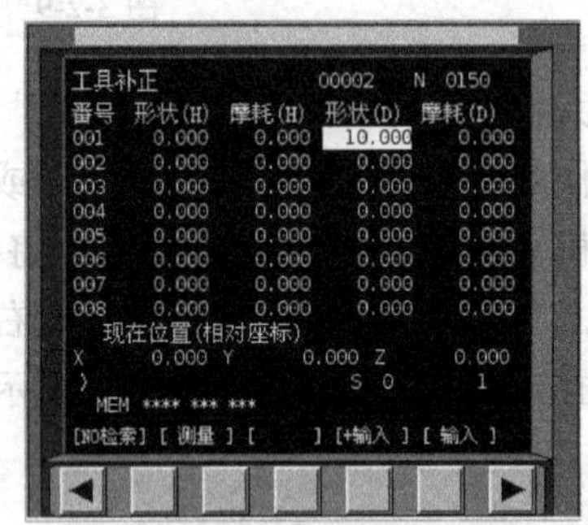

图 3-2-14　输入补偿参数

（7）自动加工

① 单击操作面板中的自动运行键，使其指示灯亮，单击 MDI 键盘中的图形模式键，再单击操作面板中的循环启动键，即可观察数控程序的运行轨迹，如图 3-2-15 所示。

② 在 MDI 键盘上单击程序键，单击操作面板中的自动运行键，再单击操作面板中的循环启动键，机床就会开始自动加工，加工后的工件如图 3-2-16 所示。

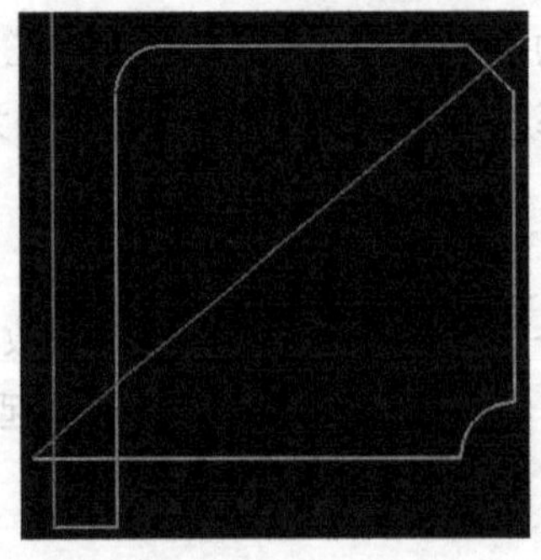
图 3-2-15　刀具运行轨迹

图 3-2-16　零件加工结果

（8）工件测量

四、实训练习题

1. 零件图

如图 3-2-17 所示，已知毛坯为 120mm × 100mm × 20mm 的 45 钢，编制程序，并完成零件的加工。

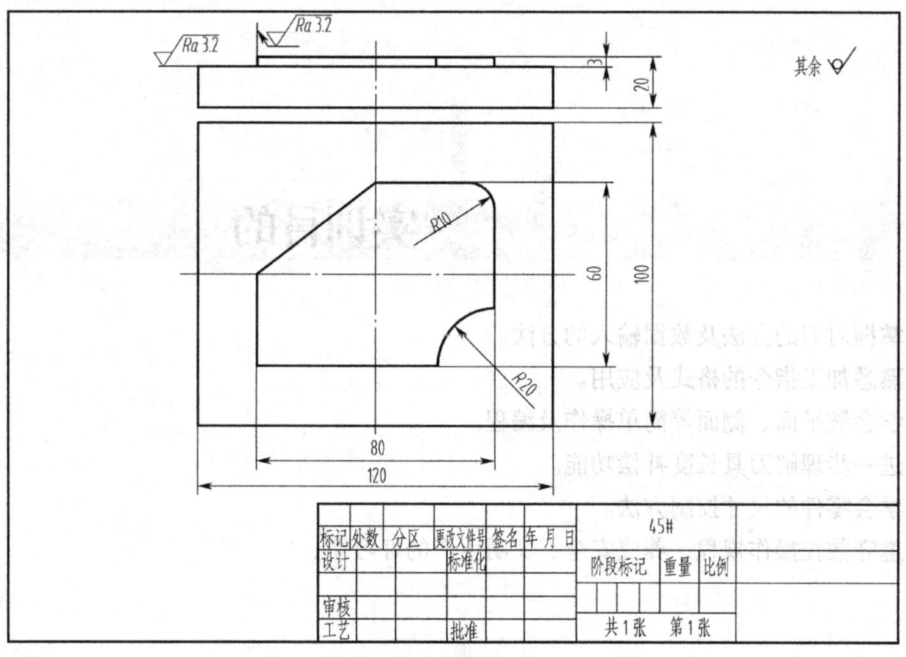

图 3-2-17　零件图

2. 实训操作评分标准

项目要求	实训内容	评分要求	配分	得分
编程及输入	能正确编写程序，正确地输入程序	（1）程序不正确扣 3 分/处 （2）切削用量不正确扣 2 分/处	20 分	
刀具选择及对刀操作	能正确迅速地完成刀具的选择，并能正确地完成所需刀具的对刀操作及参数设置	（1）不能正确选择刀具的扣 3 分/把 （2）对刀不正确的扣 3 分/把	20 分	
软件面板操作	能正确地使用操作面板，且操作过程正确	不能正确操作扣 2 分/次	20 分	
工件的设置及安装	能正确地设置工件大小，并能正确安装、装夹	（1）工件大小设置不合理的扣 5 分 （2）不能正确安装、装夹的扣 5 分	10 分	
模拟加工	顺利完成程序的模拟校验	不能正确进行模拟校验的扣 3 分/处	15 分	
工件的测量	工件的尺寸在公差范围内	尺寸超公差的扣 3 分/处	15 分	
总分				

实训三：G43/G44 指令的应用——零件的槽加工

一、实训目的

1. 掌握对刀的方法及数据输入的方法。
2. 熟悉加工指令的格式及应用。
3. 学会铣平面、侧面等简单操作及编程。
4. 进一步理解刀具长度补偿功能。
5. 学会零件的尺寸控制方法。
6. 遵守数控操作规程，养成安全、文明生产的好习惯。

二、必备知识

1. 编程的基础知识

掌握程序及程序段的组成、程序编辑的方法和坐标系的概念及应用，掌握 F、S、T、M 功能的意义及用途、用法。

2. 刀具长度补偿指令 G43

格式：G43　G00/G01 Z__ H__；

G44　G00/G01 Z__ H__；

功能：该指令用来把编程时假定的理想刀具长度与实际使用的刀具长度之差作为偏置值，设定在偏置存储器中。该指令不改变程序就可以实现对 *Z* 轴（或 *X*、*Y* 轴）运动指令的终点位置进行正向或负向补偿。使用 G43 指令时，实现正向偏置；使用 G44 指令时，实现负向偏置。无论是绝对指令还是增量指令，由 H 代码指定的已存入偏置存储器中的偏置值，在使用 G43 指令时加入终点坐标值，在使用 G44 指令时则是从 Z 轴（或 X、Y 轴）运动指令的终点坐标值中减去。计算后的坐标值将作为终点坐标值。

说明：Z 为补偿轴的终点值；H 为刀具长度偏移量的存储器地址。

3. 刀具长度补偿取消指令 G49

格式：G49 Z__；

功能：取消刀具长度补偿。它和指令 G44/G43 Z_H00 的功能相同。G43、G44、G49 为模态指令，它们可以相互注销。

说明：Z 为终点坐标值。

三、操作实例

1. 零件图

如图 3-3-1 所示，已知零件毛坯大小为ϕ100mm × 20mm，编写程序，并进行零件加工。

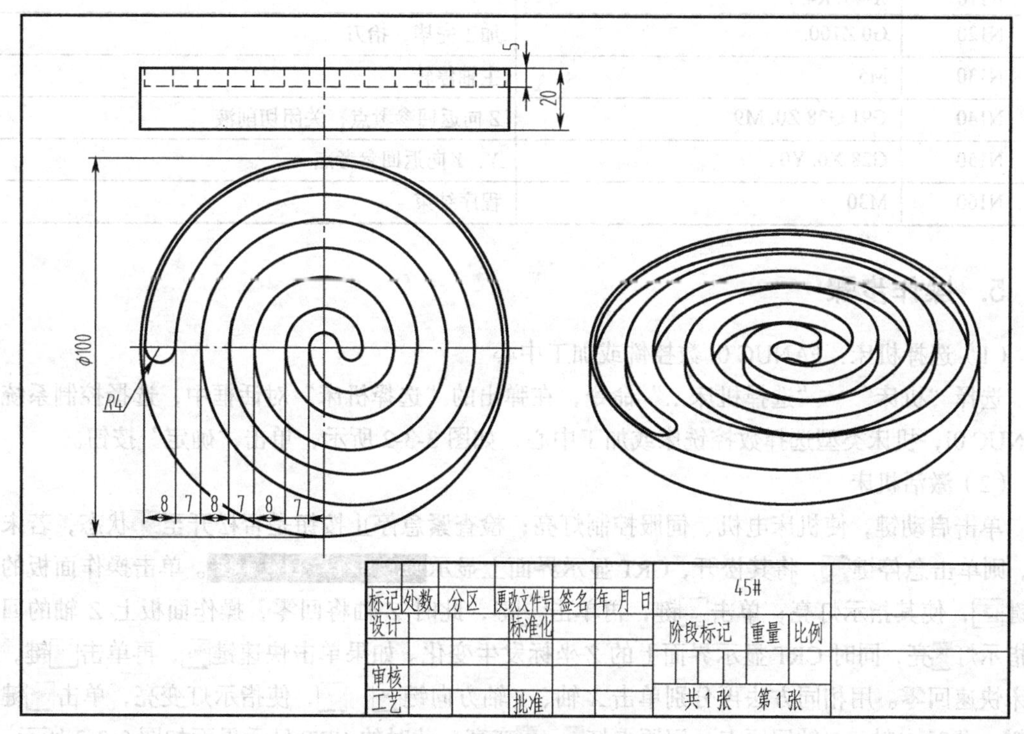

图 3-3-1　零件图

2. 毛坯

设定毛坯大小为ϕ100mm × 20mm。

3. 刀具及加工工艺的选择

（1）选用工艺板装夹工件。

（2）设定工件上表面中心为 G54 指令中的坐标原点。

（3）在刀具库中选择ϕ8 键槽铣刀，以工件上表面测量刀具长度补偿值。

（4）在自动模式下运行程序，完成工件加工。

4. 参考程序

O0003		主 程 序 名
N10	G54 G0 G90 X0. Y0. S2000 M3	刀具移至起刀点，主轴正转，转速为 2 000r/min
N20	G43 H1 Z100. M8	刀具进行长度补偿，切削液开
N30	Z3.	刀具移动到临削点
N40	G1 Z-5. F100.	Z 向切削至−5mm
N50	G3 X15. R7.5 F200.	开始进行轮廓加工
N70	X-15. Y0. R15.	
N80	X30. R22.5	
N90	X-30. R30.	
N100	X45. R37.5	
N110	X-45. R45.	
N120	G0 Z100.	加工完毕，抬刀
N130	M5	主轴停转
N140	G91 G28 Z0. M9	Z 向返回参考点，关闭切削液
N150	G28 X0. Y0.	X、Y 向返回参考点
N160	M30	程序结束

5. 操作步骤

（1）选择机床：FANUC 0i 数控铣或加工中心

选择“机床”→“选择机床…”命令，在弹出的“选择机床”对话框中，选择控制系统为 FANUC 0i，机床类型选择数控铣床或加工中心，如图 3-3-2 所示，单击“确定”按钮。

（2）激活机床

单击启动键，使机床电机、伺服控制灯亮；检查紧急停止按钮是否松开至状态，若未松开，则单击急停键，将其松开，CRT 显示界面上显示 REF **** *** ***。单击操作面板的回零键，使其指示灯亮；单击 Z 键，再单击 + 键，此时 Z 轴将回零，操作面板上 Z 轴的回原点指示灯亮，同时 CRT 显示界面上的 Z 坐标发生变化。如果单击快速键，再单击 + 键，则机床快速回零。用相同方法再分别单击 X 轴、Y 轴方向键 X、Y，使指示灯变亮，单击快速键和 + 键，此时 X 轴、Y 轴回原点，回原点灯、变亮。此时的 CRT 显示界面如图 3-3-3 所示。

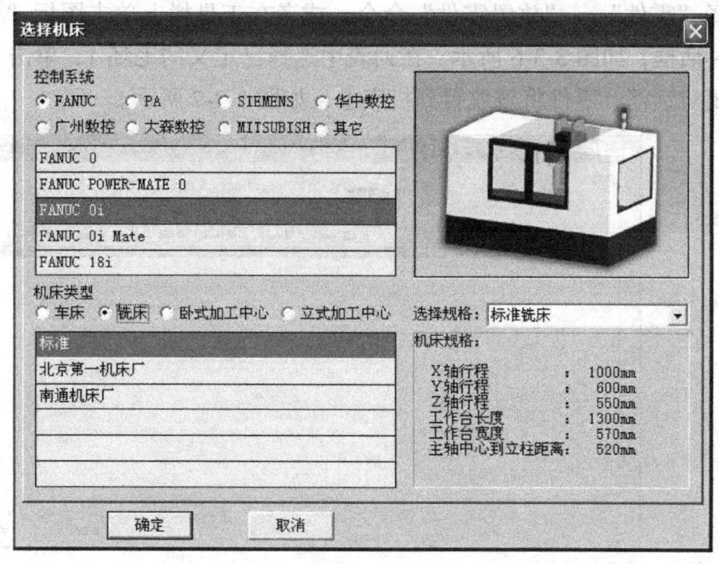

图 3-3-2　选择机床

（3）设置并安装工件

选择“零件”→“定义毛坯...”命令，在弹出的“定义毛坯”对话框（见图 3-3-4）中，改写毛坯尺寸，单击“确定”按钮。

选择“零件”→“安装夹具”命令，或者在工具栏上单击图标“ ”，打开“选择夹具”对话框。首先在“选择零件”列表框中选择定义的毛坯。然后在“选择夹具”列表框中选择夹具，如图 3-3-5 所示。

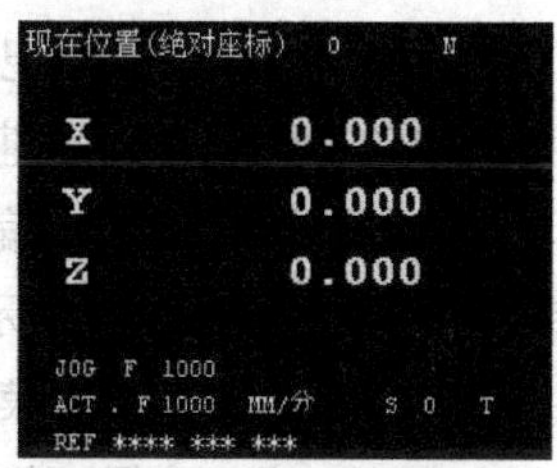

图 3-3-3　回参考点显示

图 3-3-4　“定义毛坯”对话框

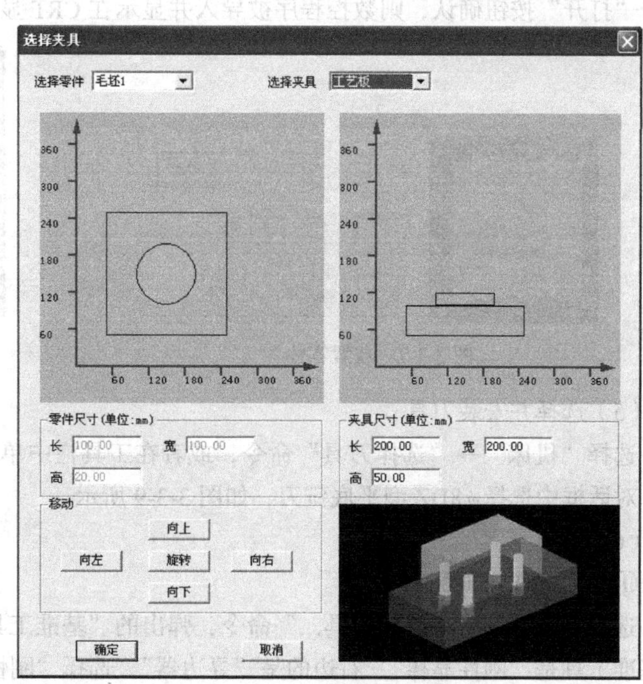

图 3-3-5　“选择夹具”对话框

选择“零件”→“放置零件”命令，或者在工具栏上单击图标“”，系统会弹出“选择零件”对话框，如图 3-3-6 所示。在列表中选择已定义的毛坯 1，单击“安装零件”按钮，系统自动关闭对话框，零件将被放置到机床上，如图 3-2-7 所示。

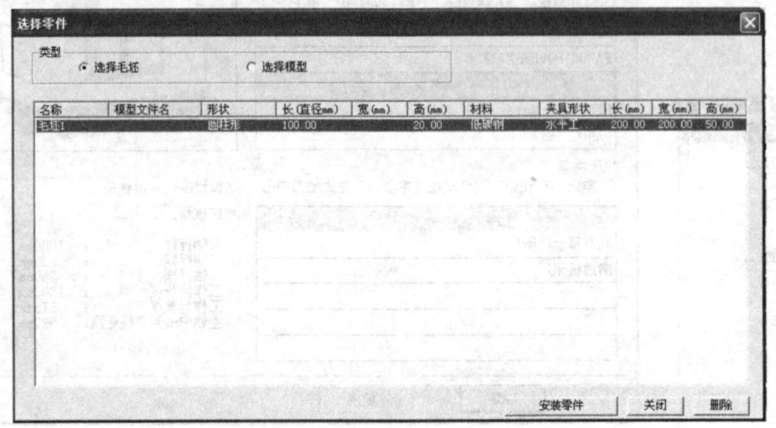

图 3-3-6 “选择零件”对话框

（4）输入或导入加工程序

数控程序可以使用记事本或写字板等编辑软件输入，并保存为文本格式的文件，也可直接用 FANUC 系统的 MDI 键盘输入。此处采用已存有的 NC 程序文件“03.txt”。

单击操作面板上的编辑键，编辑状态指示灯变亮，此时已进入编辑状态。单击 MDI 键盘上的键，CRT 显示界面转入编辑页面。再单击菜单软键“操作”，在出现的下级子菜单中单击软键，再单击菜单软键“READ”，单击 MDI 键盘上的字符键，输入“O0003”，单击软键“EXEC”。选择“机床”→“DNC 传送”命令，在弹出的对话框中选择所需的 NC 程序，单击“打开”按钮确认，则数控程序被导入并显示在 CRT 显示界面上，如图 3-3-8 所示。

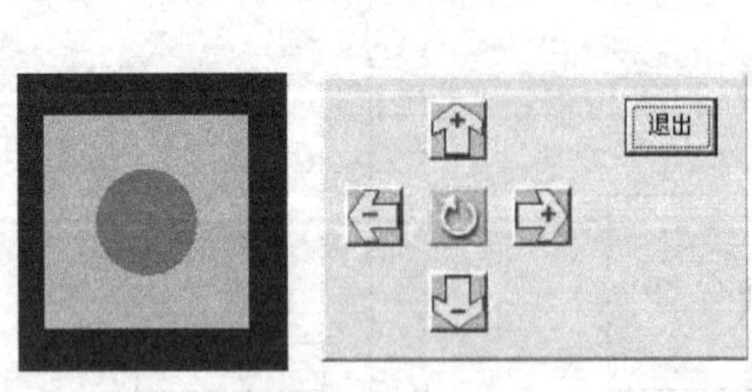

图 3-3-7 放置零件

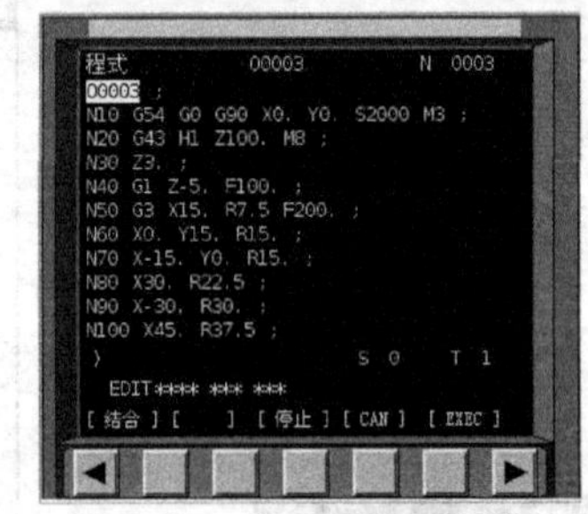

图 3-3-8 导入数控程序

（5）选择并安装刀具

选择“机床”→“选择刀具”命令，或者在工具栏中单击图标“”，在弹出的“选择铣刀”对话框中选择ϕ8DZ 型平底铣刀，如图 3-3-9 所示。

（6）对刀

① *X* 轴、*Y* 轴对刀。

选择“机床”→“基准工具...”命令，弹出的“基准工具”对话框如图 1-8-13 所示，左边的基准工具是“刚性靠棒”，右边的是“寻边器”，选择“刚性靠棒”进行 *X*、*Y* 方向对刀。

单击操作面板中的“手动”键，手动状态指示灯亮，进入“手动”方式。

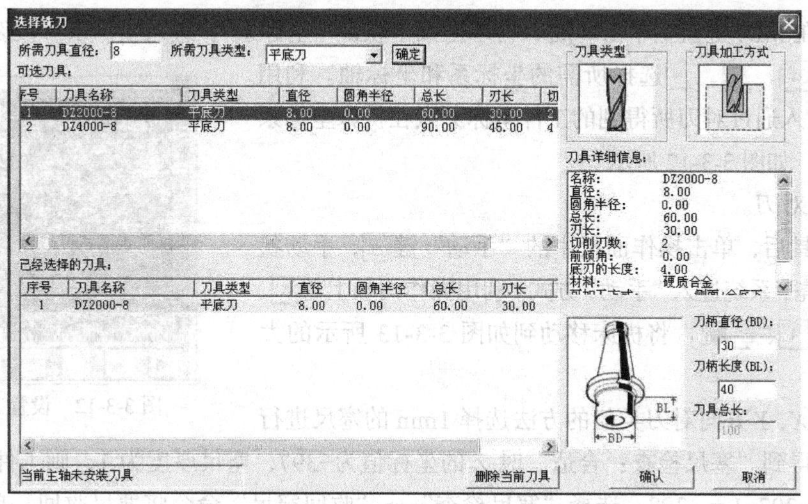

图 3-3-9 “选择铣刀”对话框

单击 MDI 键盘上的 POS 键，使 CRT 显示界面上显示坐标值。借助“视图”菜单中的动态平移、动态旋转、动态放缩等工具，适当单击 X、Y、Z 键和 +、- 键，将机床移动到如图 3-3-10 所示的大致位置。

移动到大致位置后，选择“塞尺检查”→“1mm”命令，基准工具和零件之间将被插入塞尺。单击操作面板上的“手动脉冲”键或，使手动脉冲指示灯变亮，采用手动脉冲方式精确移动机床，单击显示手轮，将手轮对应轴旋钮置于（X 档），调节手轮进给速度旋钮，在手轮上单击鼠标左键或右键精确地移动靠棒，使得“提示信息”对话框显示“塞尺检查的结果：合适”，如图 3-3-11 所示。

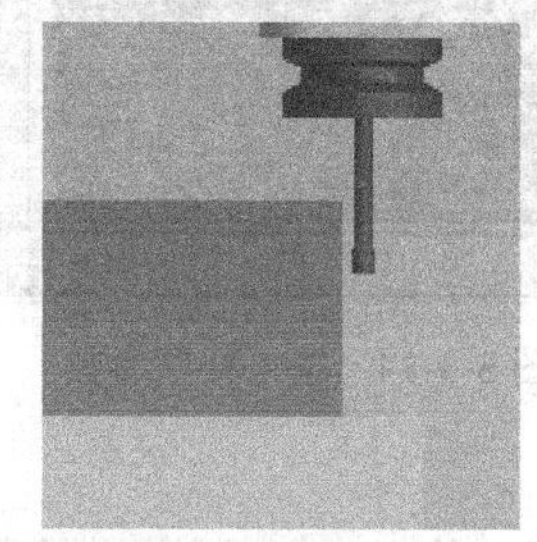

图 3-3-10 机床移动位置

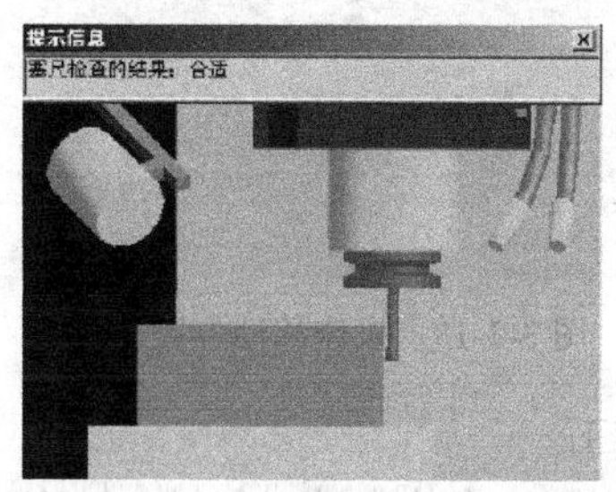

图 3-3-11 塞尺检查结果“合适”

记下塞尺检查结果为合适时，CRT 显示界面中的 X_1 坐标值−442.050，作为基准工具中心的 X 坐标。将 Z 轴提起，保证 Y 轴位置不变，移动 X 轴，在工件左侧做同样的操作，得到 X_2 的坐标值−557.950，则工件上表面中心的 X 的坐标为$(X_1+X_2)/2=(-442.050-557.950)/2=-500$。（$X_1$、$X_2$ 坐标值的位置不同，测量数据可能不同）

Y 方向对刀也采用同样的方法，得到工件中心的 Y 坐标值为−415。

完成 X、Y 方向的对刀后，选择“塞尺检查”→“收回塞尺”命令将塞尺收回，单击“手动”键，手动灯亮，机床转入手动操作状态，单击 Z 键和 + 键，将 Z 轴提起，再选择“机床”→“拆除工具”命令拆除基准工具。

② 设置工件坐标系。

通过以上对刀方法得到的坐标值（−500，−415）即为工件坐标系原点在机床坐标系中 X、Y

的坐标值。在 MDI 键盘上单击 键，再单击菜单软键“坐标系”，进入坐标系参数设定界面，用方位键↑、↓、←、→选择所需的坐标系和坐标轴。利用 MDI 键盘输入通过对刀所得到的工件坐标原点在机床坐标系中的坐标值，如图 3-3-12 所示。

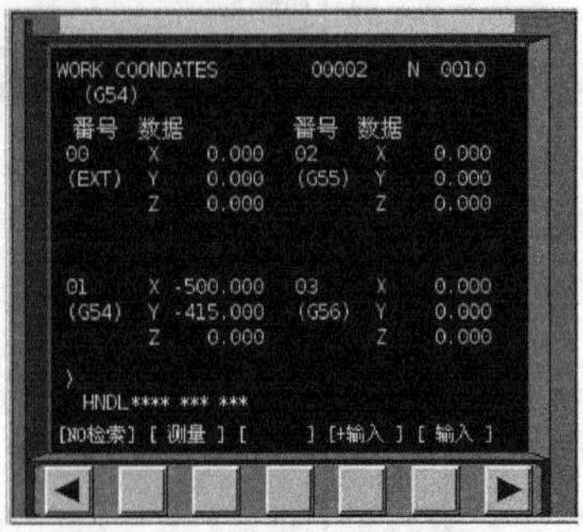

图 3-3-12　设置工件坐标系

③ Z 轴对刀。

装好刀具后，单击操作面板中的“手动”键，手动状态指示灯亮，系统进入“手动”方式。利用操作面板上的X、Y、Z键和+、-键，将机床移动到如图 3-3-13 所示的大致位置。

用与在 *X*、*Y* 方向对刀类似的方法选择 1mm 的塞尺进行塞尺检查，得到“塞尺检查：合适”时 *Z* 的坐标值为−397，塞尺厚度为 1，则工件上表面中心的 *Z* 坐标为−397−1 = −398。选择“塞尺检查”→“收回塞尺”命令将塞尺收回，单击“手动”键，手动灯亮，机床转入手动操作状态，单击Z键和+键，将 *Z* 轴提起。

④ 输入补偿参数。

在 MDI 键盘上单击 键，进入参数补偿设定界面。用方位键↑、↓选择所需的番号，并用←、→键确定需要设定的直径补偿是形状补偿还是摩耗补偿，将光标移到相应的区域。单击 MDI 键盘上的字符键，输入刀具长度补偿参数，如图 3-3-14 所示。

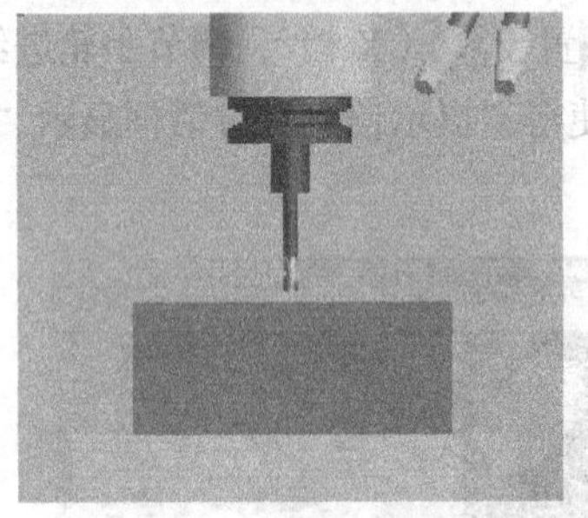

图 3-3-13　机床移动位置

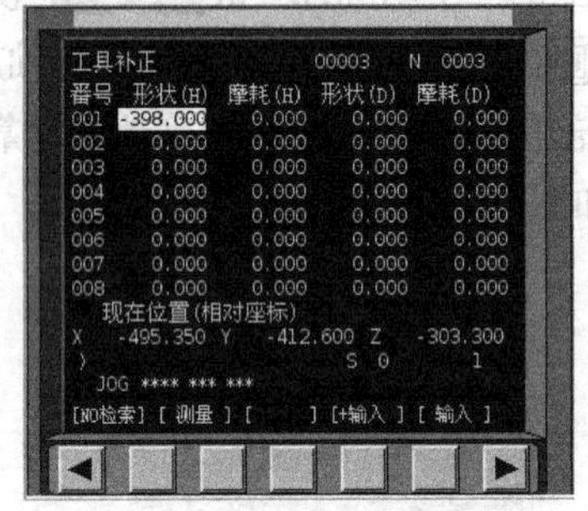

图 3-3-14　输入补偿参数

（7）自动加工

① 单击操作面板中的自动运行键，使其指示灯亮；单击 MDI 键盘中的图形模式键，再单击操作面板中的循环启动键，即可观察数控程序的运行轨迹，如图 3-3-15 所示。

② 在 MDI 键盘上单击程序键，单击操作面板中的自动运行键，再单击操作面板中的循环启动键，机床就会开始自动加工，加工后的工件如图 3-3-16 所示。

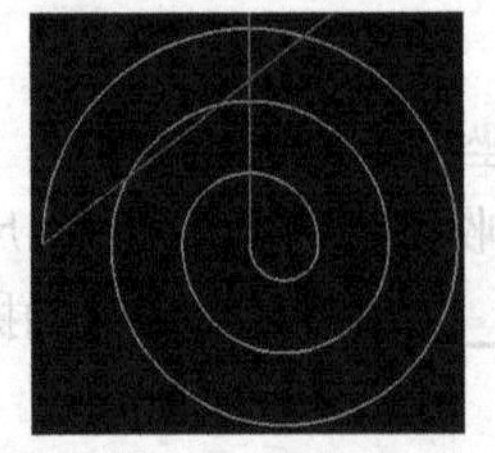

图 3-3-15　刀具运行轨迹

图 3-3-16　零件加工结果

（8）工件测量

四、实训练习题

1. 零件图

如图 3-3-17 所示，已知毛坯为 70mm × 70mm × 10mm 的 45 钢，编制程序，并完成零件的加工。

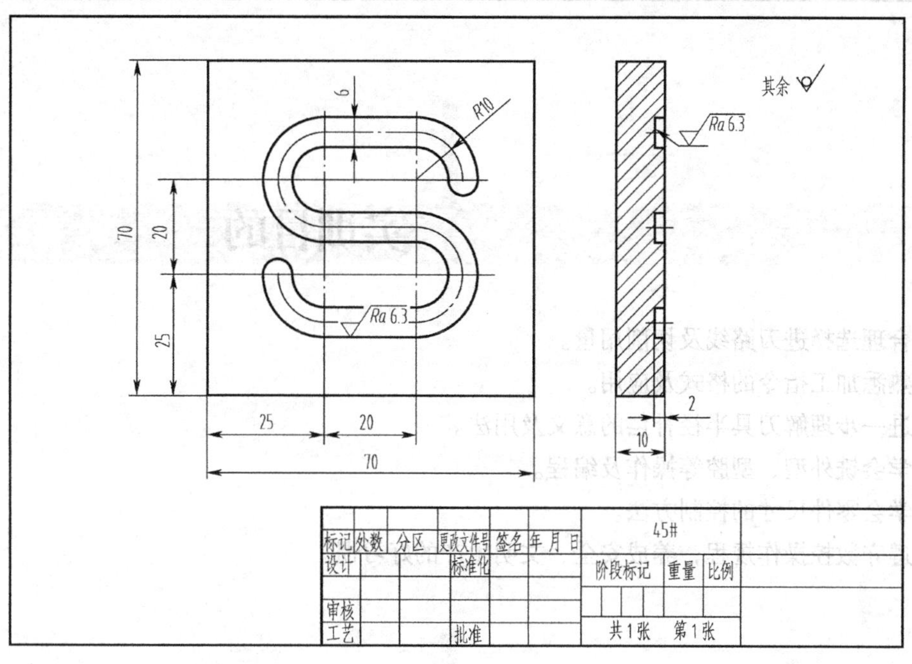

图 3-3-17 零件图

2. 实训操作评分标准

项目要求	实训内容	评分要求	配分	得分
编程及输入	能正确编写程序，正确地输入程序	（1）程序不正确扣 3 分/处 （2）切削用量不正确扣 2 分/处	20 分	
刀具选择及对刀操作	能正确迅速地完成刀具的选择，并能正确地完成所需刀具的对刀操作及参数设置	（1）不能正确选择刀具的扣 3 分/把 （2）对刀不正确的扣 3 分/把	20 分	
软件面板操作	能正确地使用操作面板，且操作过程正确	不能正确操作扣 2 分/次	20 分	
工件的设置及安装	能正确地设置工件大小，并能正确安装、装夹	（1）工件大小设置不合理的扣 5 分 （2）不能正确安装、装夹的扣 5 分	10 分	
模拟加工	顺利完成程序的模拟校验	不能正确进行模拟校验的扣 3 分/处	15 分	
工件的测量	工件的尺寸在公差范围内	尺寸超公差的扣 3 分/处	15 分	
总分				

实训四：G41/G42 指令的应用——零件的型腔加工

一、实训目的

1. 合理选择进刀路线及切削用量。
2. 熟悉加工指令的格式及应用。
3. 进一步理解刀具半径补偿的意义及用法。
4. 学会铣外型、型腔等操作及编程。
5. 学会零件尺寸的控制方法。
6. 遵守数控操作规程，养成安全、文明生产的好习惯。

二、必备知识

1. 编程的基础知识

掌握程序及程序段的组成、程序编辑的方法和坐标系的概念及应用，掌握 F、S、T、M 功能的意义及用途、用法。

2. 刀具半径补偿指令 G41/G42

格式：G41　G00/G01 X__Y__D__；

G42　G00/G01 X__Y__D__；

功能：铣削工件轮廓时，为了使编程员不必根据刀具半径人工计算刀具中心的运动轨迹，而是方便地直接按工件图纸要求的轮廓来编程，就需要使用刀具半径补偿指令 G41 或 G42，数控装置会根据工件轮廓程序和在刀具表中的刀具半径值，计算出刀具中心的运动轨迹（包括内、外轮廓处转接处的缩短、延长等处理）并执行之。

说明：当刀具沿着运动的方向看，在轮廓的左边时，为左补偿，用 G41 表示；在轮廓的右边时，为右补偿，用 G42 表示。执行 G41、G42 指令时事先一定要将刀具半径值存入刀具表中，补偿只能在所选定的插补平面内（G17、G18 和 G19）进行。G41、G42 都是模态指令，二者可互相取代，用 G40 取消。使用 G41（或 G42）指令时，当刀具接近工件轮廓时，数控装置认为将刀具中心坐标转变为刀具外圆与工件轮廓相切点的坐标值。而使用 G40 指令退出刀具时则相反。在刀具接进工件和退出工件时要充分注意上述特点，防止刀具与工件干涉而过切或碰撞。D 是刀补号地址，是系统中记录刀具半径的存储器地址，用来调用内存中刀具半径补偿的数值。刀补号地址可以有 D00～D99 共 100 个地址，其中的值可以用 MDI 方式预先输入在内存刀具表中相应的刀具号位置上。进行刀具补偿时，要用 G17/G18/G19 选择刀补平面，默认状态是 *XY* 平面。

刀具半径左补偿 G41、刀具半径右补偿 G42 指令判定方法如图 3-4-1 所示。

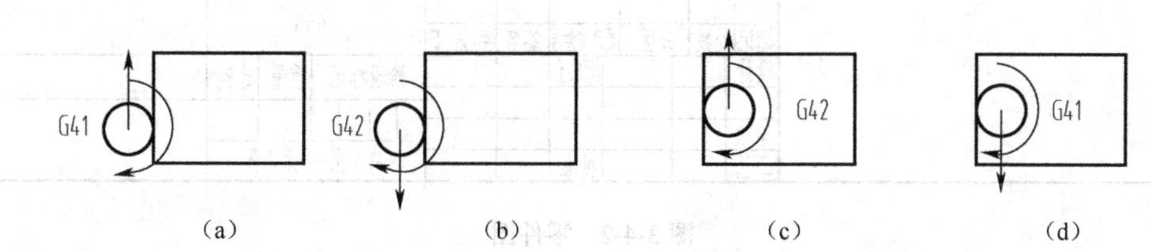

（a）　　（b）　　（c）　　（d）

图 3-4-1　G41、G42 指令判定方法

（1）使用刀具半径补偿时应避免过切削现象。

（2）刀具补偿的设立和注销指令 G41、G42、G40 一般必须在 G01 或 G00 模式下使用，现在有一些系统也可以在 G02、G03 模式下使用。

（3）D00～D99 为刀具补偿号，D00 表示取消刀具补偿。刀具补偿值在加工或试运行之前须设定在补偿存储器中。

（4）由于系统只能预读两行程序，在 G41 或 G42 语句的后两句中，必须指定平面内坐标的移动。

三、操作实例

1. 零件图

如图 3-4-2 所示，已知零件毛坯大小为 200mm × 150mm × 20mm，编写程序并进行零件加工。

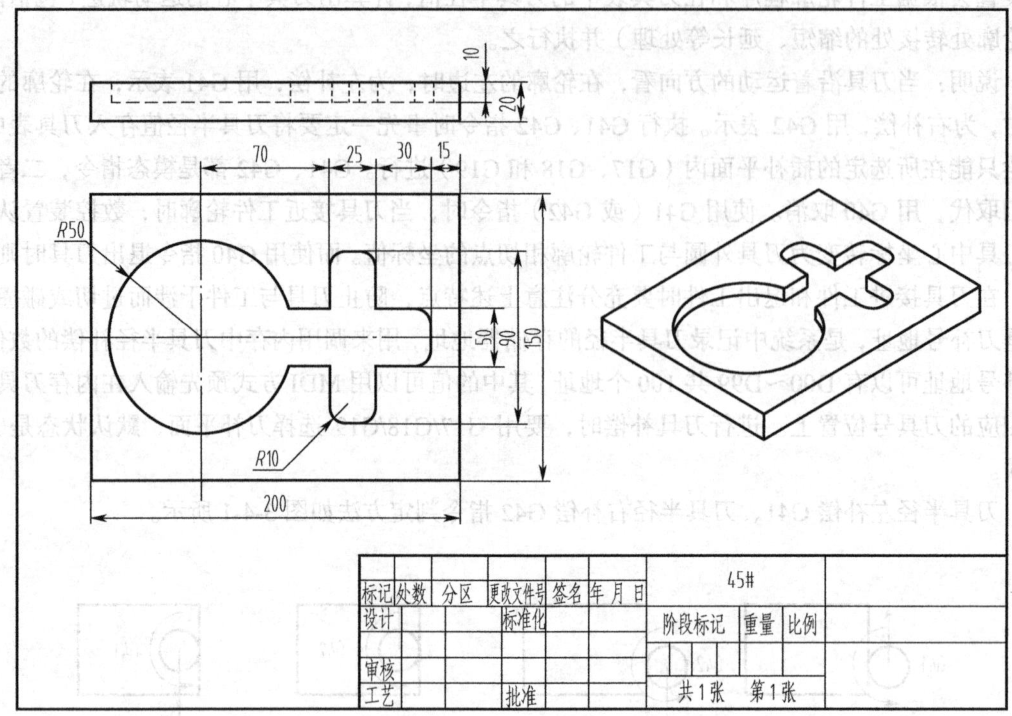

图 3-4-2 零件图

2. 毛坯

设定毛坯大小为 200mm × 150mm × 20mm。

3. 刀具及加工工艺的选择

（1）选用通用夹具虎钳装夹工件，工件上表面略微高出钳口。

（2）设定工件上表面 *R*50 圆心为 G54 指令中的坐标原点（建议工件基准与设计基准一致）。

（3）在刀具库中选择ϕ20 平底铣刀。

（4）在自动模式下运行程序，完成工件加工。

4. 参考程序

O0004		主 程 序 名
N10	G54 G0 G90 X0 Y0 S600 M3	刀具移至起刀点，主轴正转，转速为 600r/min
N20	G43 H1 Z100. M8	刀具进行长度补偿，切削液开
N30	Z3.	刀具移动到临削点
N40	G1 Z1. F100.	开始斜线下刀
N50	X40 Z0 F300.	
N60	X0 Z-2.	
N70	X40 Z-4.	

续表

O0004		主 程 序 名
N80	X0 Z-6.	
N90	X40 Z-8.	
N100	X0 Z-10.	Z 向切削至-10mm
N110	X8.	由内向外进行型腔左半部分加工
N120	G 3I-8.	
N130	G1 X26.	
N140	G3 I-26.	
N150	G1X40.	
N160	G3 I-40.	
N170	G41 G1 Y-15. D1	进行型腔右半部分加工
N180	X70.	
N190	Y-45.	
N200	X95.	
N210	Y-15.	
N220	X125.	
N230	Y15.	
N240	X95.	
N250	Y45.	
N260	X70.	
N270	Y15.	
N280	X0.	
N290	G0 Z100.	加工完毕，抬刀
N300	G40 M5	取消道具半径补偿，主轴停转
N310	G91 G28 Z0. M9	Z 向返回参考点，关闭切削液
N320	G28 X0. Y0.	X、Y 向返回参考点
N330	M30	程序结束

5. 操作步骤

（1）选择机床：FANUC 0i 数控铣床或加工中心

选择“机床”→“选择机床…”命令，在弹出的“选择机床”对话框中，选择控制系统为FANUC 0i，机床类型选择数控铣床或加工中心，如图 3-4-3 所示，单击“确定”按钮。

（2）激活机床

单击启动键，使机床电机、伺服控制灯亮；检查紧急停止按钮是否松开至状态，若未松开，则单击急停按钮，将其松开，CRT 显示界面上显示 REF **** *** ***。单击操作面板的回零键，使其指示灯亮；单击 Z 键，再单击 + 键，此时 Z 轴将回零，操作面板上 Z 轴的回原点指示灯亮，同时 CRT 显示界面上的 Z 坐标发生变化。如果单击快速键，再单击[+]键，则机床快速回零。用相同方法再分别单击 X 轴、Y 轴方向键[X]、[Y]，使指示灯变亮，单击[快速]键和[+]键，此时 X 轴、Y 轴回原点，回原点灯、变亮。此时的 CRT 显示界面如图 3-4-4 所示。

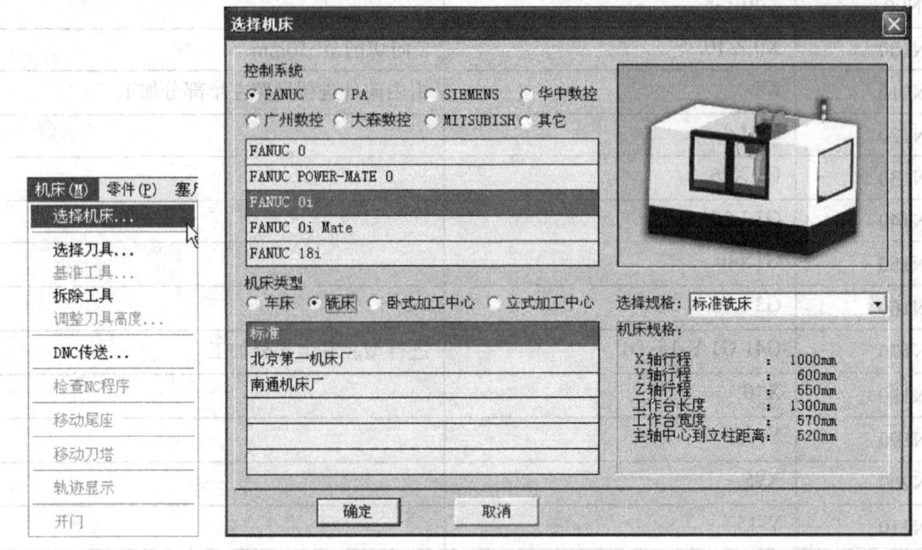

图 3-4-3 选择机床

（3）设置并安装工件

选择“零件”→“定义毛坯...”命令，在弹出的“定义毛坯”对话框（见图 3-4-5）中，改写毛坯尺寸，单击“确定”按钮。

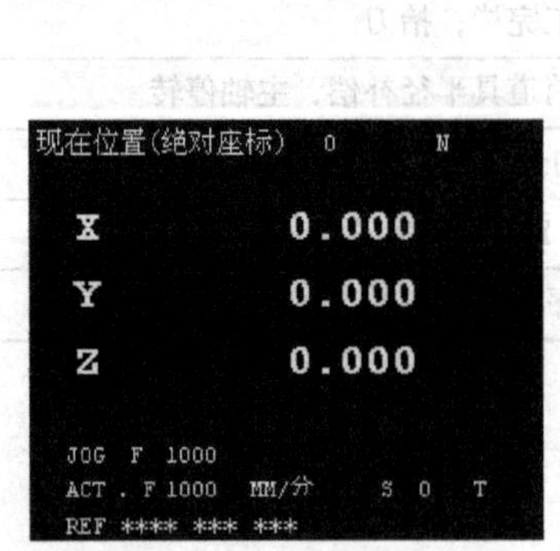

图 3-4-4 回参考点显示

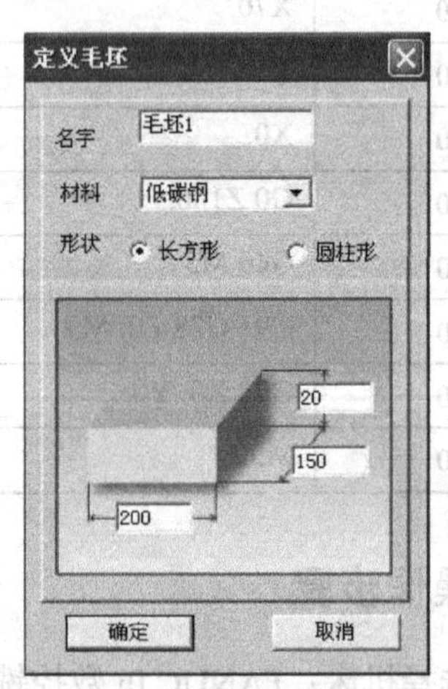

图 3-4-5 “定义毛坯”对话框

选择“零件”→“安装夹具”命令，或者在工具栏上单击图标“”，打开“选择夹具”对话框。首先在“选择零件”列表框中选择定义的毛坯。然后在“选择夹具”列表框中选择夹具，如图 3-4-6 所示。

选择“零件”→“放置零件”命令，或者在工具栏上单击图标“”，系统会弹出“选择零件”对话框，如图 3-4-7 所示。在列表中选择已定义的毛坯 1，单击“安装零件”按钮，系统自动关闭对话框，零件将被放置到机床上，如图 3-4-8 所示。

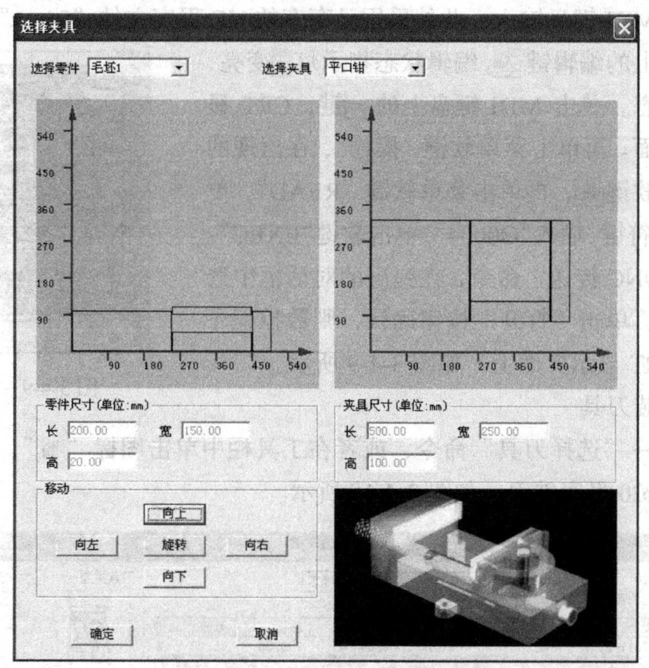

图 3-4-6 “选择夹具”对话框

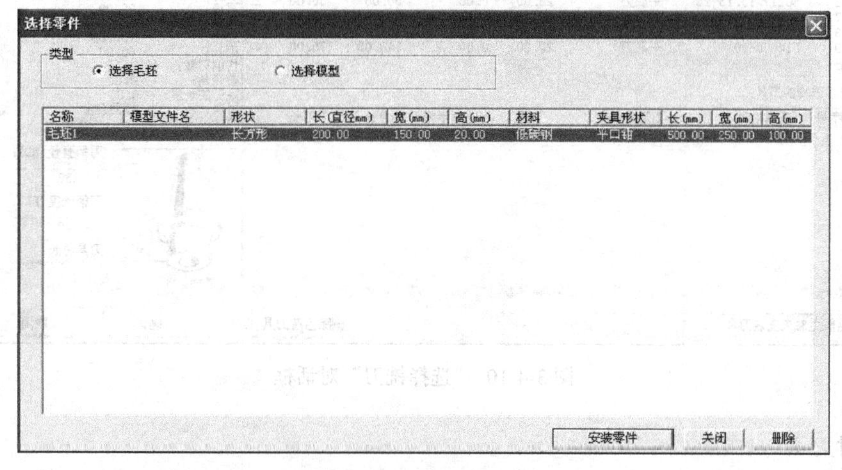

图 3-4-7 “选择零件”对话框

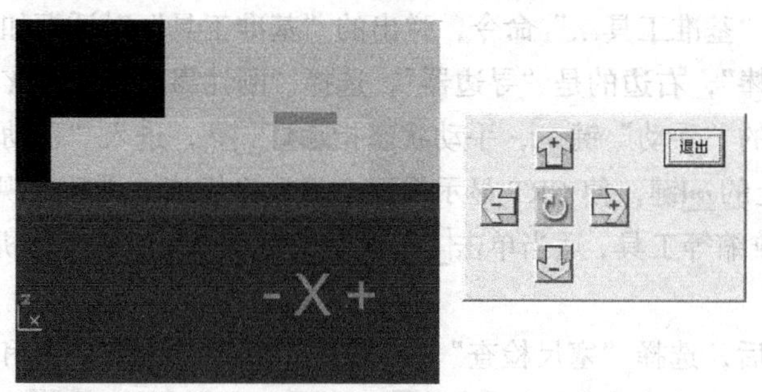

图 3-4-8 放置零件

（4）输入或导入加工程序

数控程序可以使用记事本或写字板等编辑软件输入，并保存为文本格式的文件，也可直接用 FANUC 系统的 MDI 键盘输入。此处采用已存有的 NC 程序文件“04.txt”。

单击操作面板上的编辑键，编辑状态指示灯变亮，此时已进入编辑状态。单击 MDI 键盘上的键，CRT 显示界面转入编辑页面。再单击菜单软键“操作”，在出现的下级子菜单中单击软键，再单击菜单软键“READ”，单击MDI键盘上的字符键，输入“O0004”，单击软键“EXEC”。选择“机床”→“DNC 传送”命令，在弹出的对话框中选择所需的 NC 程序，单击“打开”按钮确认，则数控程序被导入并显示在 CRT 显示界面上，如图 3-4-9 所示。

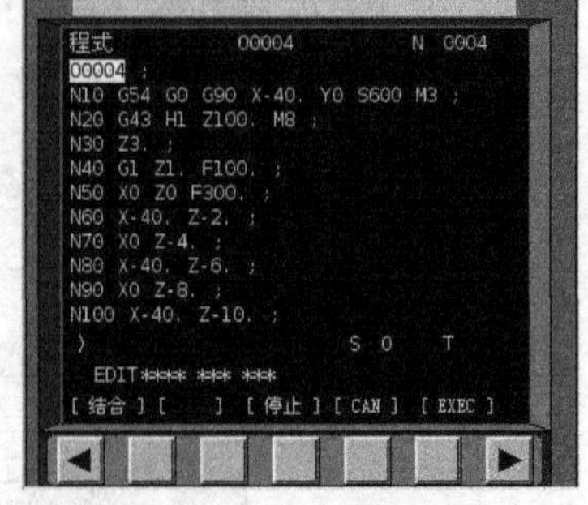

图 3-4-9 导入数控程序

（5）选择并安装刀具

选择“机床”→“选择刀具”命令，或者在工具栏中单击图标“”，在弹出的“选择铣刀”对话框中选择ϕ20 平底铣刀，如图 3-4-10 所示。

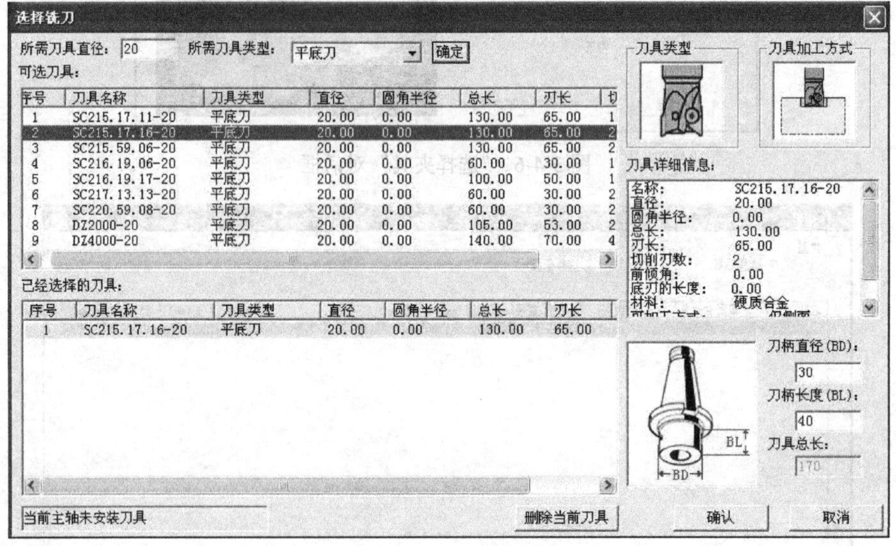

图 3-4-10 “选择铣刀”对话框

（6）对刀

① X、Y 轴对刀。

选择“机床”→“基准工具...”命令，弹出的“基准工具”对话框如图 1-8-13 所示左边的基准工具是“刚性靠棒”，右边的是“寻边器”，选择“刚性靠棒”进行 X、Y 方向对刀。

单击操作面板中的“手动”键，手动状态指示灯亮，进入“手动”方式。

单击 MDI 键盘上的键，使 CRT 显示界面上显示坐标值。借助“视图”菜单中的动态平移、动态旋转、动态放缩等工具，适当单击 X、Y、Z 键和 +、- 键，将机床移动到如图 3-4-11 所示的大致位置。

移动到大致位置后，选择“塞尺检查”→“1mm”命令，基准工具和零件之间将被插入塞尺。单击操作面板上的“手动脉冲”键或键，使手动脉冲指示灯变亮，采用手动脉冲方式精确移动机床，单击显示手轮，将手轮对应轴旋钮置于（X 档），调节手轮进给速度旋钮，在手轮上单击鼠标左键或右键精确地移动靠棒，使得“提示信息”对话框显示

“塞尺检查的结果：合适”，如图 3-4-12 所示。

图 3-4-11　机床移动位置

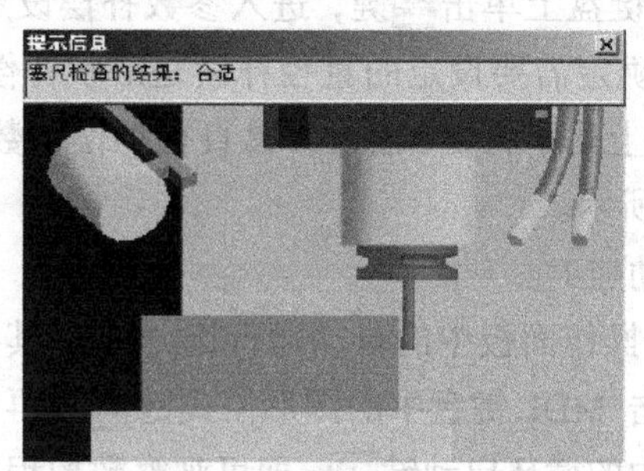

图 3-4-12　塞尺检查结果“合适”

记下塞尺检查结果为合适时，CRT 显示界面中的 *X* 坐标值−392，作为基准工具中心的 *X* 坐标。已知定义毛坯数据时设定的零件的长度为 200，塞尺厚度为 1，刚性靠棒直径为 14，则工件上表面中心的 *X* 的坐标为−392−140−7−1 = −540。

Y 方向对刀也采用同样的方法，得到工件中心的 *Y* 坐标值为−415。

完成 *X*、*Y* 方向的对刀后，选择“塞尺检查”→“收回塞尺”命令将塞尺收回，单击“手动”键，手动灯亮，机床转入手动操作状态，单击 Z 键和 + 键，将 *Z* 轴提起，再选择“机床”→“拆除工具”命令拆除基准工具。

② *Z* 轴对刀。

装好刀具后，单击操作面板中的“手动”键，手动状态指示灯亮，系统进入“手动”方式。利用操作面板上的 X、Y、Z 键和 +、- 键，将机床移动到如图 3-4-13 所示的大致位置。

用与在 *X*、*Y* 方向对刀类似的方法选择 1mm 的塞尺进行塞尺检查，得到“塞尺检查：合适”时 *Z* 的坐标值为−287，塞尺厚度为 1，则工件上表面中心的 *Z* 坐标为−287−1 = −288。选择“塞尺检查”→“收回塞尺”命令将塞尺收回，单击“手动”键，手动灯亮，机床转入手动操作状态，单击 Z 键和 + 键，将 *Z* 轴提起。

③ 设置工件坐标系。

通过以上对刀方法得到的坐标值（−540，−415，−288）即为工件坐标系原点在机床坐标系中的坐标值。在 MDI 键盘上单击 OFFSET SETTING 键，再单击菜单软键“坐标系”，进入坐标系参数设定界面，用方位键 ↑、↓、←、→ 选择所需的坐标系和坐标轴。利用 MDI 键盘输入通过对刀所得到的工件坐标原点在机床坐标系中的坐标值，如图 3-4-14 所示。

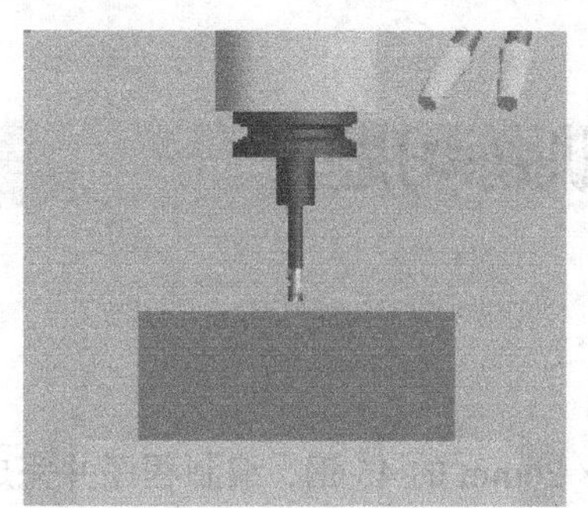

图 3-4-13　机床移动位置

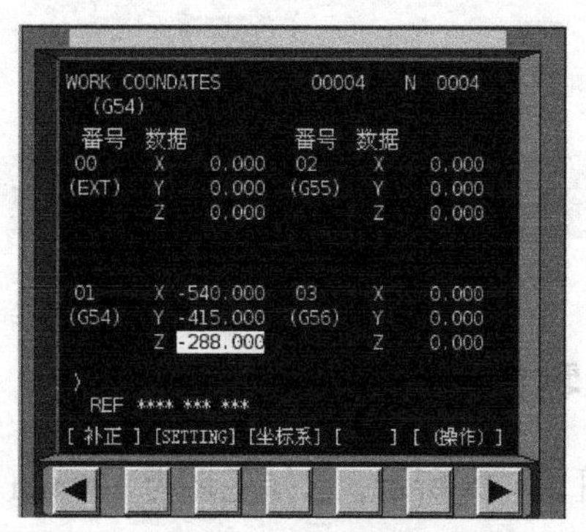

图 3-4-14　设置工件坐标系

④ 输入补偿参数。

在 MDI 键盘上单击键，进入参数补偿设定界面。用方位键↑、↓选择所需的番号，并用←、→键确定需要设定的直径补偿是形状补偿还是摩耗补偿，将光标移到相应的区域。单击 MDI 键盘上的字符键，输入刀具直径补偿参数，如图 3-4-15 所示。

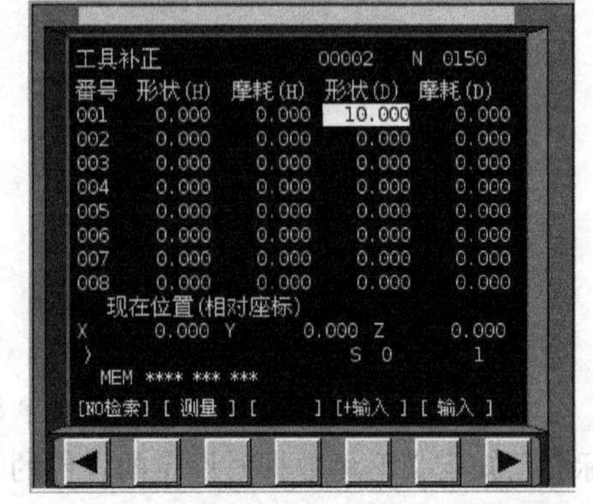

图 3-4-15 输入补偿参数

（7）自动加工

① 单击操作面板中的自动运行键，使其指示灯亮，单击 MDI 键盘中的图形模式键，再单击操作面板中的循环启动键，即可观察数控程序的运行轨迹，如图 3-4-16 所示。

② 在 MDI 键盘上单击程序键，单击操作面板中的自动运行键，再单击操作面板中的循环启动键，机床就会开始自动加工，加工后的工件如图 3-4-17 所示。

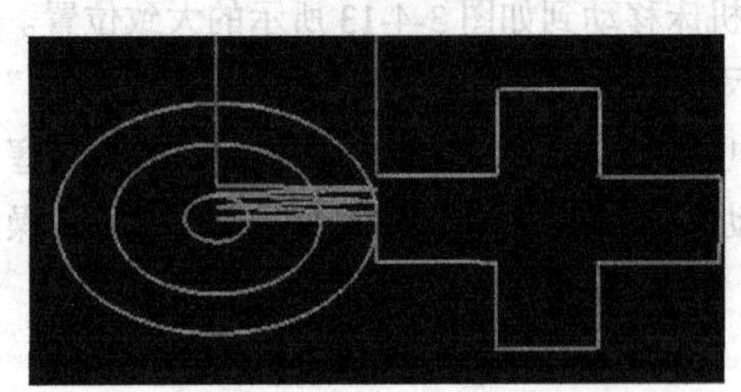

图 3-4-16 刀具运行轨迹

图 3-4-17 零件加工结果

（8）工件测量

实训练习题

1. 零件图

如图 3-4-18 所示，已知毛坯为 100mm × 80mm × 20mm 的 45 钢，编制程序并完成零件的加工。

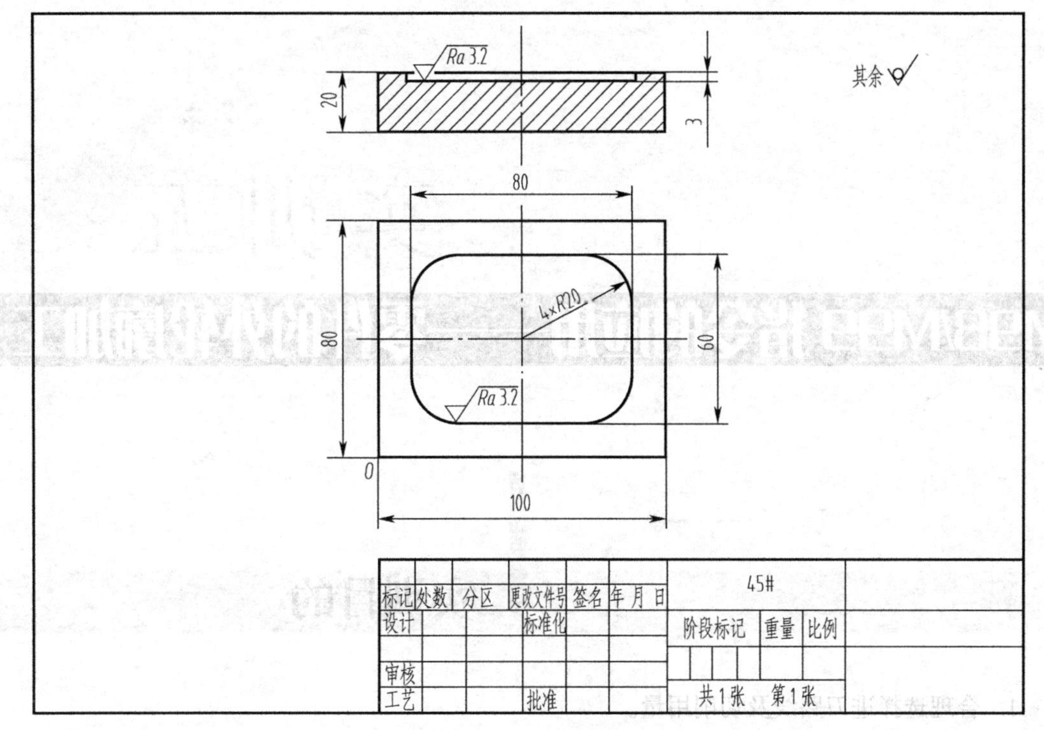

图 3-4-18 零件图

2. 实训操作评分标准

项 目 要 求	实 训 内 容	评 分 要 求	配分	得分
编程及输入	能正确编写程序，正确地输入程序	（1）程序不正确扣 3 分/处 （2）切削用量不正确扣 2 分/处	20 分	
刀具选择及对刀操作	能正确迅速地完成刀具的选择，并能正确地完成所需刀具。对刀操作及参数设置	（1）不能正确选择刀具的扣 3 分/把 （2）对刀不正确的扣 3 分/把	20 分	
软件面板操作	能正确地使用操作面板，且操作过程正确	不能正确操作扣 2 分/次	20 分	
工件的设置及安装	能正确地设置工件大小，并能正确安装、装夹	（1）工件大小设置不合理的扣 5 分 （2）不能正确安装、装夹的扣 5 分	10 分	
模拟加工	顺利完成程序的模拟校验	不能正确进行模拟校验的扣 3 分/处	15 分	
工件的测量	工件的尺寸在公差范围内	尺寸超公差的扣 3 分/处	15 分	
总 分				

实训五：

M98/M99 指令的应用——零件的外轮廓加工

一、实训目的

1. 合理选择进刀路线及切削用量。
2. 熟悉加工指令的格式及应用。
3. 理解子程序的意义及用法。
4. 学会利用坐标系旋转指令简化编程。
5. 学会零件尺寸的控制方法。
6. 遵守数控操作规程，养成安全、文明生产的好习惯。

二、必备知识

1. 编程的基础知识

掌握程序及程序段的组成、程序编辑的方法和坐标系的概念及应用，掌握 F、S、T、M 功能的意义及用途、用法。

2. 子程序调用指令 M98

格式：M98　P__；

功能：把程序中某些顺序固定和重复出现的程序段单独抽出来，按一定格式编成一个程序供调用，这个程序就是常说的子程序。子程序可以被主程序调用，同时，子程序也可以调用另一个子程序。利用子程序可以简化程序的编制，并节省 CNC 系统的内存空间。

说明：子程序必须有一个程序号码，且以 M99 作为子程序的结束指令。P 后最多可以跟 8 位数字，前 4 位表示调用次数，后 4 位表示调用子程序号。若调用一次，则可直接给出子程序号。调用同一子程序执行加工时，最多可执行 999 次，且子程序亦可再调用另一子程序执行加工，最多可调用 4 层子程序（不同的系统，执行的次数及可调用的层次数可能不同）。

3. 坐标系旋转指令 G68、G69

格式：G68 X__Y__R__

功能：该指令可使编程图形按指定旋转中心及旋转方向旋转一定的角度。G68 表示开始坐标旋转，G69 用于撤销旋转功能。

说明：X、Y 为旋转中心的坐标值。当 X、Y 省略时，G68 指令以当前位置为旋转中心。R 为旋转角度，逆时针旋转定义为正向，一般为绝对值。旋转角度范围为−360°～360°，最小角度单位为 0.001°。当 R 省略时，按系统参数确定旋转角度。当程序在绝对方式下时，G68 程序段后的第一个程序段必须使用绝对方式移动指令，才能确定旋转中心。如果这一程序段为增量方式移动指令，那么系统将以当前位置为旋转中心，按 G68 给定的角度旋转坐标。

三、操作实例

1. 零件图

如图 3-5-1 所示，已知零件毛坯大小为 100mm × 100mm × 20mm，编写程序，并进行零件加工。

2. 毛坯

设定毛坯大小为 100mm × 100mm × 20mm。

3. 刀具及加工工艺的选择

（1）选用通用夹具虎钳装夹工件，工件上表面高出钳口大于 10mm。

（2）设定工件中心为 G54 指令中的坐标原点。

（3）在刀具库中选择 ϕ20 平底铣刀。

（4）在自动模式下运行程序，完成工件加工。

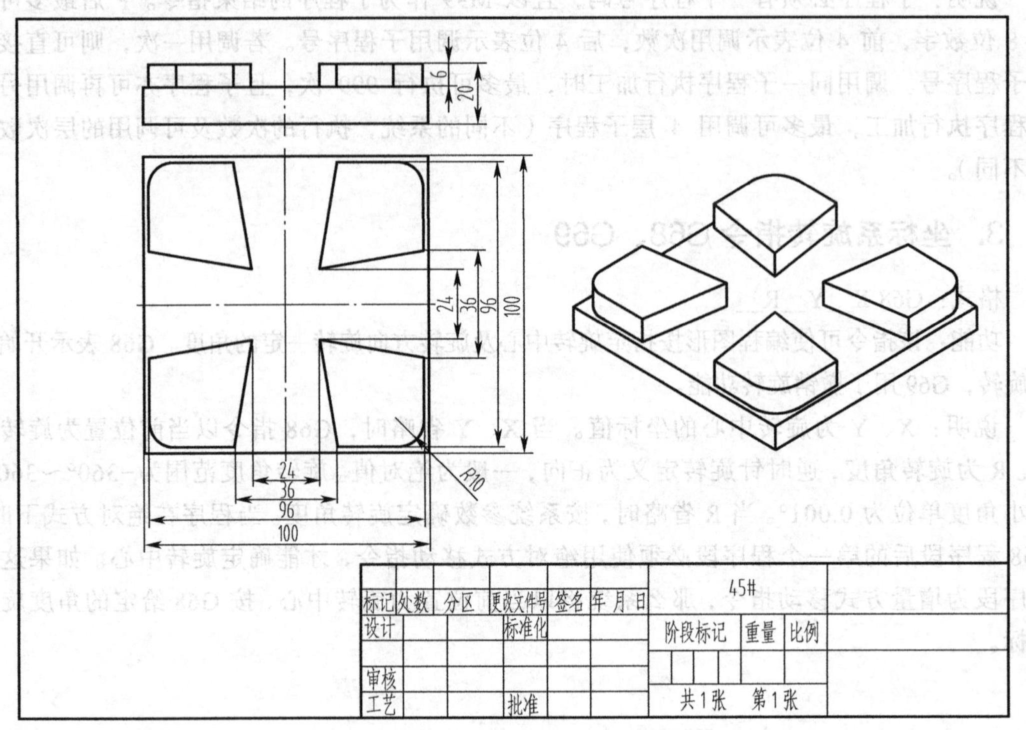

图 3-5-1　零件图

4. 参考程序

O0001		主 程 序 名
N10	G54 G90	
N20	G0 X0 Y0 S800 M3	刀具移至工件中心，主轴正转，转速为 800r/min
N30	G43 H1 Z100. M8	刀具进行长度补偿，切削液开
N40	M98 P0052	调用子程序
N50	G68 X0 Y0 R90	坐标系旋转 90°
N60	M98 P0052	调用子程序
N70	G68 X0 Y0 R180	坐标系旋转 180°
N80	M98 P0052	调用子程序
N90	G68 X0 Y0 R270	坐标系旋转 270°
N100	M98 P0052	调用子程序
N110	M5	主轴停转
N120	G91 G28 Z0. M9	*Z* 向返回参考点，关闭切削液
N130	G28 X0. Y0.	*X*、*Y* 向返回参考点
N140	M30	程序结束

O0052	子程序名

续表

O0001		主 程 序 名
N10	O0052	子程序
N20	X38. Y60.	刀具移动至起刀点
N30	Z3.	刀具移动到临削点
N40	G1 Z-6. F300.	Z 向切削至−6mm
N50	G41 Y48. D1 F500.	开始进行轮廓加工
N60	G2 X48. Y38. R10.	
N70	G1 Y18.	
N80	X12. Y12.	
N90	X18. Y48.	
N100	X60.	
N110	G69 G0 Z100.	加工完毕，抬刀，取消旋转
N120	X0 Y0 G40	取消刀具半径补偿
N130	M99	返回主程序

5. 操作步骤

（1）选择机床：FANUC 0i 数控铣床或加工中心

选择“机床”→“选择机床…”命令，在弹出的“选择机床”对话框中，选择控制系统为 FANUC 0i，机床类型选择数控铣床或加工中心，如图 3-5-2 所示，单击“确定”按钮。

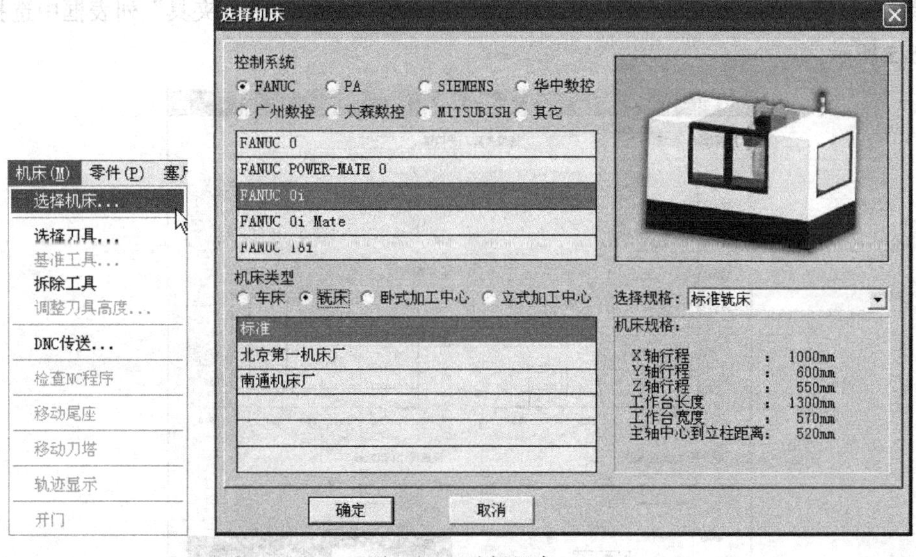

图 3-5-2　选择机床

（2）激活机床

单击启动键，使机床电机、伺服控制灯亮；检查紧急停止按钮是否松开至状态，若未松开，则单击急停按钮，将其松开，CRT 显示界面上显示 REF **** *** ***。单击操作面板的回零键，使其指示灯亮；单击Z键，再单击+键，此时 Z 轴将回零，操作面板上 Z 轴的回原点指示灯亮，同时 CRT 显示界面上的 Z 坐标发生变化。如果单击快速键，再单击+键，则机床快速回零。用相同方法再分别单击 X 轴、Y 轴方向键X、Y，使指示灯变亮，单击快速键和+键，此时 X 轴、Y 轴回原点，回原点灯、变亮。此时的 CRT 显示界面如图 3-5-3 所示。

（3）设置并安装工件

选择"零件"→"定义毛坯..."命令，在弹出的"定义毛坯"对话框（见图 3-5-4）中，改写毛坯尺寸，单击"确定"按钮。

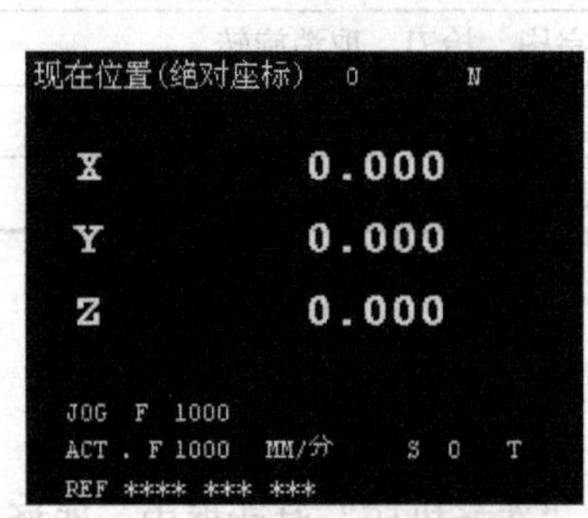

图 3-5-3　回参考点显示

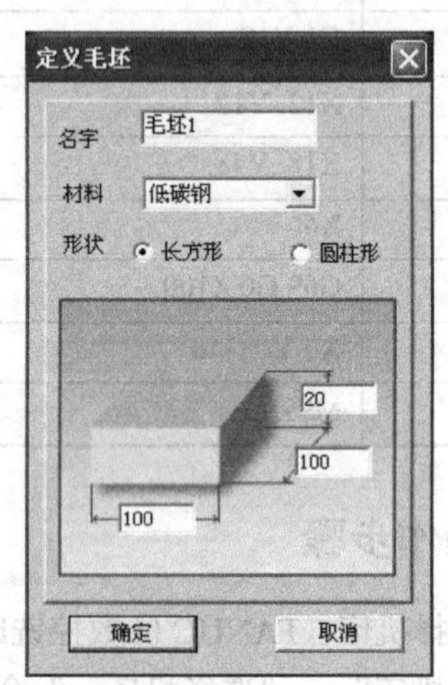

图 3-5-4　"定义毛坯"对话框

选择"零件"→"安装夹具"命令，或者在工具栏上单击图标" "，打开"选择夹具"对话框。首先在"选择零件"列表框中选择定义的毛坯。然后在"选择夹具"列表框中选择夹具，如图 3-5-5 所示。

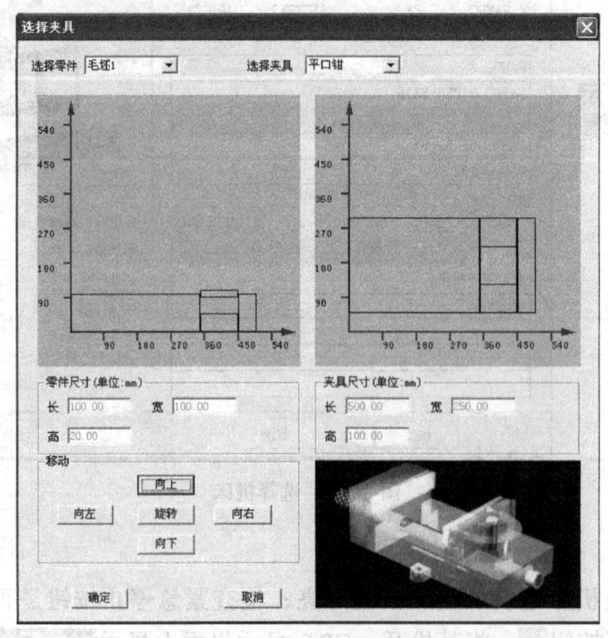

图 3-5-5　"选择夹具"对话框

选择“零件”→“放置零件”命令，或者在工具栏上单击图标“”，系统会弹出“选择零件”对话框，如图 3-5-6 所示。在列表中选择已定义的毛坯 1，单击“安装零件”按钮，系统自动关闭对话框，零件将被放置到机床上，如图 3-2-7 所示。

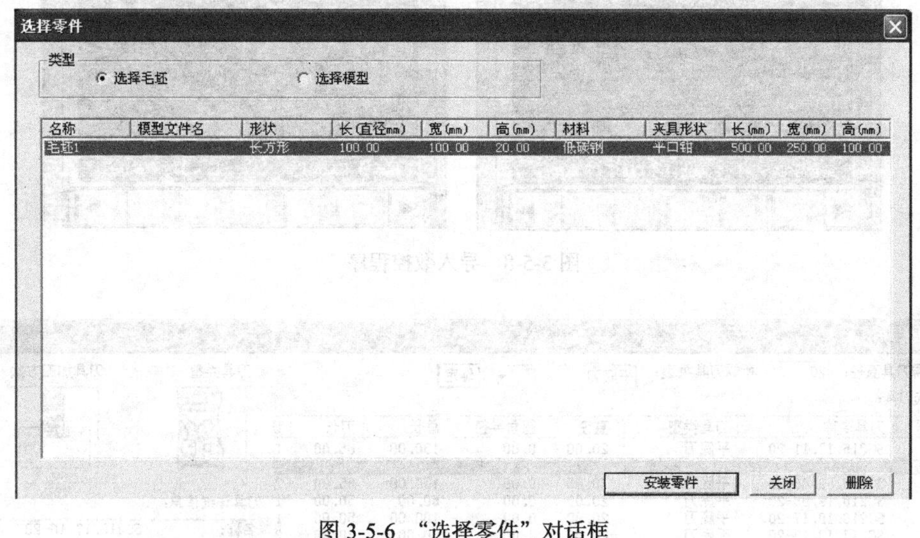

图 3-5-6 “选择零件”对话框

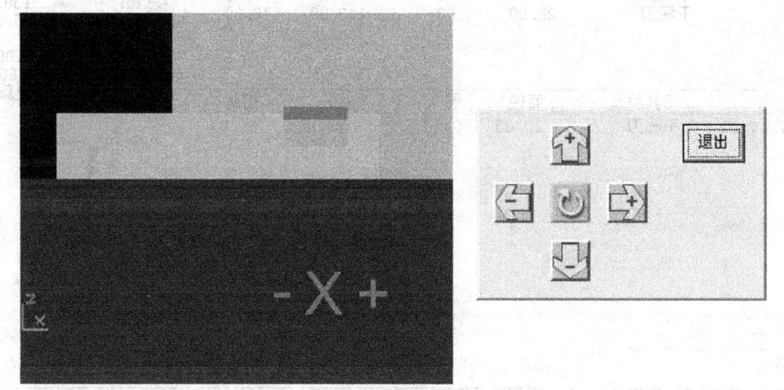

图 3-5-7 放置零件

（4）输入或导入加工程序

数控程序可以使用记事本或写字板等编辑软件输入，并保存为文本格式的文件，也可直接用 FANUC 系统的 MDI 键盘输入。此处采用已存有的 NC 程序文件“051.txt”和“052.txt”。

单击操作面板上的编辑键，编辑状态指示灯变亮，此时已进入编辑状态。单击 MDI 键盘上的PROG键，CRT 显示界面转入编辑页面。再单击菜单软键“操作”，在出现的下级子菜单中单击软键▶，再单击菜单软键“READ”，单击 MDI 键盘上的字符键，输入“O0052”，单击软键“EXEC”。选择“机床”→“DNC 传送”命令，在弹出的对话框中选择所需的 NC 程序，单击“打开”按钮确认，则数控程序被导入并显示在 CRT 显示界面上。同理调入程序“O0051”，如图 3-5-8 所示。

（5）选择并安装刀具

选择“机床”→“选择刀具”命令，或者在工具栏中单击图标“”，在弹哋的“选择铣刀”对话框中选择ϕ20 平底铣刀，如图 3-5-9 所示。

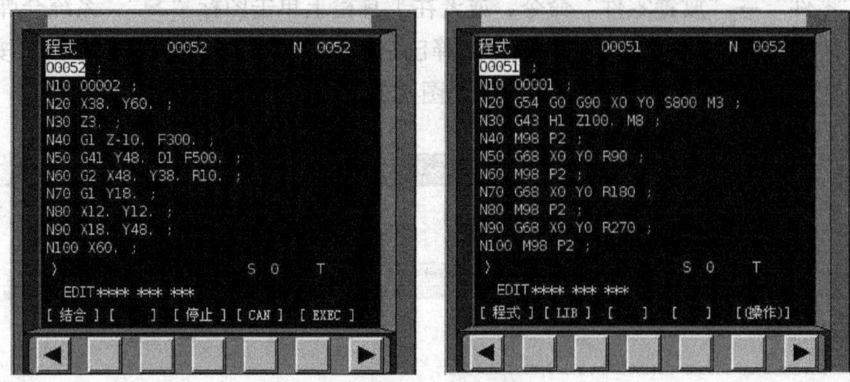

图 3-5-8　导入数控程序

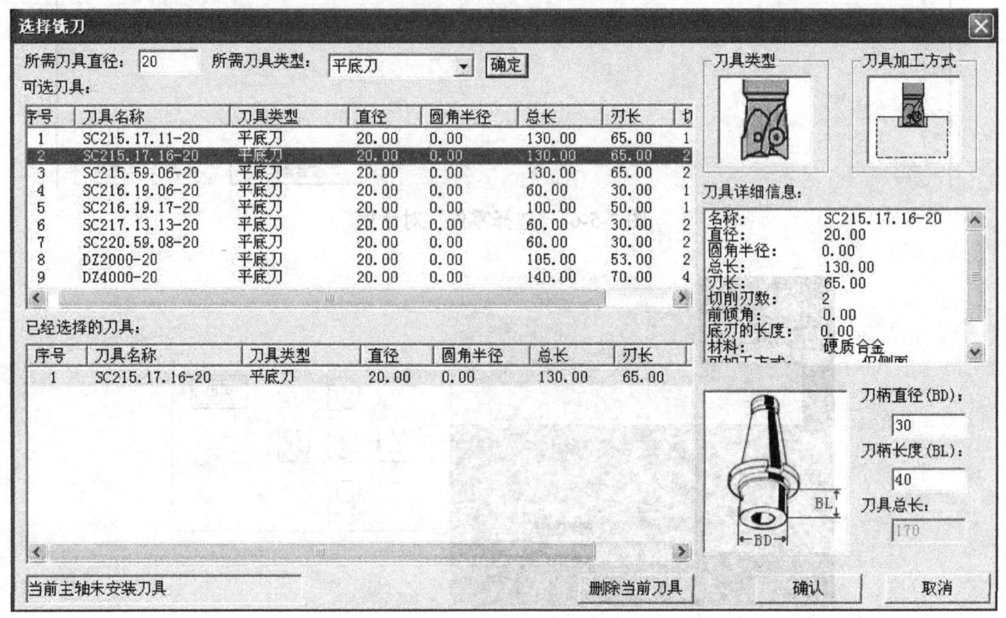

图 3-5-9　“选择铣刀”对话框

（6）对刀

① X轴、Y轴对刀。

选择“机床”→“基准工具…”命令，弹出的“基准工具”对话框如图 1-8-13 所示，左边的基准工具是“刚性靠棒”，右边的是“寻边器”，选择“刚性靠棒”进行 X、Y 方向对刀。

单击操作面板中的“手动”键，手动状态指示灯亮，进入“手动”方式。

单击 MDI 键盘上的键，使 CRT 显示界面上显示坐标值。借助“视图”菜单中的动态平移、动态旋转、动态放缩等工具，适当单击、、键和、键，将机床移动到如图 3-5-10 所示的大致位置。

移动到大致位置后，选择“塞尺检查”→“1mm”命令，基准工具和零件之间将被插入塞尺。单击操作面板上的“手动脉冲”键或键，使手动脉冲指示灯变亮，采用手动脉冲方式精确移动机床，单击显示手轮，将手轮对应轴旋钮置于（X 档），调节手轮进给速度旋钮，在手轮上单击鼠标左键或右键精确地移动靠棒，使得“提示信息”对话框显示

"塞尺检查的结果：合适"。

记下塞尺检查结果为合适时，CRT 显示界面中的 X 坐标值−442，作为基准工具中心的 X 坐标。已知定义毛坯数据时设定的零件的长度为 100，塞尺厚度为 1，刚性靠棒直径为 14，则工件上表面中心的 X 的坐标为−442−50−7−1 = −500。

Y 方向对刀也采用同样的方法，得到工件中心的 Y 坐标值为−415。

完成 X、Y 方向的对刀后，选择"塞尺检查"→"收回塞尺"命令将塞尺收回，单击"手动"键，手动灯亮，机床转入手动操作状态，单击 Z 键和 + 键，将 Z 轴提起，再选择"机床"→"拆除工具"命令拆除基准工具。

② Z 轴对刀。

装好刀具后，单击操作面板中的"手动"键，手动状态指示灯亮，系统进入"手动"方式。利用操作面板上的 X、Y、Z 键和 +、− 键，将机床移动到如图 3-5-11 所示的大致位置。

图 3-5-10　机床移动位置

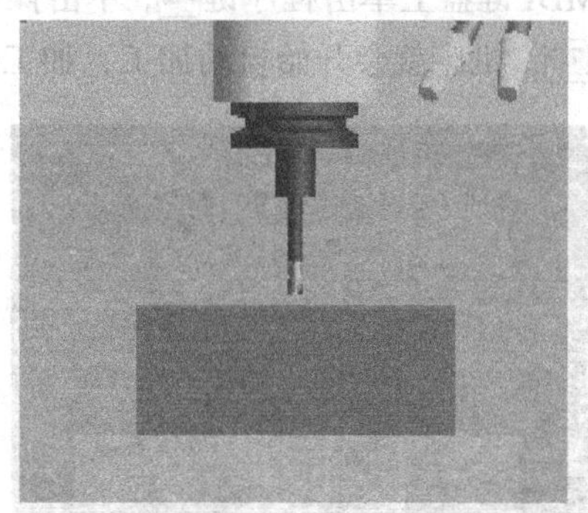

图 3-5-11　机床移动位置

用与在 X、Y 方向对刀类似的方法选择 1mm 的塞尺进行塞尺检查，得到"塞尺检查：合适"时 Z 的坐标值为−287，塞尺厚度为 1，则工件上表面中心的 Z 坐标为−287−1 = −288。选择"塞尺检查"→"收回塞尺"命令将塞尺收回，单击"手动"键，手动灯亮，机床转入手动操作状态，单击 Z 键和 + 键，将 Z 轴提起。

③ 设置工件坐标系。

通过以上对刀方法得到的坐标值（−500，−415，−288）即为工件坐标系原点在机床坐标系中的坐标值。在 MDI 键盘上单击 OFFSET SETTING 键，再单击菜单软键"坐标系"，进入坐标系参数设定界面，用方位键 ↑、↓、←、→ 选择所需的坐标系和坐标轴。利用 MDI 键盘输入通过对刀所得到的工件坐标原点在机床坐标系中的坐标值，如图 3-5-12 所示。

④ 输入补偿参数。

在 MDI 键盘上单击 OFFSET SETTING 键，进入参数补偿设定界面。用方位键 ↑、↓ 选择所需的番号，并用 ←、→ 键确定需要设定的直径补偿是形状补偿还是摩耗补偿，将光标移到相应的区域。单击 MDI 键盘上的字符键，输入刀具直径补偿参数，如图 3-5-13 所示。

（7）自动加工

① 单击操作面板中的自动运行键，使其指示灯亮，单击 MDI 键盘中的图形模式键 CUSTOM GRAPH，再单击操作面板中的循环启动键，即可观察数控程序的运行轨迹，如图 3-5-14 所示。

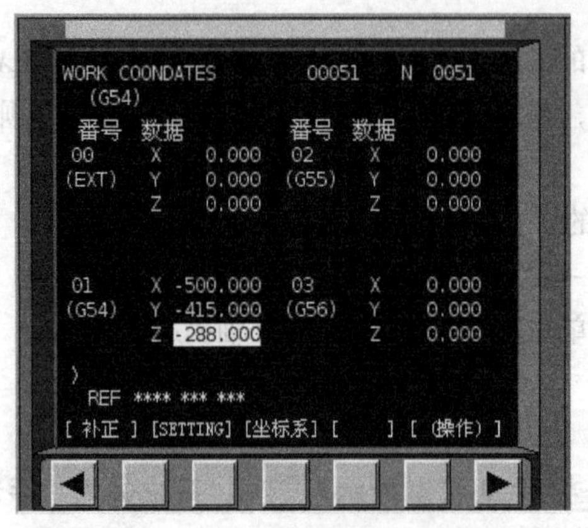

图 3-5-12 设置工件坐标系

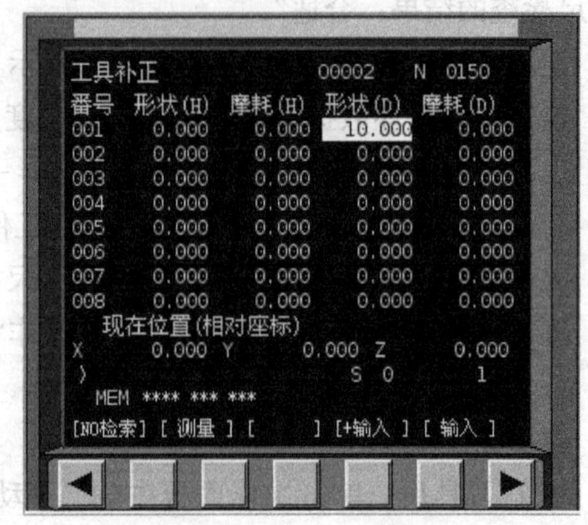

图 3-5-13 输入补偿参数

② 在 MDI 键盘上单击程序键PROG，单击操作面板中的自动运行键，再单击操作面板中的循环启动键，机床就会开始自动加工，加工后的工件如图 3-5-15 所示。

图 3-5-14 刀具运行轨迹

图 3-5-15 零件加工结果

（8）工件测量

实训练习题

1. 零件图

如图 3-5-16 所示，已知毛坯为 100mm × 80mm × 35mm 的 45 钢，编制程序，并完成零件的加工。

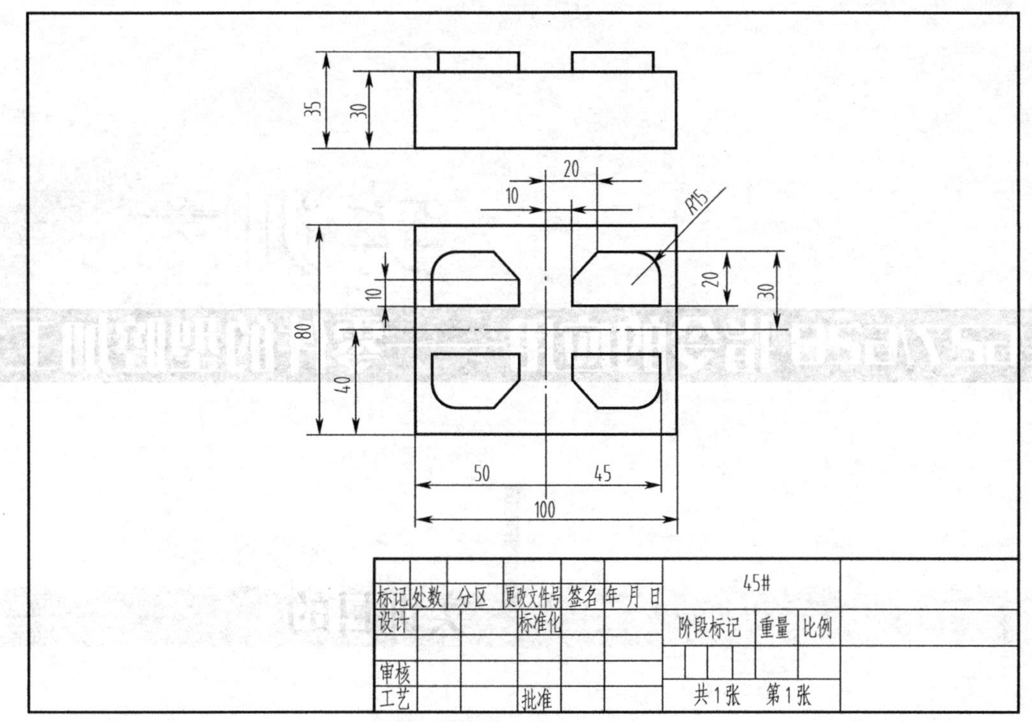

图 3-5-16 零件图

2. 实训操作评分标准

项 目 要 求	实 训 内 容	评 分 要 求	配分	得分
编程及输入	能正确编写程序，正确地输入程序	（1）程序不正确扣 3 分/处 （2）切削用量不正确扣 2 分/处	20 分	
刀具选择及对刀操作	能正确迅速地完成刀具的选择，并能正确地完成所需刀具的对刀操作及参数设置	（1）不能正确选择刀具的扣 3 分/把 （2）对刀不正确的扣 3 分/把	20 分	
软件面板操作	能正确地使用操作面板，且操作过程正确	不能正确操作扣 2 分/次	20 分	
工件的设置及安装	能正确地设置工件大小，并能正确安装、装夹	（1）工件大小设置不合理的扣 5 分 （2）不能正确安装、装夹的扣 5 分	10 分	
模拟加工	顺利完成程序的模拟校验	不能正确进行模拟校验的扣 3 分/处	15 分	
工件的测量	工件的尺寸在公差范围内	尺寸超公差的扣 3 分/处	15 分	
总 分				

实训六：G27/G28指令的应用——零件的型腔加工

一、实训目的

1. 合理选择进刀路线及切削用量。
2. 熟悉加工指令的格式及应用。
3. 学会型腔类零件的编程和加工。
4. 进一步理解回参考点指令。
5. 学会零件的尺寸控制方法。
6. 遵守数控操作规程，养成安全、文明生产的好习惯。

二、必备知识

1. 编程的基础知识

掌握程序及程序段的组成、程序编辑的方法和坐标系的概念及应用，掌握F、S、T、M功能的意义及用途、用法。

2. 返回参考点检查指令G27

格式：G27 X__Y__Z__;

功能：返回参考点检查功能用来检查刀具是否能正确地返回参考点。如果刀具能正确地沿着指定的轴返回到参考点，该轴参考点返回灯亮。但是，如果刀具到达的位置不是参考点，机床将报警。

说明：X、Y、Z 为参考点坐标值。G27 指令是以快速移动速度定位刀的。当机床锁住功能打开时，即使刀具已经自动返回到参考点，返回完成时指示灯也不亮。在这种情况下，即使指定了 G27 命令，也不检查刀具是否已返回到参考点。必须注意的是，执行 G27 指令的前提是，在机床通电后，刀具返回过一次参考点（手动返回或者用 G28 指令返回）。此外，使用该指令时，必须预先取消刀具补偿功能。执行 G27 指令之后，如欲使机床停止，须加入一个辅助功能指令 M00，否则，机床将继续执行下一个程序段。

3. 自动返回参考点指令 G28

格式：G28　X__Y__Z__；

功能：G28 指令可以使刀具从任何位置，以快速点定位方式经过中间点返回参考点。

说明：X、Y、Z 为中间点的坐标值。执行该指令时，刀具先快速移动到指令值所指定的中间点，然后自动返回参考点，相应坐标轴指示灯亮。和 G27 指令相同，执行 G28 指令前，应取消刀具补偿功能。

三、操作实例

1. 零件图

如图 3-6-1 所示，已知零件毛坯大小为 200mm × 150mm × 20mm，编写程序，并进行零件加工。

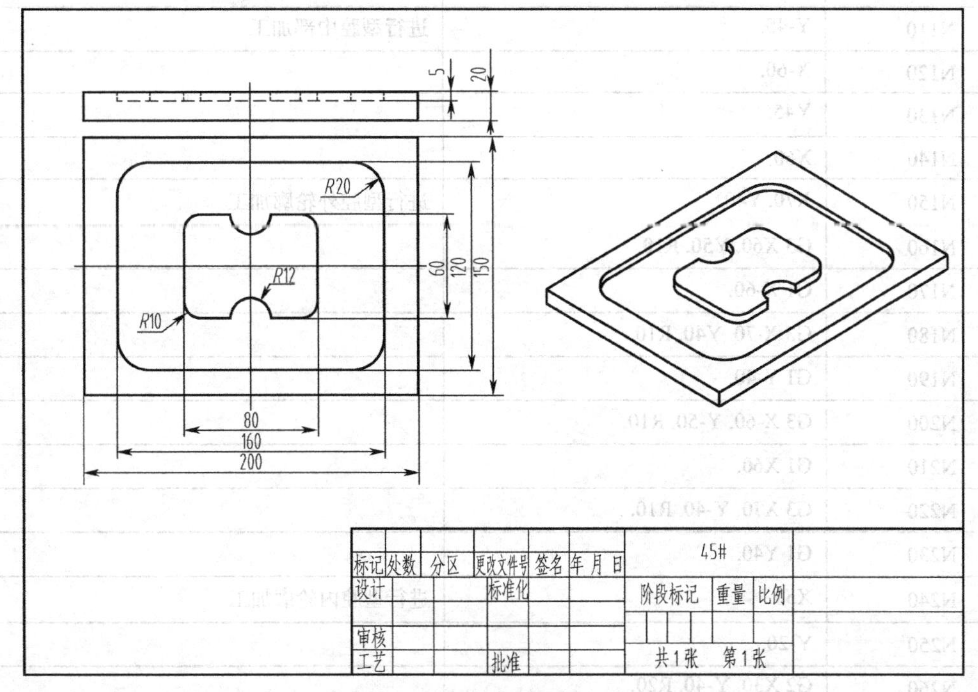

图 3-6-1　型腔加工零件图

2. 毛坯

设定毛坯大小为 200mm × 150mm × 20mm

3. 刀具及加工工艺的选择

（1）选用通用夹具虎钳装夹工件，工件上表面略微高出钳口。

（2）设定工件上表面中心为 G54 指令中的坐标原点。

（3）在刀具库中选择ϕ20 平底铣刀。

（4）在自动模式下运行程序，完成工件的加工。

4. 参考程序

	O0006	主 程 序 名
N10	G54 G0 G90 X60. Y45. S600 M3	刀具移至起刀点，主轴正转，转速为 600r/min
N20	G43 H1 Z100. M8	刀具进行长度补偿，切削液开
N30	Z3.	刀具移动到临削点
N40	G1 Z1. F100.	开始斜线下刀
N50	X0 Z0 F300.	
N60	X60. Z-1.	
N70	X0 Z-2.	
N80	X60. Z-3.	
N90	X0. Z-4.	
N100	X60. Z-5.	Z 向切削至−5mm
N110	Y-45.	进行型腔中部加工
N120	X-60.	
N130	Y45.	
N140	X60.	
N150	X70. Y40.	进行型腔外轮廓加工
N160	G3 X60. Y50. R10.	
N170	G1 X-60.	
N180	G3 X-70. Y40. R10.	
N190	G1 Y-40.	
N200	G3 X-60. Y-50. R10.	
N210	G1 X60.	
N220	G3 X70. Y-40. R10.	
N230	G1 Y40.	
N240	X50.	进行型腔内轮廓加工
N250	Y-20.	
N260	G2 X30. Y-40. R20.	

续表

O0006		主 程 序 名
N270	G1X2.	
N280	Y-30.	
N290	G3 X-2. R2.	
N300	G1 Y-40.	
N310	G1 X-30.	
N320	G2 X-50. Y-20. R20.	
N330	G1 Y20.	
N340	G2 X-30. Y40. R20.	
N350	G1 X-2.	
N360	Y30.	
N370	G3 X2. R2.	
N380	G1 Y40.	
N390	G1 X30.	
N400	G2 X50. Y20. R20.	
N410	G0 Z100.	加工完毕，抬刀
N420	M5	主轴停转
N430	G91 G28 Z0. M9	*Z* 向返回参考点，关闭切削液
N440	G28 X0. Y0.	*X*、*Y* 向返回参考点
N450	M30	程序结束

5. 操作步骤

（1）选择机床：FANUC 0i 数控铣床或加工中心

选择“机床”→“选择机床…”命令，在弹出的“选择机床”对话框中，选择控制系统为FANUC 0i，机床类型选择数控铣床或加工中心，如图 3 6 2 所示，单击“确定”按钮。

（2）激活机床

单击启动键，使机床电机、伺服控制灯亮；检查紧急停止按钮是否松开至状态，若未松开，则单击急停按钮，将其松开，CRT 显示界面上显示 REF **** *** ***。单击操作面板的回零键，使其指示灯亮。单击 Z 键，再单击 + 键，此时 *Z* 轴将回零，操作面板上 *Z* 轴的回原点指示灯亮，同时 CRT 显示界面上的 *Z* 坐标发生变化。如果单击快速键，再单击 + 键，则机床快速回零。用相同方法，再分别单击 *X* 轴、*Y* 轴方向键 X、Y，使指示灯变亮，单击快速键和 + 键，此时 *X* 轴、*Y* 轴回原点，回原点灯、变亮。此时的 CRT 显示界面如图 3-6-3 所示。

（3）设置并安装工件

选择“零件”→“定义毛坯…”命令，在弹出的“定义毛坯”对话框（见图 3-6-4）中，改写毛坯尺寸，单击“确定”按钮。

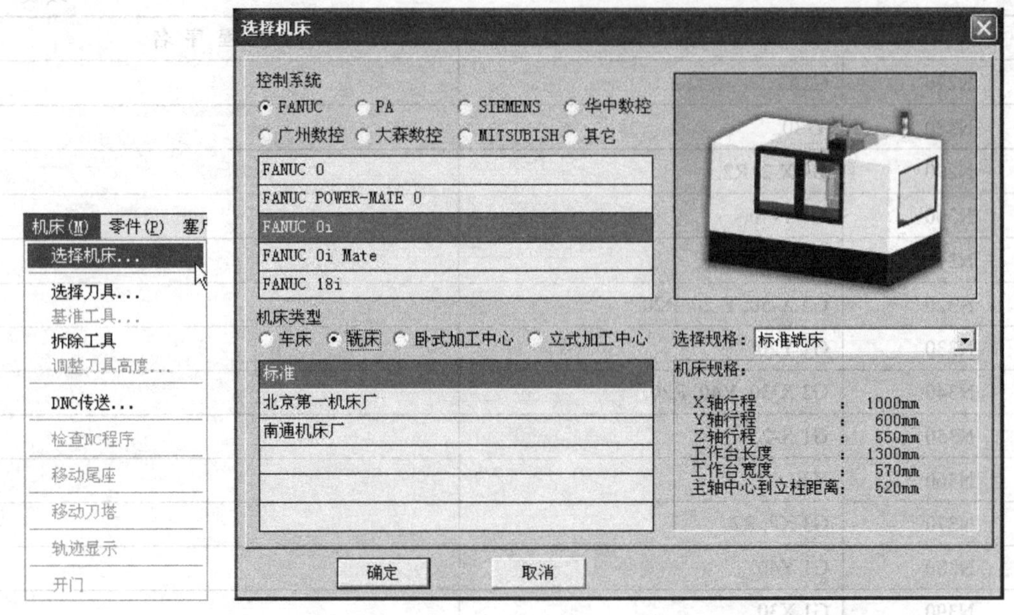

图 3-6-2　选择机床

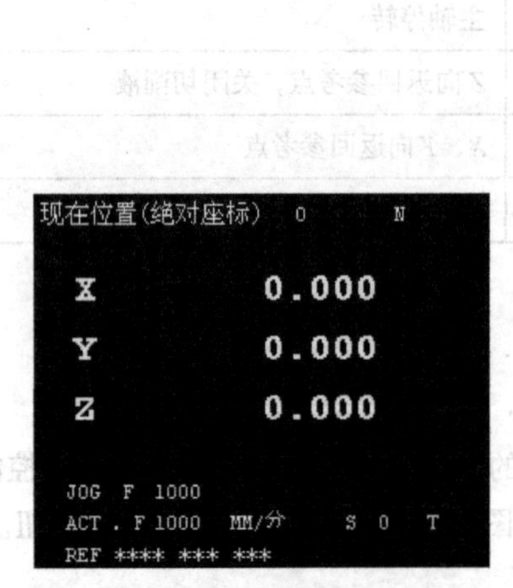

图 3-6-3　回参考点显示

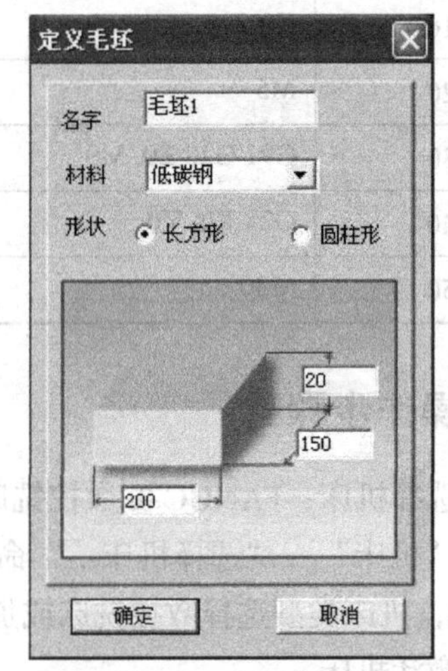

图 3-6-4　“定义毛坯”对话框

选择“零件”→“安装夹具”命令，或者在工具栏上单击图标“”，打开“选择夹具”对话框。首先在“选择零件”列表框中选择定义的毛坯。然后在“选择夹具”列表框中选择夹具，如图 3-6-5 所示。

选择“零件”→“放置零件”命令，或者在工具栏上单击图标“”，系统会弹出“选择零件”对话框，如图 3-6-6 所示。在列表中选择已定义的毛坯 1，单击“安装零件”按钮，系统自动关闭对话框，零件将被放置到机床上，如图 3-6-7 所示。

（4）输入或导入加工程序

数控程序可以使用记事本或写字板等编辑软件输入，并保存为文本格式的文件，也可直接用 FANUC 系统的 MDI 键盘输入。此处采用已存有的 NC 程序文件“06.txt”。

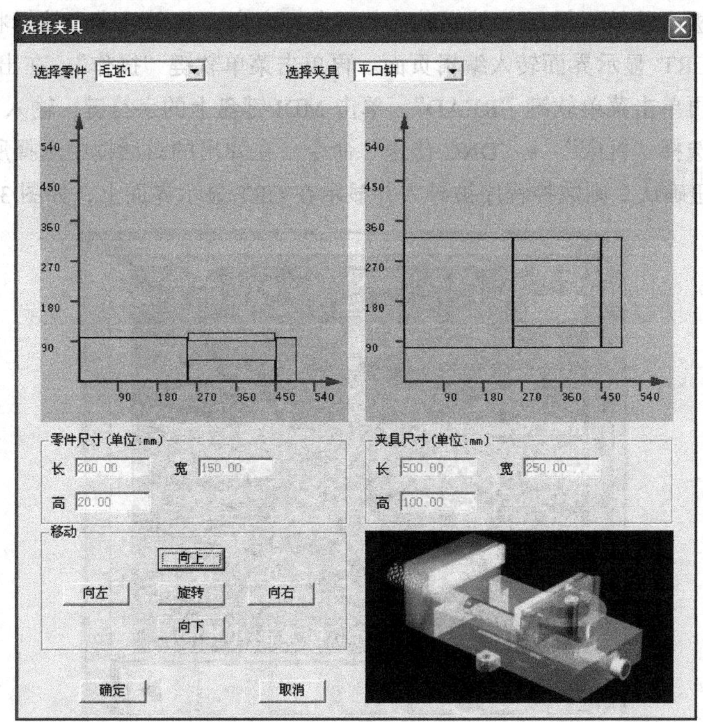

图 3-6-5 “选择夹具”对话框

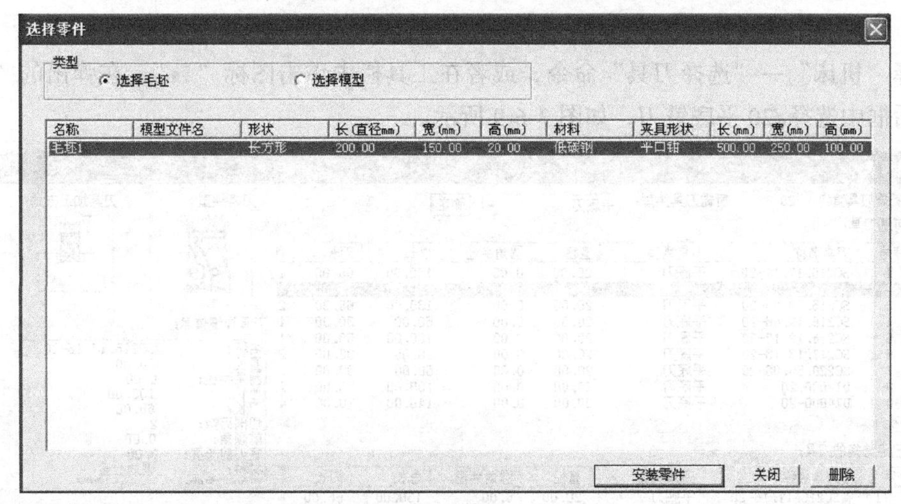

图 3-6-6 “选择零件”对话框

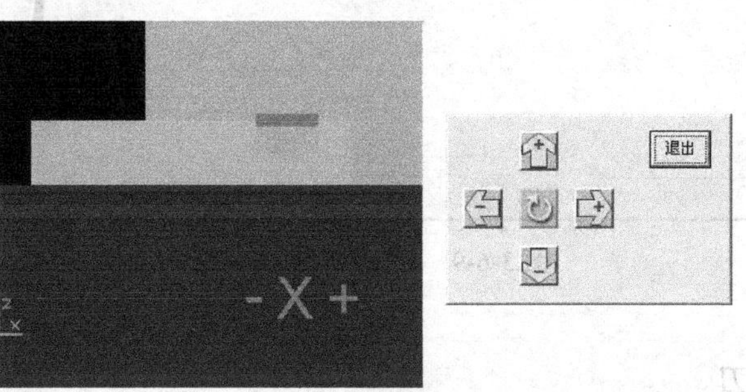

图 3-6-7 放置零件

单击操作面板上的编辑键，编辑状态指示灯变亮，此时已进入编辑状态。单击 MDI 键盘上的 PROG 键，CRT 显示界面转入编辑页面。再单击菜单软键“操作”，在出现的下级子菜单中单击软键▶，再单击菜单软键“READ”，单击 MDI 键盘上的字符键，输入“O0006”，单击软键“EXEC”。选择“机床”→“DNC 传送”命令，在弹出的对话框中选择所需的 NC 程序，单击“打开”按钮确认，则数控程序被导入并显示在 CRT 显示界面上，如图 3-6-8 所示。

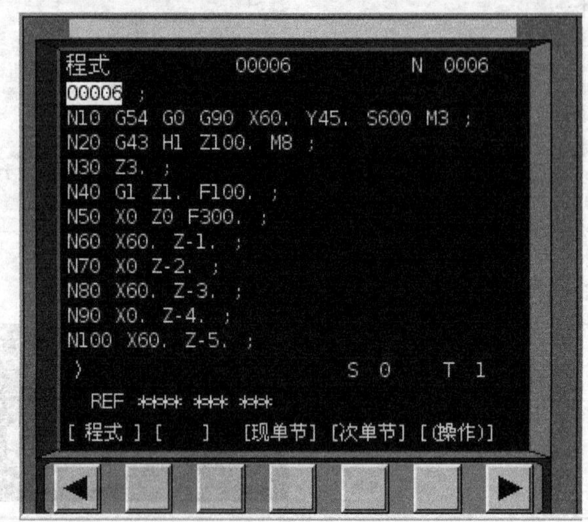

图 3-6-8　导入数控程序

（5）选择并安装刀具

选择“机床”→“选择刀具”命令，或者在工具栏中单击图标“”，在弹出的“选择铣刀”对话框中选择ϕ20 平底铣刀，如图 3-6-9 所示。

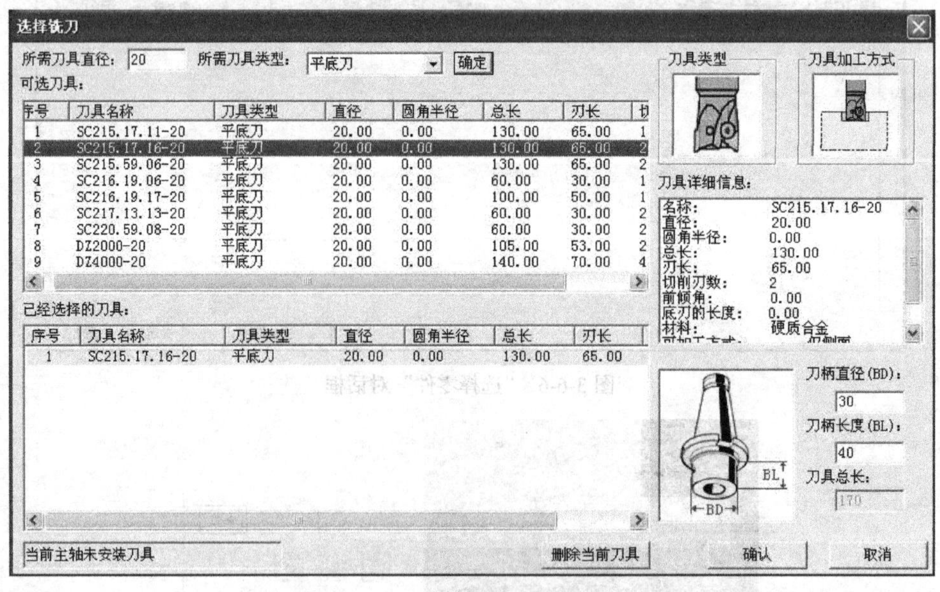

图 3-6-9　“选择铣刀”对话框

（6）对刀

① X 轴、Y 轴对刀。

选择“机床”→“基准工具...”命令，弹出的“基准工具”对话框如图 1-8-13 所示，左边的基准工具是“刚性靠棒”，右边的是“寻边器”，选择“刚性靠棒”进行 X、Y 方向对刀。

单击操作面板中的“手动”键，手动状态指示灯亮，进入“手动”方式。

单击 MDI 键盘上的键，使 CRT 显示界面上显示坐标值。借助“视图”菜单中的动态平移、动态旋转、动态放缩等工具，适当单击X、Y、Z键和+、-键，将机床移动到如图 3-6-10 所示的大致位置。

移动到大致位置后，选择“塞尺检查”→“1mm”命令，基准工具和零件之间将被插入塞尺。单击操作面板上的“手动脉冲”键或，使手动脉冲指示灯变亮，采用手动脉冲方式精确移动机床，单击显示手轮，将手轮对应轴旋钮置于（X 档），调节手轮进给速度旋钮，在手轮上单击鼠标左键或右键精确地移动靠棒，使得“提示信息”对话框显示“塞尺检查的结果：合适”。

记下塞尺检查结果为合适时，CRT 显示界面中的 X 坐标值-392，作为基准工具中心的 X 坐标。已知定义毛坯数据时设定的零件的长度为 200，塞尺厚度为 1，刚性靠棒直径为 14，则工件上表面中心 X 的坐标为-392-100-7-1 = -500。

Y 方向对刀也采用同样的方法，得到工件中心的 Y 坐标值为-415。

完成 X、Y 方向的对刀后，选择“塞尺检查”→“收回塞尺”命令将塞尺收回，单击“手动”键，手动灯亮，机床转入手动操作状态，单击Z键和+键，将 Z 轴提起，再选择“机床”→“拆除工具”命令拆除基准工具。

② Z 轴对刀。

装好刀具后，单击操作面板中的“手动”键，手动状态指示灯亮，系统进入“手动”方式。利用操作面板上的X、Y、Z键和+、-键，将机床移动到如图 3-6-11 所示的大致位置。

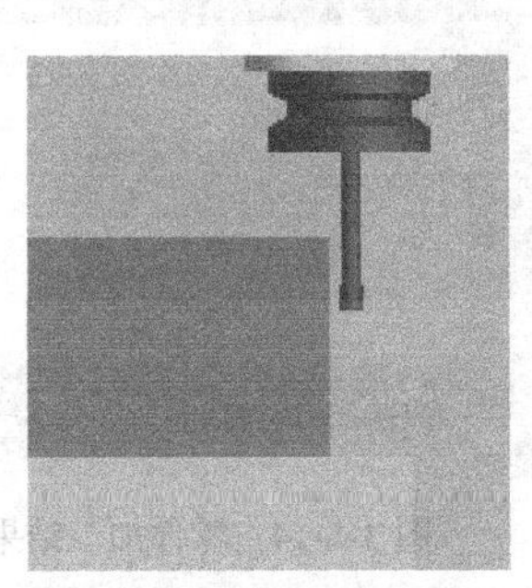

图 3-6-10　机床移动位置

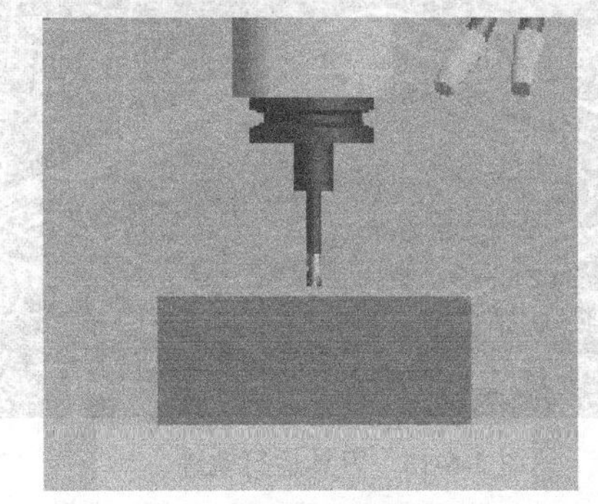

图 3-6-11　机床移动位置

用与在 X、Y 方向对刀类似的方法选择 1mm 的塞尺进行塞尺检查，得到“塞尺检查：合适”时 Z 的坐标值为-287，塞尺厚度为 1，则工件上表面中心的 Z 坐标为-287-1 = -288。选择“塞尺检查”→“收回塞尺”命令将塞尺收回，单击“手动”键，手动灯亮，机床转入手动操作状态，单击Z键和+键，将 Z 轴提起。

③ 设置工件坐标系。

通过以上对刀方法得到的坐标值（-500，-415，-288）即为工件坐标系原点在机床坐标系中的坐标值。在 MDI 键盘上单击键，再单击菜单软键“坐标系”，进入坐标系参数设定界面，用方位键↑、↓、←、→选择所需的坐标系和坐标轴。利用 MDI 键盘输入通过对刀所得到的工件坐标原点在机床坐标系中的坐标值，如图 3-6-12 所示。

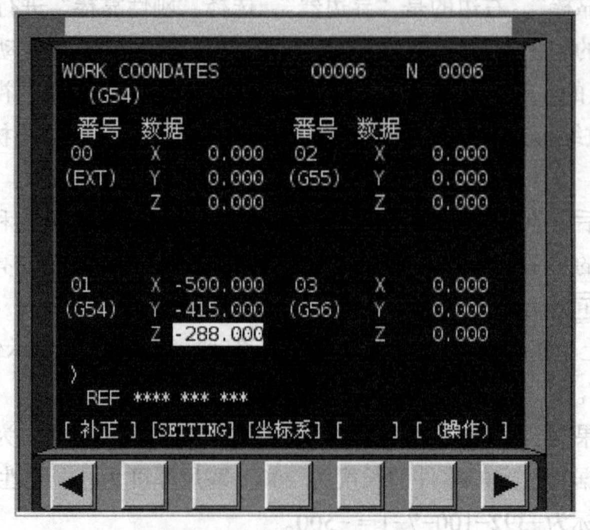

图 3-6-12　设置工件坐标系

（7）自动加工

① 单击操作面板中的自动运行键，使其指示灯亮，单击 MDI 键盘中的图形模式键，再单击操作面板中的循环启动键，即可观察数控程序的运行轨迹，如图 3-6-13 所示。

② 在 MDI 键盘上单击程序键，单击操作面板中的自动运行键，再单击操作面板中的循环启动键，机床就会开始自动加工，加工后的工件如图 3-6-14 所示。

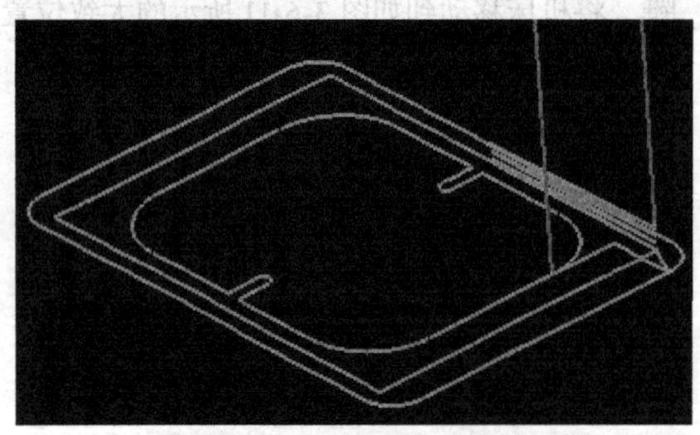

图 3-6-13　刀具运行轨迹

图 3-6-14　零件加工结果

（8）工件测量

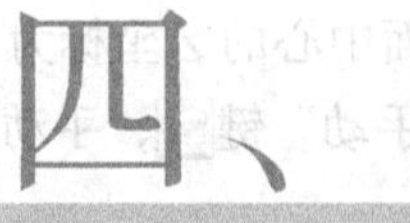

四、实训练习题

1. 零件图

如图 3-6-15 所示，已知毛坯为 95mm × 43mm × 10mm 的 45 钢，编制程序，并完成零件的加工。

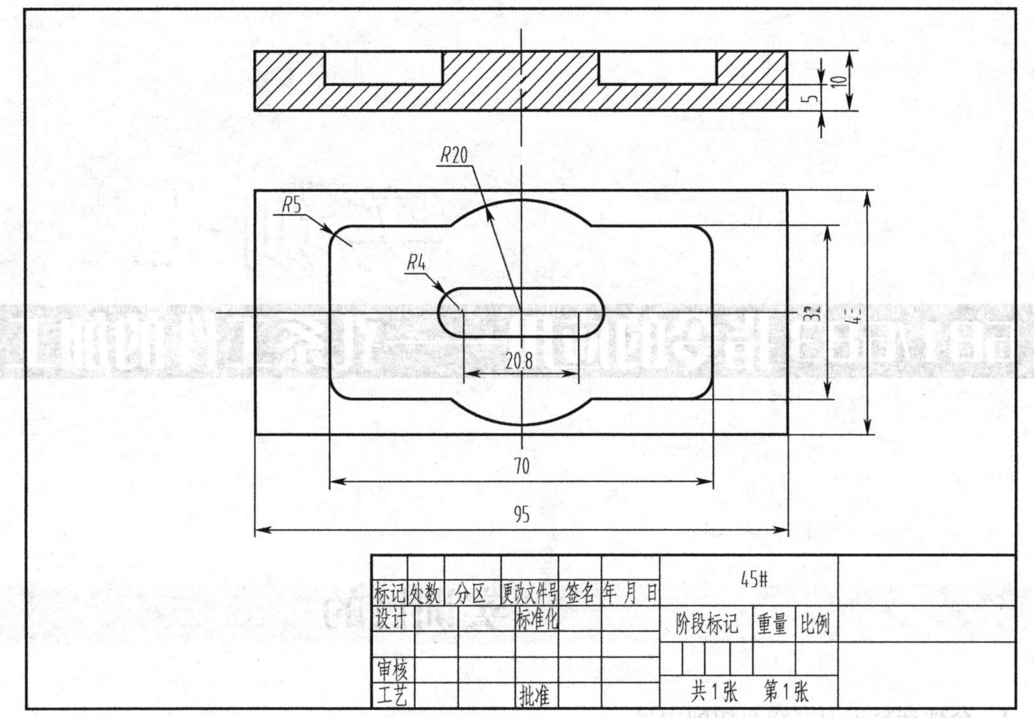

图 3-6-15 零件图

2. 实训操作评分标准

项目要求	实训内容	评分要求	配分	得分
编程及输入	能正确编写程序，正确地输入程序	（1）程序不正确扣 3 分/处 （2）切削用量不正确扣 2 分/处	20 分	
刀具选择及对刀操作	能正确迅速地完成刀具的选择，并能正确地完成所需刀具的对刀操作及参数设置	（1）不能正确选择刀具的扣 3 分/把 （2）对刀不正确的扣 3 分/把	20 分	
软件面板操作	能正确地使用操作面板，且操作过程正确	不能正确操作扣 2 分/次	20 分	
工件的设置及安装	能正确地设置工件大小，并能正确安装、装夹	（1）工件大小设置不合理的扣 5 分 （2）不能正确安装、装夹的扣 5 分	10 分	
模拟加工	顺利完成程序的模拟校验	不能正确进行模拟校验的扣 3 分/处	15 分	
工件的测量	工件的尺寸在公差范围内	尺寸超公差的扣 3 分/处	15 分	
总分				

实训七：

G81/G83指令的应用——孔系工件的加工

一、实训目的

1. 合理选择进刀路线及切削用量。
2. 熟悉加工指令的格式及应用。
3. 学会钻、铰零件孔的编程和加工。
4. 学会零件的尺寸控制方法。
5. 遵守数控操作规程，养成安全、文明生产的好习惯。

二、必备知识

1. 编程的基础知识

（1）掌握程序及程序段的组成、程序编辑的方法和坐标系的概念及应用，掌握F、S、T、M功能的意义及用途、用法。

（2）孔加工循环的动作分析。

如图3-7-1所示，孔加工一般都包含以下6个动作。

① $A \rightarrow B$：刀具快速定位到孔位坐标（X，Y），B点即为循环起点，Z向进至起始高度。

② $B \rightarrow R$：刀具沿Z轴方向快进至安全平面（即R点所在平面）。

③ $R \rightarrow E$：孔加工过程（如钻孔、镗孔、攻螺纹等），此时进给速度为工作进给速度。

④ E：孔底动作（如进给暂停、刀具偏移、主轴准停、主轴反转等）。

⑤ $E \rightarrow R$：刀具快速返回R点所在平面。

⑥ *R*→*B*：刀具快退至起始高度（*B* 点高度）。

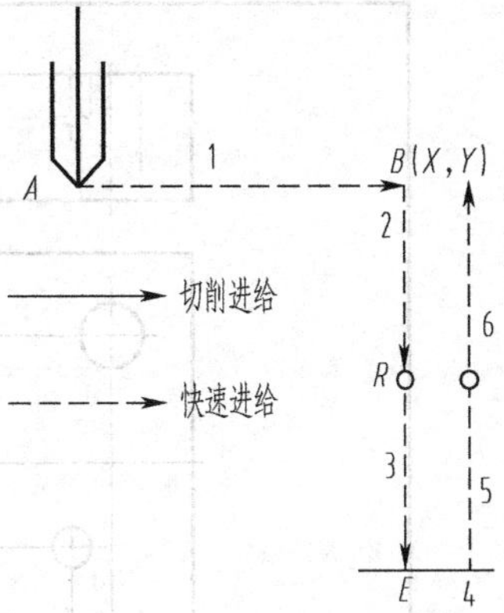

图 3-7-1　孔加工动作分析

2. 钻孔循环指令 G81

格式：G81 X__Y__ Z __ R__ F__；

功能：钻孔循环。

说明：X、Y 为孔在 *XY* 平面上的坐标位置（绝对值或增量值）。Z 为孔底的 *Z* 坐标值（绝对值或增量值）。R 为 *R* 点的 *Z* 坐标值（绝对值或增量值）。F 为切削进给速度。

3. 深孔啄钻循环指令 G83

格式：G83　X__Y__ Z __ R__ Q__ F__；

功能：深孔啄钻循环。

说明：Q 为每次进给深度，其他参数同 G81 指令。

4. 铰孔循环指令 G85

格式：G85　X__Y__ Z __ R__ F__；

功能：铰孔循环。

说明：参数同 G81 指令。

5. 取消固定循环指令 G80

格式：G80；

功能：取消固定循环。

说明：当用 G80 指令取消孔加工固定循环后，固定循环指令中的孔加工数据也被取消，那些在固定循环之前的插补模态恢复。G81～G85 指令是模态指令。G01～G03 取消。固定循环中的参数（Z、R、Q、P、F）是模态的。在使用固定循环指令前要启动主轴。固定循环指令不能和 M 指令同时出现在同一程序段。在固定循环中，刀具半径尺寸补偿无效，刀具长度补偿有效。

三、操作实例

1. 零件图

如图 3-7-2 所示，已知零件毛坯大小为 100mm × 100mm × 30mm，编写程序，并进行零件加工。

2. 毛坯

设定毛坯大小为 100mm × 100mm × 30mm。

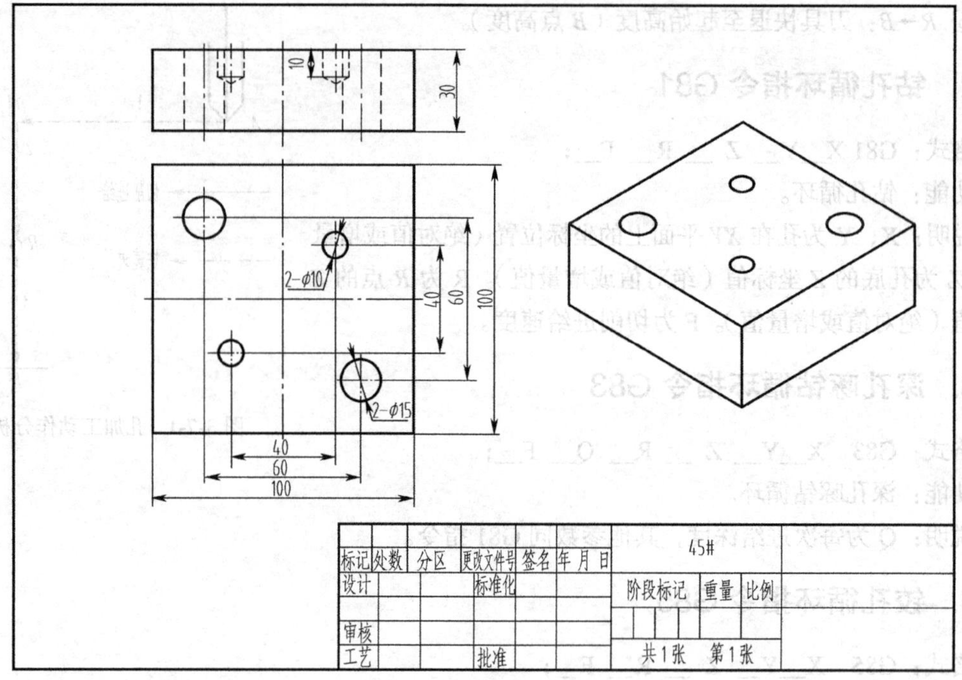

图 3-7-2　孔加工零件图

3. 刀具及加工工艺的选择

（1）选用通用夹具虎钳装夹工件，工件上表面略微高出钳口。

（2）设定工件上表面中心为 G54 指令中的坐标原点。

（3）在刀具库中分别选择$\phi 3$ 中心钻、$\phi 10$ 钻头、$\phi 15$ 钻头，以工件上表面测量各刀具长度补偿值。

（4）在自动模式下运行程序，完成工件的加工。

4. 参考程序

O0007		主 程 序 名
N5	G91 G28 Z0	*Z* 向返回参考点，准备换刀
N10	T1 M6	换 1 号刀具$\phi 3$ 中心钻
N20	G54 G0 G90 X20. Y20. S1000 M3	刀具移至起刀点，主轴正转，转速为 1 000r/min
N30	G43 H1 Z100. M8	刀具进行长度补偿，切削液开
N40	G98 G81 Z-3. R3. F100.	加工 4 个孔的中心孔
N50	X-20. Y-20.	
N60	X-30. Y30.	
N70	X30. Y-30.	
N80	G80	取消固定循环
N90	M5	主轴停转
N100	G91 G28 Z0. M9	*Z* 向返回参考点，关闭切削液
N110	G28 X0. Y0.	*X*、*Y* 向返回参考点

续表

O0007		主 程 序 名
N120	M01	程序选择停止
N140	T2 M6	换 2 号刀具ϕ10 钻头
N150	G54 G0 G90 X20. Y20. S1200 M3	刀具移至起刀点，主轴正转，转速为 1 200r/min
N160	G43 H2 Z100. M8	刀具进行长度补偿，切削液开
N170	G98 G81 Z-13. R3. F200.	加工两个ϕ10 的孔
N180	X-20. Y-20.	
N190	G80	取消固定循环
N200	M5	主轴停转
N210	G91 G28 Z0. M9	*Z* 向返回参考点，关闭切削液
N220	G28 X0. Y0.	*X*、*Y* 向返回参考点
N230	M01	程序选择停止
N250	T3 M6	换 3 号刀具ϕ15 钻头
N260	G54 G0 G90 X-30. Y30. S800 M3	刀具移动至起刀点，主轴正转，转速为 800r/min
N270	G43 H3 Z100. M8	刀具进行长度补偿，切削液开
N280	G98 G83 Z-40. R3.Q5. F150	加工两个ϕ15 的孔
N290	X30. Y-30.	
N300	G80	取消固定循环
N310	M5	主轴停转
N320	G91 G28 Z0. M9	*Z* 向返回参考点，关闭切削液
N330	G28 X0. Y0.	*X*、*Y* 向返回参考点
N340	M01	程序选择停止
N350	M30	程序结束

5. 操作步骤

（1）选择机床：FANUC 0i 加工中心

选择“机床”→“选择机床…”命令，在弹出的“选择机床”对话框中，选择控制系统为 FANUC 0i，机床类型选择加工中心，如图 3-7-3 所示，单击“确定”按钮。

（2）激活机床

单击启动键，使机床电机、伺服控制灯亮；检查紧急停止按钮是否松开至状态，若未松开，则单击急停按钮，将其松开，CRT 显示界面上显示 REF **** *** ***。单击操作面板的回零键，使其指示灯亮。单击 Z 键，再单击 + 键，此时 *Z* 轴将回零，操作面板上 *Z* 轴的回原点指示灯亮，同时 CRT 显示界面上的 *Z* 坐标发生变化。如果单击快速键，再单击 + 键，则机床快速回零。用相同方法再分别单击 *X* 轴、*Y* 轴方向键 X、Y，使指示灯变亮，单击快速键和 + 键，此时 *X* 轴、*Y* 轴回原点，回原点灯、变亮。此时的 CRT 显示界面如图 3-7-4 所示。

（3）设置并安装工件

选择“零件”→“定义毛坯…”命令，在弹出的“定义毛坯”对话框（见图 3-7-5）中，改写尺寸，单击“确定”按钮。

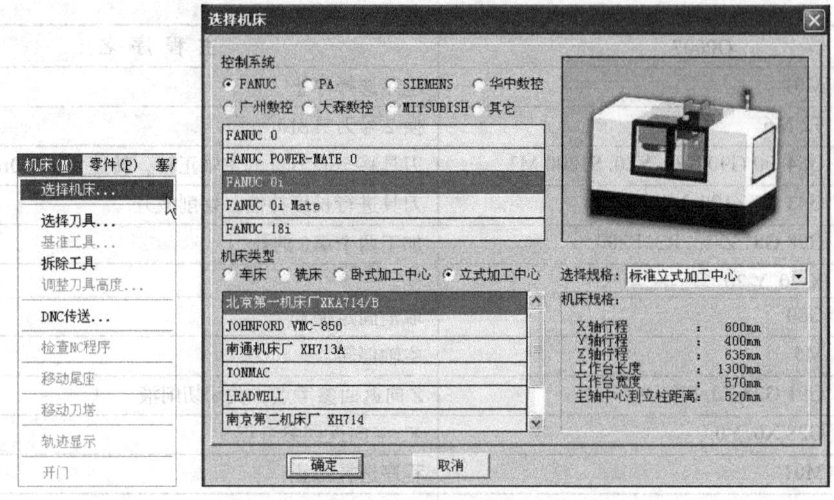

图 3-7-3 选择机床

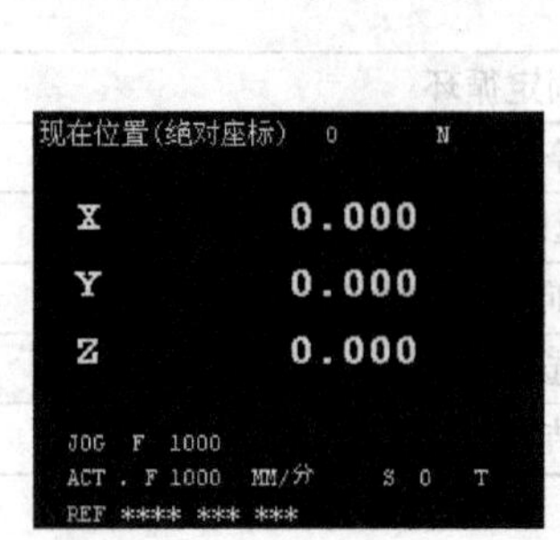

图 3-7-4 回参考点显示

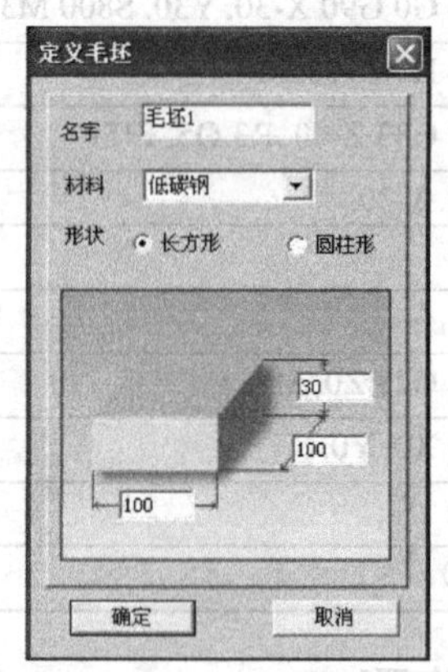

图 3-7-5 “定义毛坯”对话框

选择“零件”→“安装夹具”命令，或者在工具栏上单击图标“”，打开“选择夹具”对话框。首先在“选择零件”列表框中选择定义的毛坯。然后在“选择夹具”列表框中选择夹具，如图 3-7-6 所示。

选择“零件”→“放置零件”命令，或者在工具栏上单击图标“”，系统会弹出“选择零件”对话框，如图 3-7-7 所示。在列表中选择已定义的毛坯 1，单击“安装零件”按钮，系统自动关闭对话框，零件将被放置到机床上，如图 3-7-8 所示。

（4）输入或导入加工程序

数控程序可以使用记事本或写字板等编辑软件输入，并保存为文本格式的文件，也可直接用 FANUC 系统的 MDI 键盘输入。此处采用已存有的 NC 程序文件“07.txt”。

单击操作面板上的编辑键，编辑状态指示灯变亮，此时已进入编辑状态。单击 MDI 键盘上的PROG键，CRT 显示界面转入编辑页面。再单击菜单软键“操作”，在出现的下级子菜单中单击软键▶，再单击菜单软键“READ”，单击 MDI 键盘上的字符键，输入“O0007”，单击软键“EXEC”。选择“机床”→“DNC 传送”命令，在弹出的对话框中选择所需的 NC 程序，单击“打开”按钮确认，则数控程序被导入并显示在 CRT 显示界面上，如图 3-7-9 所示。

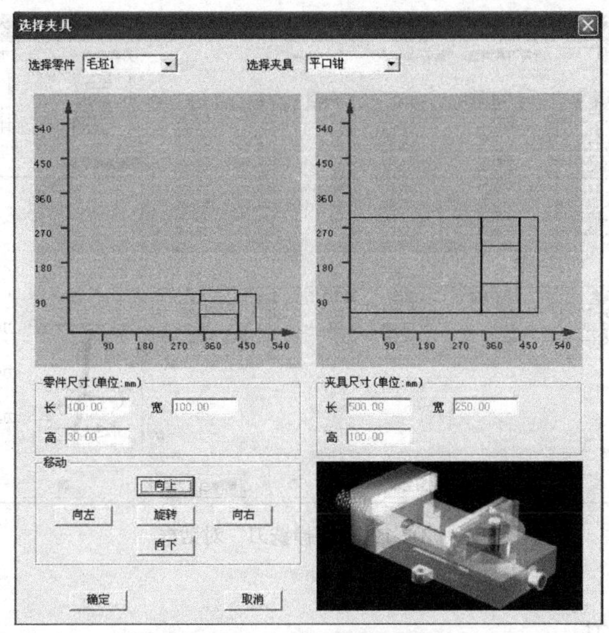

图 3-7-6 “选择夹具”对话框

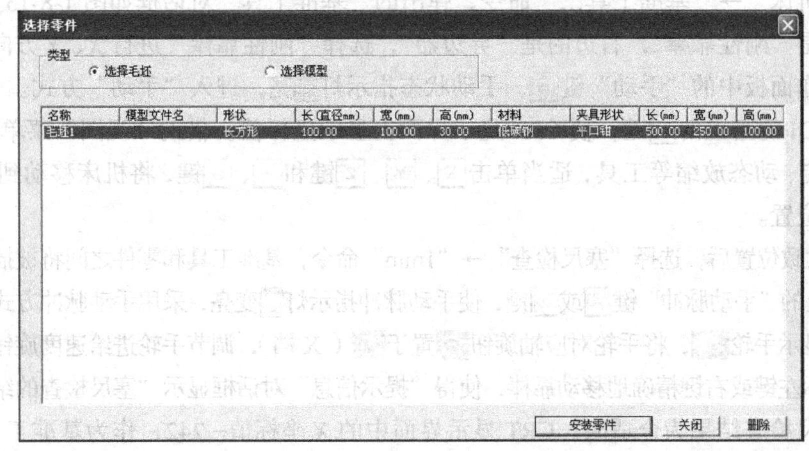

图 3-7-7 “选择零件”对话框

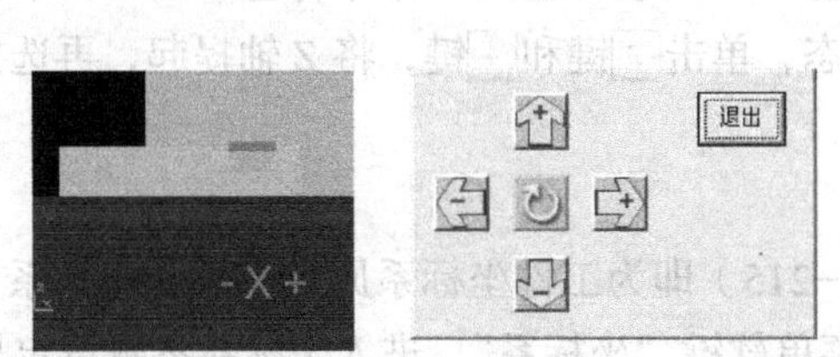

图 3-7-8 放置零件

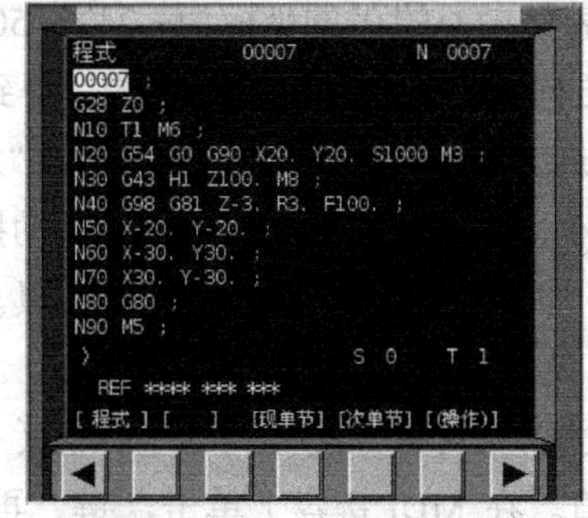

图 3-7-9 导入数控程序

（5）选择并安装刀具

选择“机床”→“选择刀具”命令，或者在工具栏中单击图标“ ”，在弹出的“选择铣刀”对话框中选择刀具，如图 3-7-10 所示。

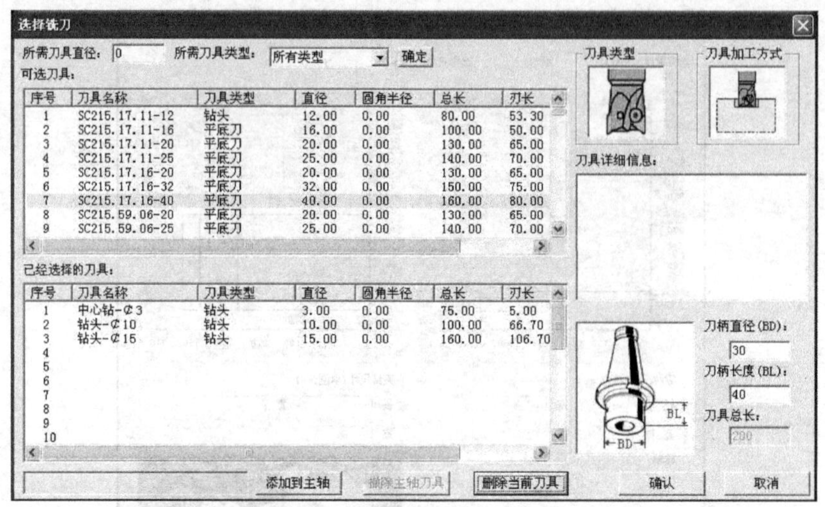

图 3-7-10 “选择铣刀”对话框

（6）对刀

① X轴、Y轴对刀。

选择“机床”→“基准工具…”命令，弹出的“基准工具”对话框如图 1-8-13 所示，左边的基准工具是“刚性靠棒”，右边的是“寻边器”，选择“刚性靠棒”进行 X、Y 方向对刀。

单击操作面板中的“手动”键，手动状态指示灯亮，进入“手动”方式。

单击 MDI 键盘上的键，使 CRT 显示界面上显示坐标值。借助“视图”菜单中的动态平移、动态旋转、动态放缩等工具，适当单击X、Y、Z键和+、-键，将机床移动到如图 3-7-11 所示的大致位置。

移动到大致位置后，选择“塞尺检查”→“1mm”命令，基准工具和零件之间将被插入塞尺。单击操作面板上的“手动脉冲”键或键，使手动脉冲指示灯变亮，采用手动脉冲方式精确移动机床，单击显示手轮，将手轮对应轴旋钮置于（X 档），调节手轮进给速度旋钮，在手轮上单击鼠标左键或右键精确地移动靠棒，使得“提示信息”对话框显示“塞尺检查的结果：合适”。

记下塞尺检查结果为合适时，CRT 显示界面中的 X 坐标值-242，作为基准工具中心的 X 坐标。已知定义毛坯数据时设定的零件的长度为 100，塞尺厚度为 1，刚性靠棒直径为 14，则工件上表面中心的 X 的坐标为-242－50－7－1＝－300。

Y 方向对刀也采用同样的方法，得到工件中心的 Y 坐标值为-215。

完成 X、Y 方向的对刀后，选择“塞尺检查”→“收回塞尺”命令将塞尺收回，单击“手动”键，手动灯亮，机床转入手动操作状态，单击Z键和+键，将 Z 轴提起，再选择“机床”→“拆除工具”命令拆除基准工具。

② 设置工件坐标系。

通过以上对刀方法得到的坐标值（−300，−215）即为工件坐标系原点在机床坐标系中 X、Y 坐标值。在 MDI 键盘上单击键，再单击菜单软键“坐标系”，进入坐标系参数设定界面，用方位键↑、↓、←、→选择所需的坐标系和坐标轴。利用 MDI 键盘输入通过对刀所得到的工件坐标原点在机床坐标系中的坐标值，如图 3-7-12 所示。

③ Z 轴对刀。

装好第 1 把刀具后，单击操作面板中的“手动”键，手动状态指示灯亮，系统进入“手动”

方式。利用操作面板上的X、Y、Z键和+、-键，将机床移动到如图 3-7-13 所示的大致位置。

图 3-7-11　机床移动位置

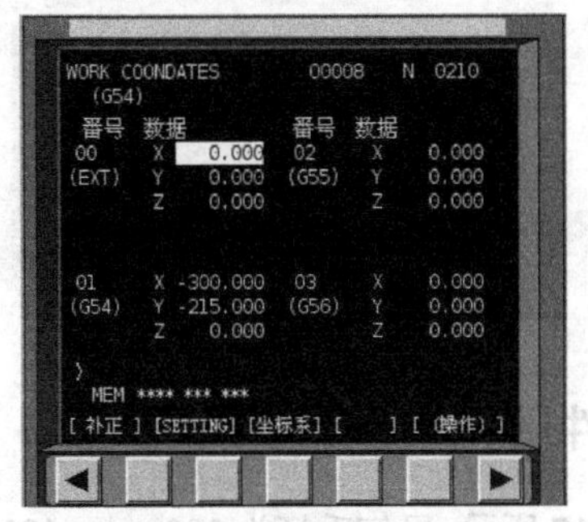

图 3-7-12　设置工件坐标系

用与在 X、Y 方向对刀类似的方法选择 1mm 的塞尺进行塞尺检查，得到“塞尺检查：合适”时 Z 的坐标值为−488，塞尺厚度为 1，则工件上表面中心的 Z 坐标为− 488 − 1 = − 489。选择“塞尺检查”→“收回塞尺”命令将塞尺收回，单击“手动”键，手动灯亮，机床转入手动操作状态，单击Z键和+键，将 Z 轴提起，更换第 2、3 把刀，对刀方法同上，将 3 把刀的数据作为刀具补偿参数输入系统，如图 3-7-14 所示。

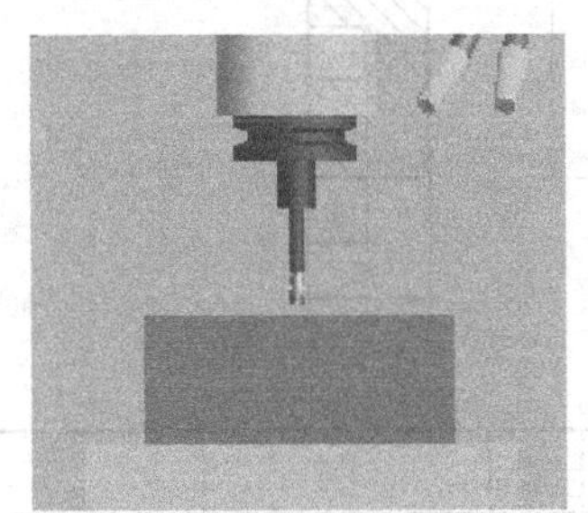

图 3-7-13　机床移动位置

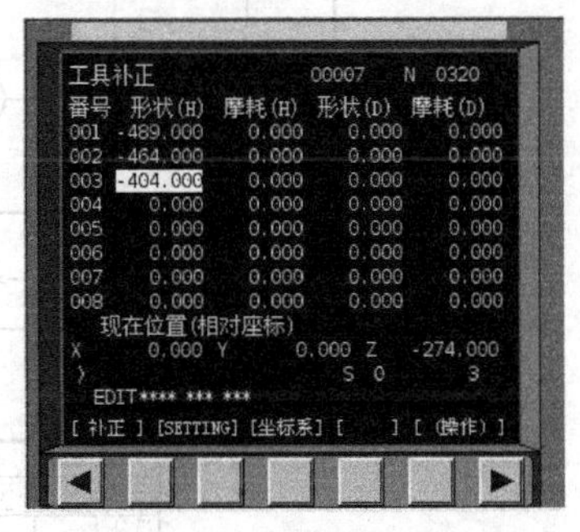

图 3-7-14　设置刀具补偿参数

（7）自动加工

① 单击操作面板中的自动运行键，使其指示灯亮，单击 MDI 键盘中的图形模式键，再单击操作面板中的循环启动键，即可观察数控程序的运行轨迹，如图 3-7-15 所示。

② 在 MDI 键盘上单击程序键，单击操作面板中的自动运行键，再单击操作面板中的循环启动键，机床就会开始自动加工，加工后的工件如图 3-7-16 所示。

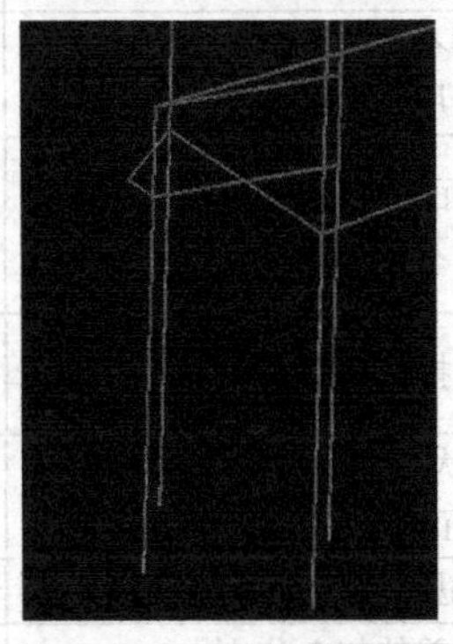

图 3-7-15　刀具运行轨迹

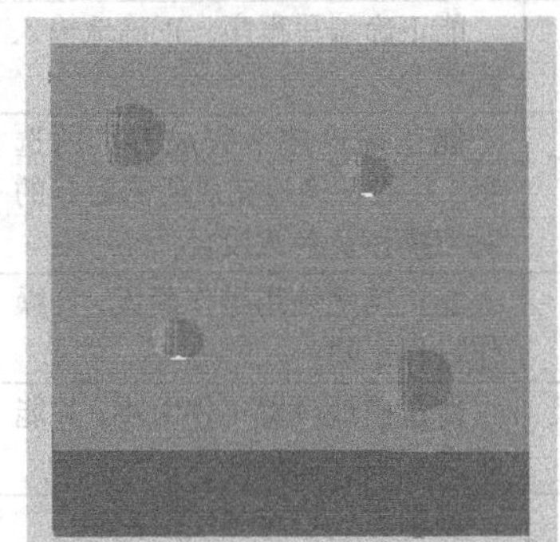

图 3-7-16　零件加工结果

（8）工件测量

四、实训练习题

1. 零件图

如图 3-7-17 所示，已知毛坯为 100mm × 100mm × 25mm 的 45 钢，编制程序，并完成零件的加工。

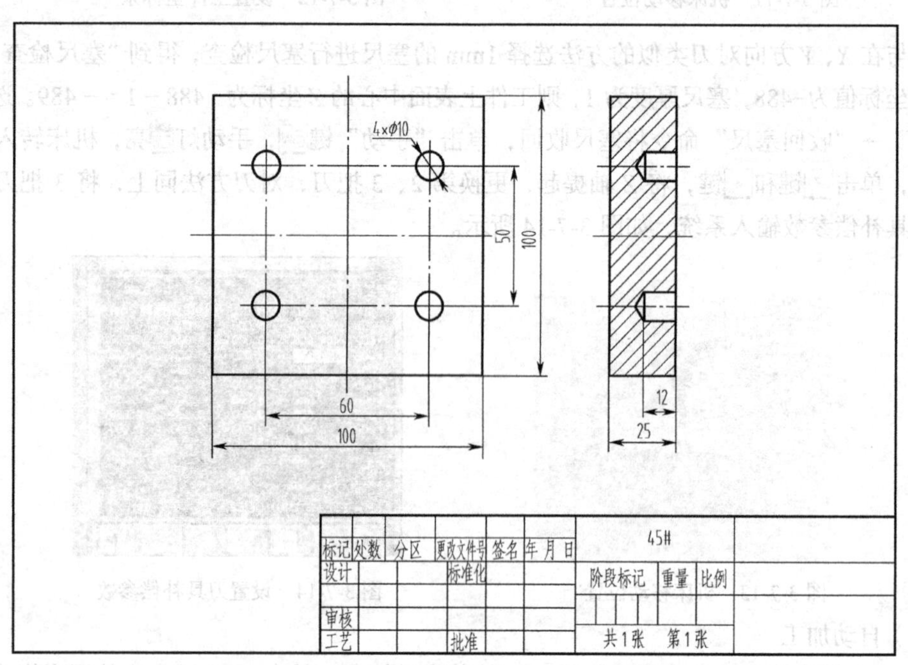

图 3-7-17　零件图

2. 实训操作评分标准

项 目 要 求	实 训 内 容	评 分 要 求	配分	得分
编程及输入	能正确编写程序，正确地输入程序	（1）程序不正确扣 3 分/处 （2）切削用量不正确扣 2 分/处	20 分	
刀具选择及对刀操作	能正确迅速地完成刀具的选择，并能正确地完成所需刀具的对刀操作及参数设置	（1）不能正确选择刀具的扣 3 分/把 （2）对刀不正确的扣 3 分/把	20 分	
软件面板操作	能正确地使用操作面板，且操作过程正确	不能正确操作扣 2 分/次	20 分	
工件的设置及安装	能正确地设置工件大小，并能正确安装、装夹	（1）工件大小设置不合理的扣 5 分 （2）不能正确安装、装夹的扣 5 分	10 分	
模拟加工	顺利完成程序的模拟校验	不能正确进行模拟校验的扣 3 分/处	15 分	
工件的测量	工件的尺寸在公差范围内	尺寸超公差的扣 3 分/处	15 分	
总分				

实训八：数控铣床和加工中心综合练习

一、实训目的

1. 合理选择进刀路线及切削用量。
2. 熟悉各种加工指令的格式及应用。
3. 综合运用各种编程指令对零件进行编程和加工。
4. 掌握加工中心自动换刀指令。
5. 遵守数控操作规程，养成安全、文明生产的好习惯。

二、必备知识

1. 编程的基础知识

掌握程序及程序段的组成、程序编辑的方法和坐标系的概念及应用，掌握 F、S、T、M 功能的意义及用途、用法。掌握各种加工指令编程的综合应用。

2. 加工中心的换刀指令 M06

格式：T××M06

说明：在 FANUC 系统中，该指令表示换××号刀。具体的系统和同一系统不同机床厂家对选刀指令 T××以及选刀和换刀动作的顺序有不同的规定，因此 T 指令和 M06 的协调应用要特别注意，具体选择要以机床说明书为准。

三、

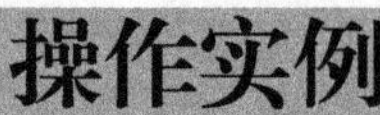

操作实例

1. 零件图

如图 3-8-1 所示，已知零件毛坯大小为 120mm × 120mm × 20mm，编写程序，并进行零件加工。

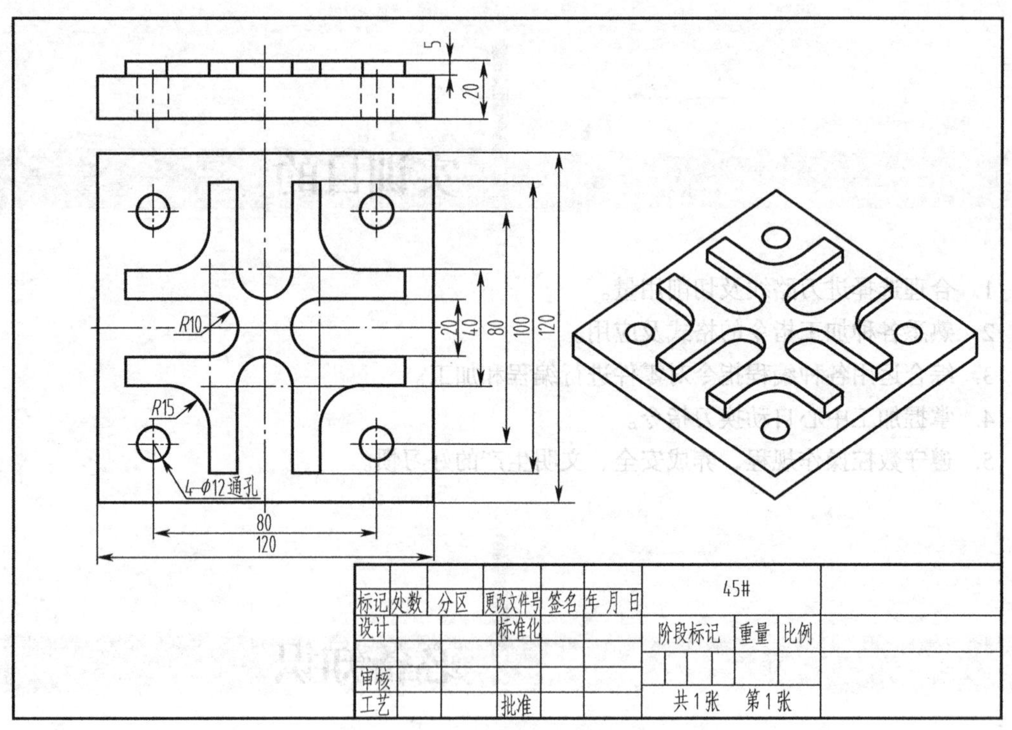

图 3-8-1　综合练习零件图

2. 毛坯

设定毛坯大小为 120mm × 120mm × 20mm。

3. 刀具及加工工艺的选择

（1）选用通用夹具虎钳装夹工件，工件上表面高出钳口大于 5mm。

（2）设定工件上表面中心为 G54 指令中的坐标原点。

（3）在刀具库中分别选择 ϕ30 平底铣刀、ϕ16 平底铣刀、ϕ3 中心钻、ϕ12 钻头，以工件上表面测量各刀具的长度补偿值。

（4）在自动模式下运行程序，完成工件加工。

4. 参考程序

O0008		主 程 序 名
N5	G91 G28 Z0	返回参考点，准备换刀
N10	T1 M6	换 1 号刀具ϕ30 平底铣刀
N20	G54 G0 G90 X70. Y70. S400 M3	刀具移动至起刀点，主轴正转，转速为 400r/min
N30	G43 H1 Z100. M8	刀具进行长度补偿，切削液开
N40	Z3.	刀具移动到临削点
N50	G1 Z-5. F100.	Z 向切削至−5mm
N60	G41 X50. D1	放量加工外轮廓
N70	Y-20. F200.	
N80	X35.	
N90	G3 X20. Y-35. R15.	
N100	G1 Y-50.	
N110	X-20.	
N120	Y-35.	
N130	G3 X-35. Y-20. R15.	
N140	G1 X-50.	
N150	Y20.	
N160	X-35.	
N170	G3 X-20. Y35. R15.	
N180	G1 Y50.	
N190	X20.	
N200	Y35.	
N210	G3 X35. Y20. R15.	
N220	G1 X70.	
N230	G0 Z100.	
N240	G40	
N250	X70. Y70.	
N260	Z3.	
N270	G1 Z-5.	
N280	G41 X50. D2	加工实际外轮廓
N290	Y-20. F200.	
N300	X35.	
N310	G3 X20. Y-35. R15.	
N320	G1 Y-50.	
N330	X-20.	
N340	Y-35.	
N350	G3 X-35. Y-20. R15.	
N360	G1 X-50.	
N370	Y20.	
N380	X-35.	
N390	G3 X-20. Y35. R15.	
N400	G1 Y50.	

续表

O0008		主 程 序 名
N410	X20.	
N420	Y35.	
N430	G3 X35. Y20. R15.	
N440	G1 X70.	
N450	G0 Z100.	加工完毕，抬刀
N460	G40 M5	取消刀具半径补偿，主轴停转
N470	G91 G28 Z0. M9	*Z* 向返回参考点，关闭切削液
N480	G28 X0. Y0.	*X*、*Y* 向返回参考点
N490	M01	程序选择停止
N510	T2 M6	换 2 号刀具 ϕ16 平底铣刀
N520	G54 G0 G90 X-60. Y-2. S1200 M3	刀具移动至起刀点，主轴正转，转速为 1 200r/min
N530	G43 H2 Z100. M8	刀具进行长度补偿，切削液开
N540	Z3.	刀具移动到临削点
N550	G1 Z-5. F100.	*Z* 向切削至−5mm
N560	X-20. F200.	开始进行 4 个开口槽加工
N570	G3 Y2. R2.	
N580	G1 X-60.	
N590	G0 Z100.	
N600	X-2. Y60.	
N610	Z3.	
N620	G1 Z-5. F100.	
N630	Y20. F200.	
N640	G3 X2. R2.	
N650	G1 Y60.	
N660	G0 Z100.	
N670	X60. Y2.	
N680	Z3.	
N690	G1 Z-5. F100.	
N700	X20. F200.	
N710	G3 Y-2. R2.	
N720	G1 X60.	
N670	G0 Z100.	
N680	X2. Y-60.	
N690	Z3.	
N700	G1 Z-5. F100.	
N710	Y-20. F200.	
N720	G3 X-2. R2.	
N730	G1 Y-60.	
N740	G0 Z100.	加工完毕，抬刀
N750	M5	主轴停转
N760	G91 G28 Z0. M9	*Z* 向返回参考点，关闭切削液
N770	G28 X0. Y0.	*X*、*Y* 向返回参考点

续表

O0008		主 程 序 名
N780	M01	程序选择停止
N800	T3 M6	换 3 号刀具ϕ3 中心钻
N810	G54 G0 G90 X40. Y40. S1000 M3	刀具移动至起刀点，主轴正转，转速为 1 000r/min
N820	G43 H3 Z100. M8	刀具进行长度补偿，切削液开
N830	G81 Z-8. R-2. F100.	钻 4 个中心孔
N840	X-40.	
N850	Y-40.	
N860	X40.	
N870	G80	取消固定循环
N880	M5	主轴停转
N890	G91 G28 Z0. M9	*Z* 向返回参考点，关闭切削液
N900	G28 X0. Y0.	*X*、*Y* 向返回参考点
N910	M01	程序选择停止
N930	T4 M6	换 4 号刀具ϕ12 钻头
N940	G54 G0 G90 X40. Y40. S1000 M3	刀具移动至起刀点，主轴正转，转速为 1 000r/min
N950	G43 H4 Z100. M8	刀具进行长度补偿，切削液开
N960	G81 Z-20. R-2. F150.	钻 4 个ϕ12 孔
N970	X-40.	
N980	Y-40.	
N990	X40.	
N1000	G80	取消固定循环
N1010	M5	主轴停转
N1020	G91 G28 Z0. M9	*Z* 向返回参考点，关闭切削液
N1030	G28 X0. Y0.	*X*、*Y* 向返回参考点
N1040	M30	程序结束

5. 操作步骤

（1）选择机床：FANUC 0i 加工中心

选择“机床/选择机床…”命令，在弹出的“选择机床”对话框中，选择控制系统为 FANUC 0i，机床类型选择立式加工中心，如图 3-8-2 所示，单击“确定”按钮。

（2）激活机床

单击启动键，使机床电机、伺服控制灯亮；检查紧急停止按钮是否松开至状态，若未松开，则单击急停按钮，将其松开，CRT 显示界面上显示 REF **** *** *** 。单击操作面板的回零键，使其指示灯亮。单击 Z 键，再单击 + 键，此时 *Z* 轴将回零，操作面板上 *Z* 轴的回原点指示灯亮，同时 CRT 显示界面上的 *Z* 坐标发生变化。如果单击快速键，再单击 + 键，则机床快速回零。用相同方法再分别单击 *X* 轴、*Y* 轴方向键 X 、 Y ，使指示灯变亮，单击快速键和+键，此时 X 轴、Y 轴回原点，回原点灯、变亮。此时的 CRT 显示界面如图 3-8-3 所示。

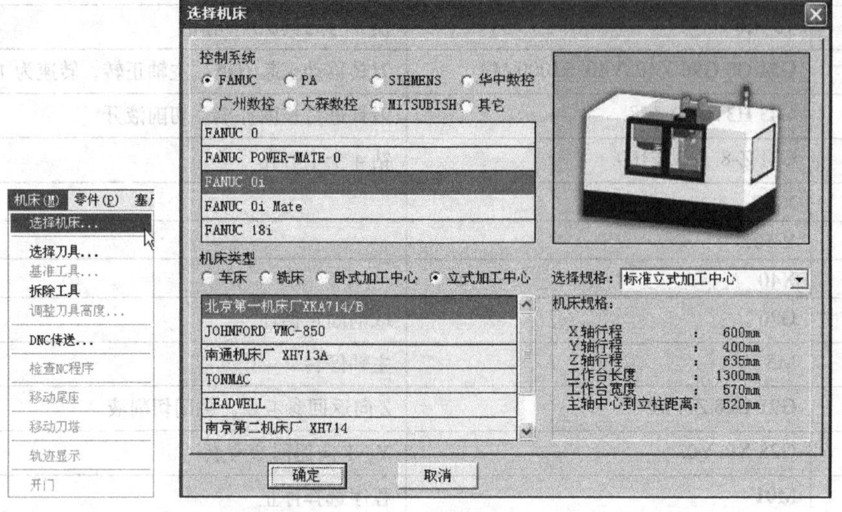

图 3-8-2　选择机床

（3）设置并安装工件

选择“零件”→“定义毛坯...”命令，在弹出的“定义毛坯”对话框（见图 3-8-4）中，改写尺寸，单击“确定”按钮。

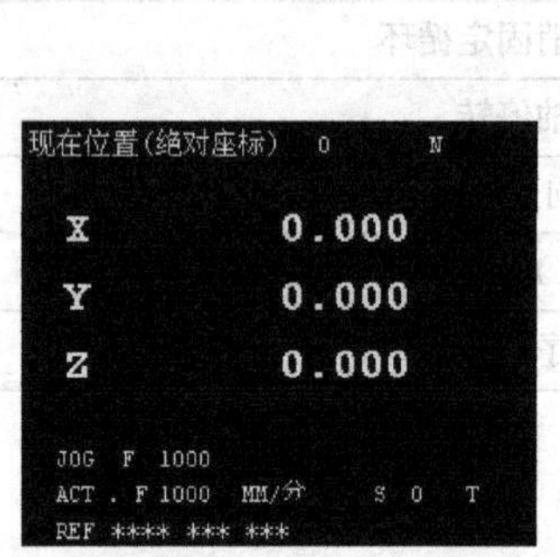

图 3-8-3　回参考点显示

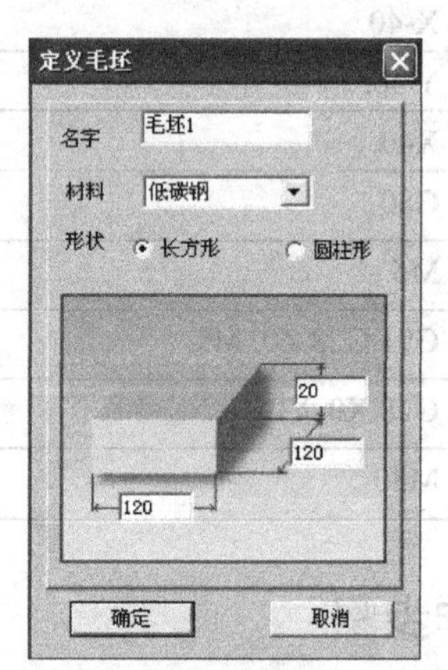

图 3-8-4　“定义毛坯”对话框

选择“零件”→“安装夹具”命令，或者在工具栏上单击图标“”，打开“选择夹具”对话框。首先在“选择零件”列表框中选择定义的毛坯。然后在“选择夹具”列表框中选择夹具，如图 3-8-5 所示。

选择“零件”→“放置零件”命令，或者在工具栏上单击图标“”，系统会弹出“选择零件”对话框，如图 3-8-6 所示，在列表中选择已定义的毛坯 1，单击“安装零件”按钮，系统自动关闭对话框，零件将被放置到机床上，如图 3-8-7 所示。

（4）输入或导入加工程序

数控程序可以使用记事本或写字板等编辑软件输入，并保存为文本格式的文件，也可直接用 FANUC 系统的 MDI 键盘输入。此处采用已存有的 NC 程序文件“08.txt”。

单击操作面板上的编辑键，编辑状态指示灯变亮，此时已进入编辑状态。单击 MDI 键盘上的键，CRT 显示界面转入编辑页面。再单击菜单软键“操作”，在出现的下级子菜单中单击软键▶，再单击菜单软键“READ”，单击 MDI 键盘上的字符键，输入“O0008”，单击软键“EXEC”。选择“机床”→“DNC 传送”命令，在弹出的对话框中选择所需的 NC 程序，单击“打开”按钮确认，则数控程序被导入并显示在 CRT 显示界面上，如图 3-8-8 所示。

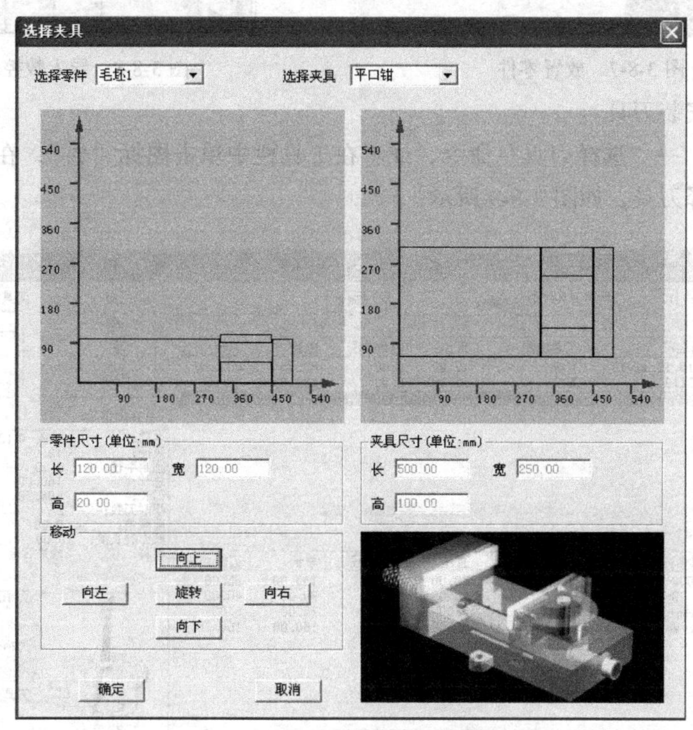

图 3-8-5 “选择夹具”对话框

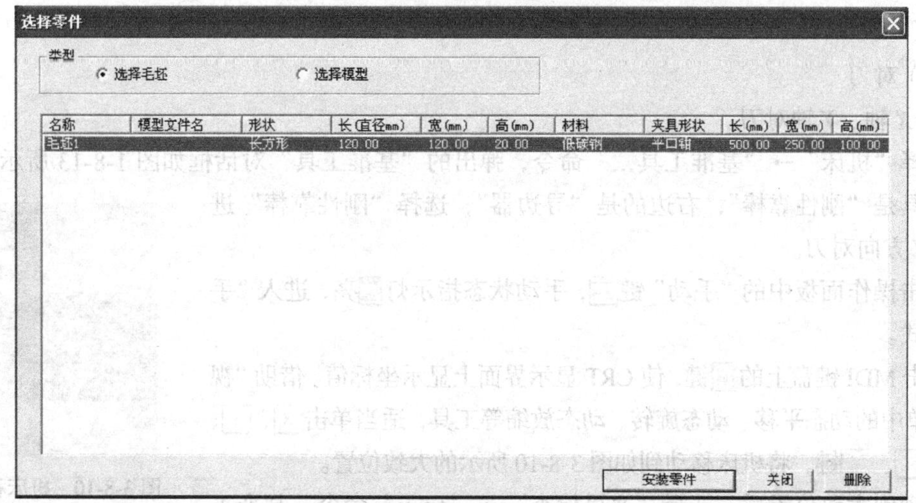

图 3-8-6 “选择零件”对话框

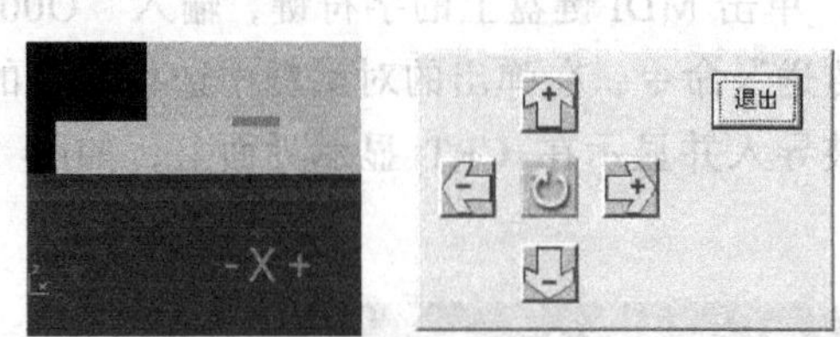

图 3-8-7　放置零件

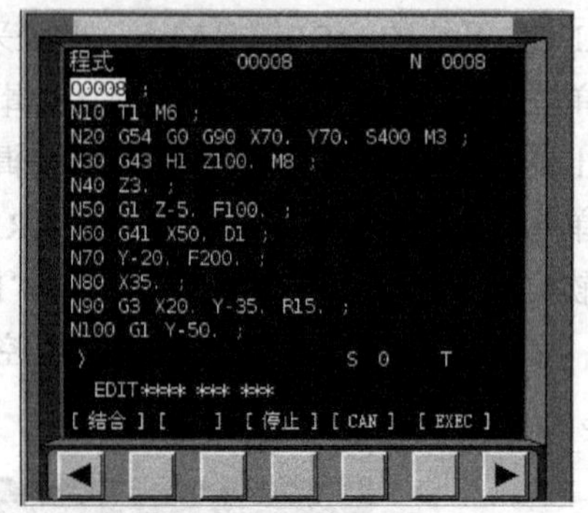

图 3-8-8　导入数控程序

（5）选择并安装刀具

选择“机床”→“选择刀具”命令，或者在工具栏中单击图标“ ”，在弹出的“选择铣刀”对话框中选择刀具，如图 3-8-9 所示。

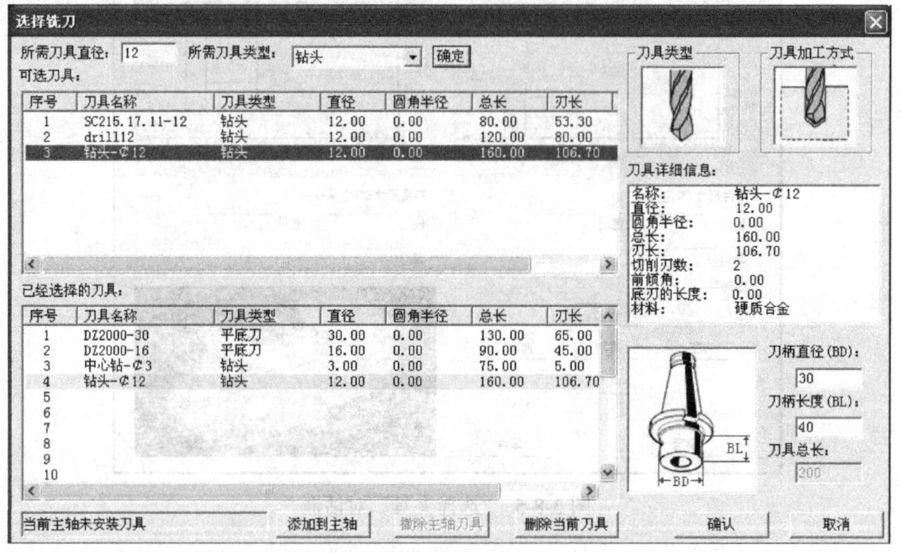

图 3-8-9 “选择铣刀”对话框

（6）对刀

① X 轴、Y 轴对刀。

选择“机床”→“基准工具...”命令，弹出的“基准工具”对话框如图 1-8-13 所示左边的基准工具是“刚性靠棒”，右边的是“寻边器”，选择“刚性靠棒”进行 X、Y 方向对刀。

图 3-8-10　机床移动位置

单击操作面板中的“手动”键，手动状态指示灯亮，进入“手动”方式。

单击 MDI 键盘上的 POS 键，使 CRT 显示界面上显示坐标值。借助“视图”菜单中的动态平移、动态旋转、动态放缩等工具，适当单击 X 、 Y 、 Z 键和 + 、 - 键，将机床移动到如图 3-8-10 所示的大致位置。

移动到大致位置后，选择“塞尺检查”→“1mm”命令，基准工具和零件之间将被插入塞尺。单击操作面板上的“手动脉冲”键或，使手动脉冲指示灯变亮，采用手动脉冲方式精确移动机床，单击回显示手轮，将手轮对应轴旋钮置于（X档），调节手轮进给速度旋钮，在手轮上单击鼠标左键或右键精确地移动靠棒，使得“提示信息”对话框显示“塞尺检查的结果：合适”。

记下塞尺检查结果为合适时，CRT 显示界面中的 X 坐标值−232，此为基准工具中心的 X 坐标。已知定义毛坯数据时设定的零件的长度为 120，塞尺厚度为 1，刚性靠棒直径为 14，则工件上表面中心的 X 的坐标为 $-232-60-7-1=-300$。

Y 方向对刀也采用同样的方法，得到工件中心的 Y 坐标值为−215。

完成 X、Y 方向的对刀后，选择“塞尺检查”→“收回塞尺”命令将塞尺收回，单击“手动”键，手动灯亮，机床转入手动操作状态，单击Z键和+键，将 Z 轴提起，再选择“机床”→“拆除工具”命令拆除基准工具。

② 设置工件坐标系。

通过以上对刀方法得到的坐标值（−300，−215）即为工件坐标系原点在机床坐标系中 X、Y 坐标值。在 MDI 键盘上单击键，再单击菜单软键“坐标系”，进入坐标系参数设定界面，用方位键↑、↓、←、→选择所需的坐标系和坐标轴。利用 MDI 键盘输入通过对刀所得到的工件坐标原点在机床坐标系中的坐标值，如图 3-8-11 所示。

③ Z 轴对刀。

装好第 1 把刀具后，单击操作面板中的“手动”键，手动状态指示灯亮，系统进入“手动”方式。利用操作面板上的X、Y、Z键和+、-键，将机床移动到如图 3-8-12 所示的大致位置。

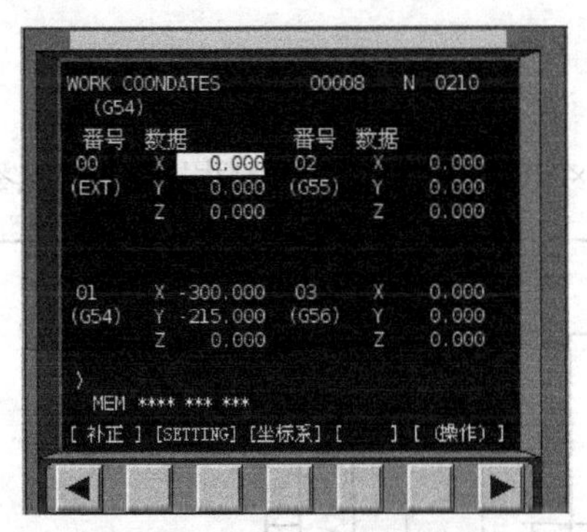

图 3-8-11 设置工件坐标系

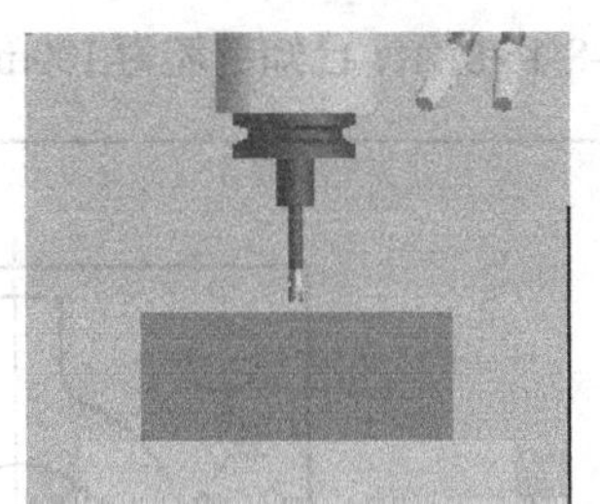

图 3-8-12 机床移动位置

用与在 X、Y 方向对刀类似的方法选择 1mm 的塞尺进行塞尺检查，得到“塞尺检查：合适”时 Z 的坐标值为−443，塞尺厚度为 1，则工件上表面中心的 Z 坐标为 $-443-1=-444$。选择“塞尺检查”→“收回塞尺”命令将塞尺收回，单击“手动”键，手动灯亮，机床转入手动操作状态，单击Z键 和+键，将 Z 轴提起，更换第 2、3、4 把刀，对刀方法同上，将 4 把刀的数据作为刀具补偿参数输入系统，如图 3-8-13 所示，同时设置 D1 和 D2。

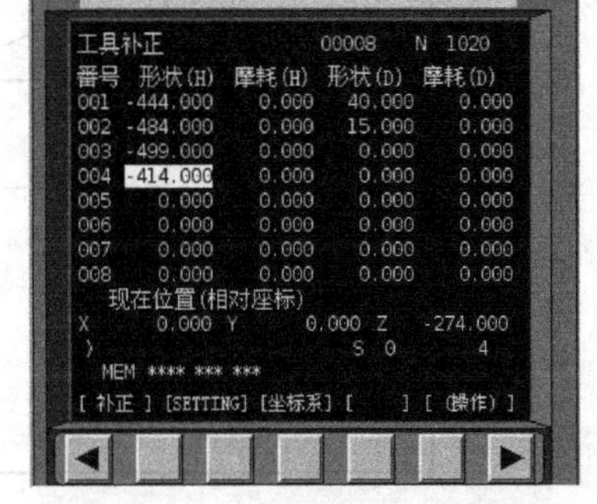

图 3-8-13 设置刀具补偿参数

（7）自动加工

① 单击操作面板中的自动运行键，使其指示灯亮，单击 MDI 键盘中的图形模式键，再单击操作面板中的循

环启动键▣，即可观察数控程序的运行轨迹，如图 3-8-14 所示。

② 在 MDI 键盘上单击程序键[PROG]，单击操作面板中的自动运行键[→]，再单击操作面板中的循环启动键▣，机床就会开始自动加工，加工后的工件如图 3-8-15 所示。

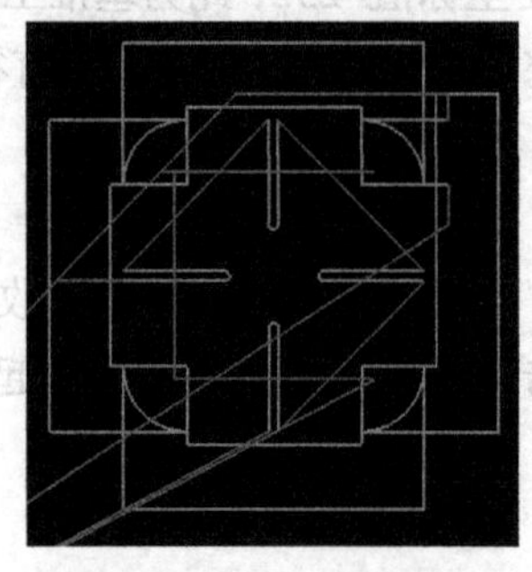

图 3-8-14　刀具运行轨迹

图 3-8-15　零件加工结果

（8）工件测量

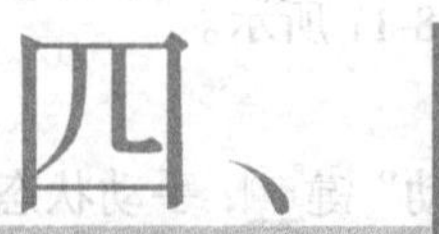

四、实训练习题

1. 零件图

如图 3-8-16 所示，已知毛坯为 100mm × 100mm × 20mm 的 45 钢，编制程序，并完成零件的加工。

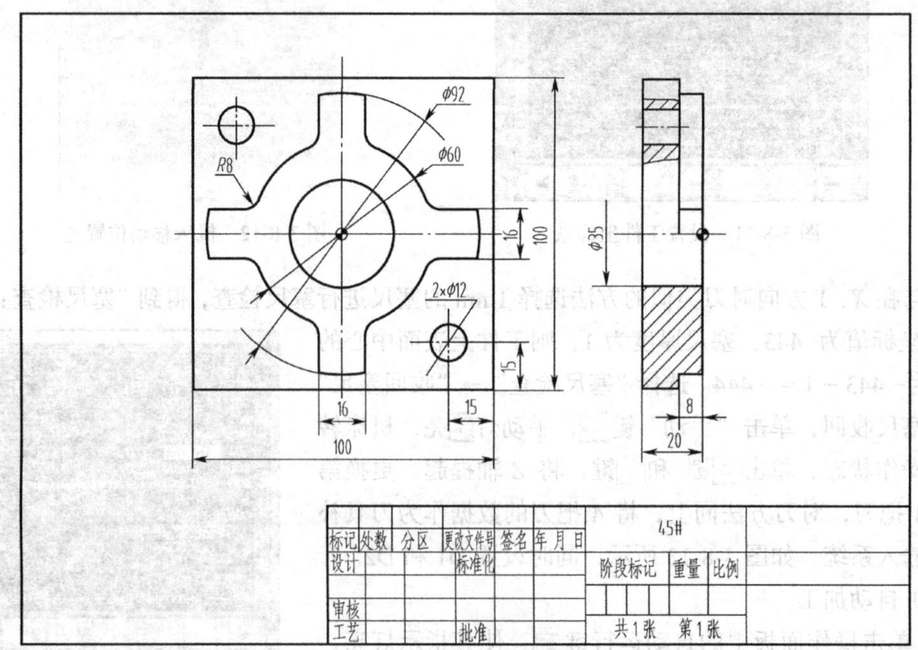

图 3-8-16　零件图

2. 实训操作评分标准

项目要求	实训内容	评分要求	配分	得分
编程及输入	能正确编写程序，正确地输入程序	（1）程序不正确扣3分/处 （2）切削用量不正确扣2分/处	20分	
刀具选择及对刀操作	能正确迅速地完成刀具的选择，并能正确地完成所需刀具的对刀操作及参数设置	（1）不能正确选择刀具的扣3分/把 （2）对刀不正确的扣3分/把	20分	
软件面板操作	能正确地使用操作面板，且操作过程正确	不能正确操作扣2分/次	20分	
工件的设置及安装	能正确地设置工件大小，并能正确安装、装夹	（1）工件大小设置不合理的扣5分 （2）不能正确安装、装夹的扣5分	10分	
模拟加工	顺利完成程序的模拟校验	不能正确进行模拟校验的扣3分/处	15分	
工件的测量	工件的尺寸在公差范围内	尺寸超公差的扣3分/处	15分	
总分				

实训九：数控铣床和加工中心实训综合测试

一、操作过程的记录及演示

操作过程的记录和回放可以让老师察看学生操作的全过程，了解学生实训操作的情况。

1. 操作过程记录（以“快速登录”方式进入系统）

① 开始记录：如图 3-9-1 所示，选择“文件”→“开始记录”命令，在弹出的“另存为”对话框中选择保存路径，并输入文件名。

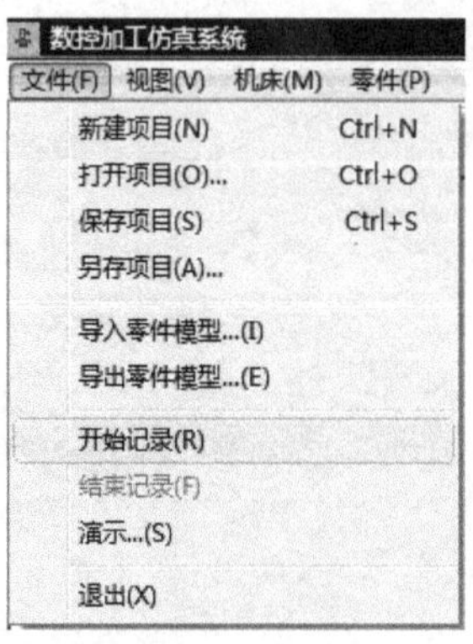

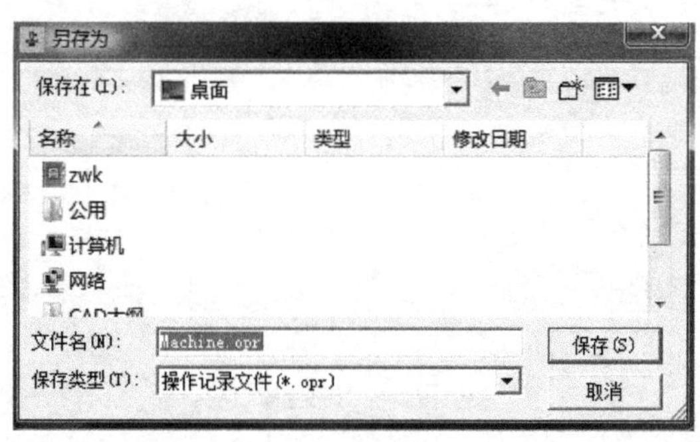

图 3-9-1 操作过程记录

② 进行正常的操作（正常操作 1h 的记录文件大小约为 200KB）。

③ 停止记录：选择“文件”→“结束记录”命令。

2. 操作过程的读取和演示

① 选择“文件”→“演示”命令，在弹出的“打开”对话框中选取要打开的记录文件（后

缀名为.opr），单击“打开”按钮。

系统弹出提示“此记录是在机床操作过程中开始记录的，是否快速到开始记录位置？”，选择“Y”从开始记录处播放，选择“N”则播放整个项目的操作内容。

② 单击屏幕右上角的控制条上的“播放”键开始回放。

③ 播放完毕后，单击控制条上的“退出”键，返回练习状态。在回放的过程中按住PC键盘上的“Shift”键，可取回鼠标控制权，进行暂停、快进、加速、减速、重播、退出等操作。

二、数控铣床和加工中心仿真实训综合测试

1. 综合测试题一：编制图3-9-2所示零件的数控加工程序。（毛坯为100mm × 80mm × 10mm的45钢）

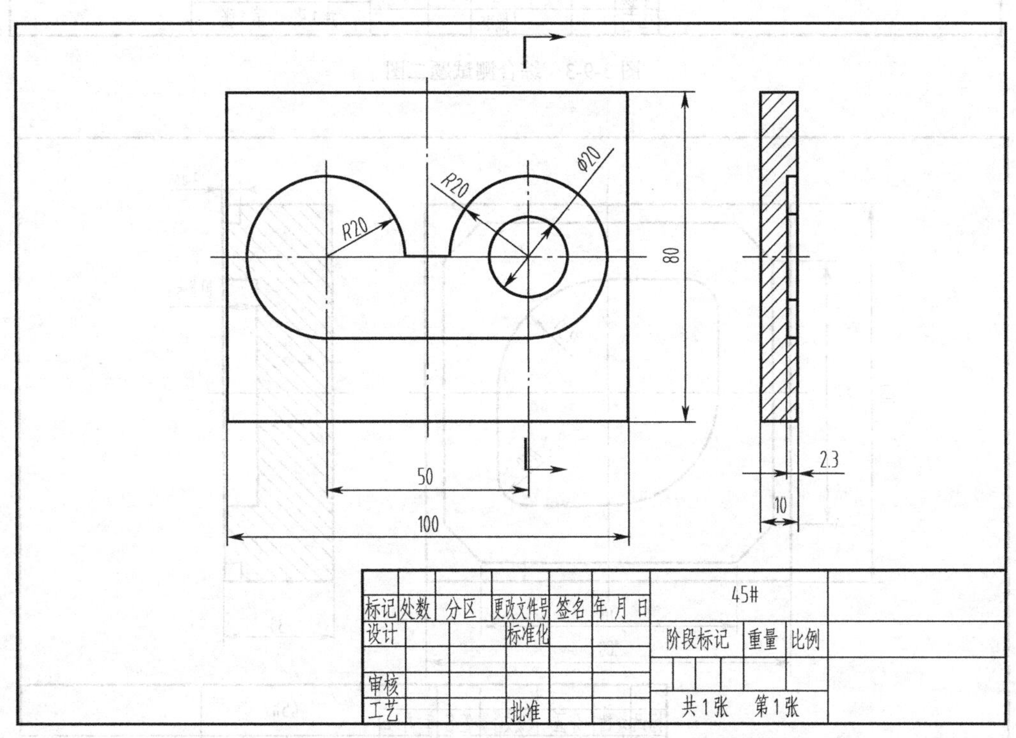

图3-9-2 综合测试题一图

2. 综合测试题二：编制图3-9-3所示零件的数控加工程序并进行加工仿真。（毛坯为65mm × 50mm × 22mm的45钢）

3. 综合测试题三：编制图3-9-4所示零件的数控加工程序并进行加工仿真。（毛坯为100mm × 100mm× 30mm的45钢）

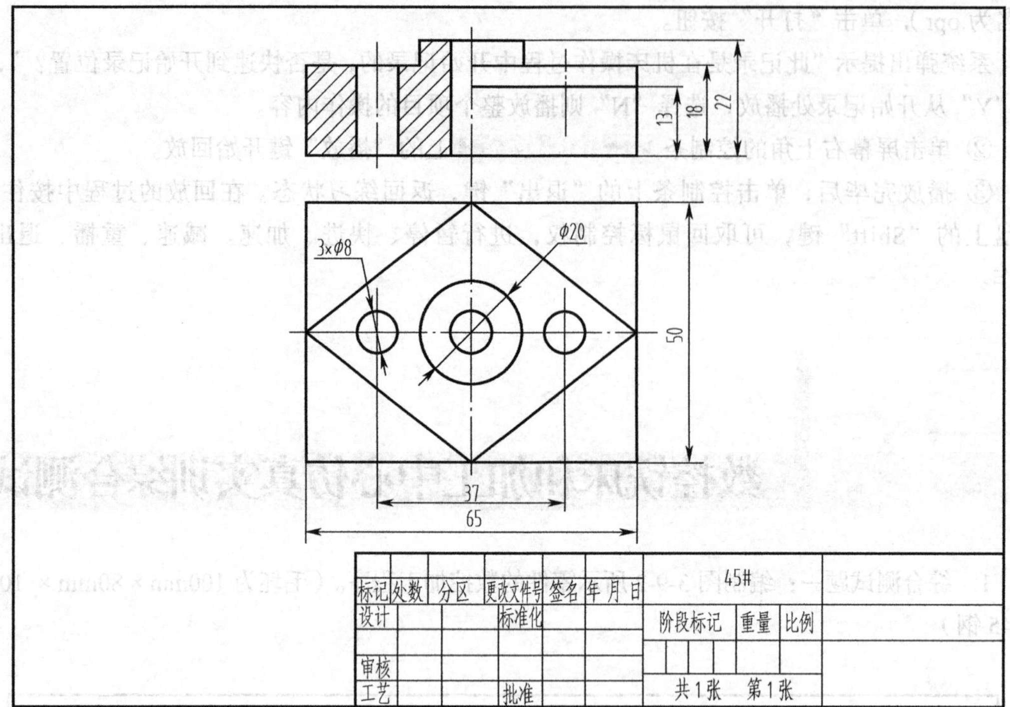

图 3-9-3　综合测试题二图

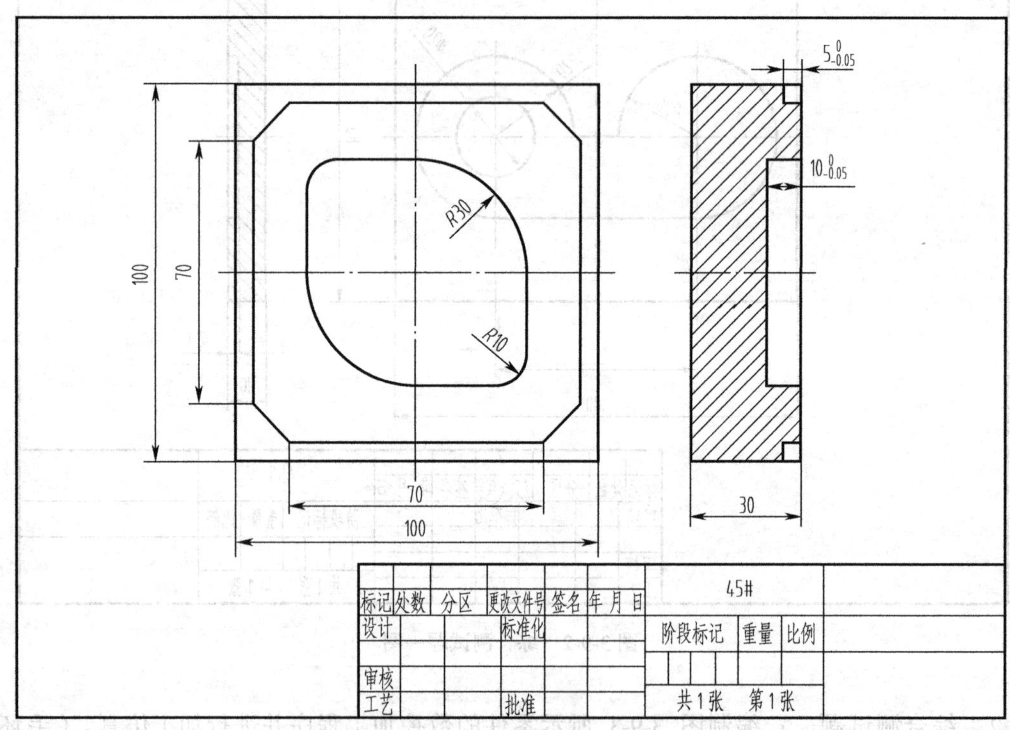

图 3-9-4　综合测试题三图

4．综合测试题四：编制图 3-9-5 所示零件的数控加工程序并进行加工仿真。（毛坯为 100mm × 100mm × 30mm 的 45 钢）

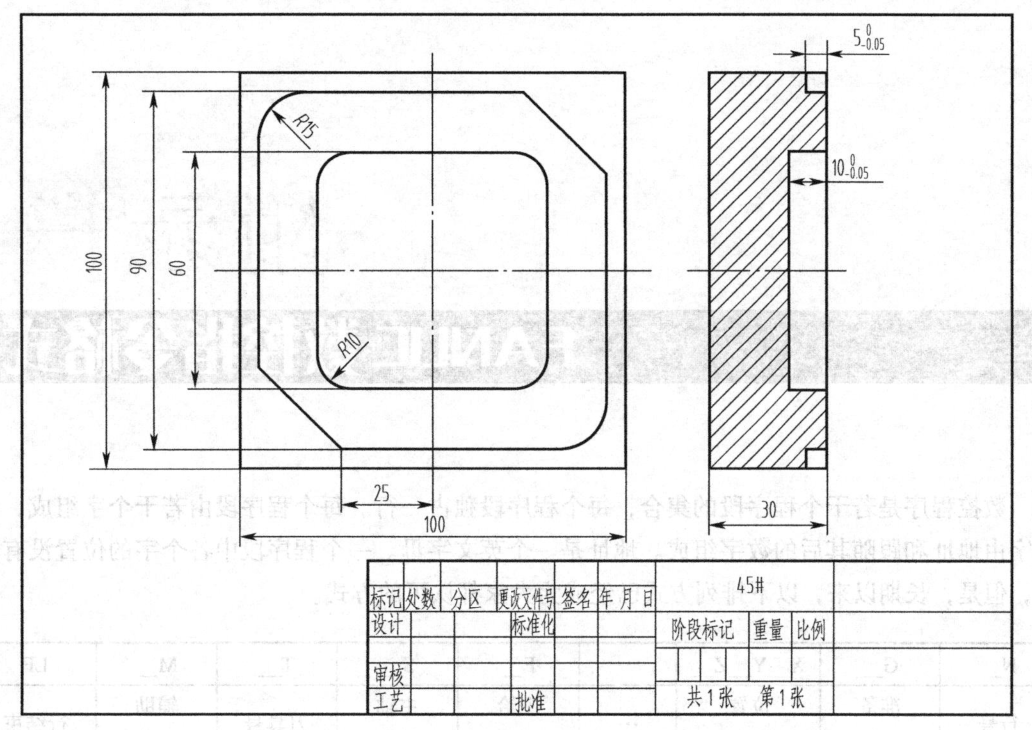

图 3-9-5 综合测试题四图

三、实训操作考核标准

考核项目	考核内容	评分要求	配分	得分
编程及输入	能正确编写程序，正确地输入程序	（1）程序不正确扣 3 分/处 （2）切削用量不正确扣 2 分/处	20 分	
刀具选择及对刀操作	能正确迅速地完成刀具的选择，并能正确地完成所需刀具的对刀操作及参数设置	（1）不能正确选择刀具的扣 3 分/把 （2）对刀不正确的扣 3 分/把	20 分	
软件面板操作	能正确地使用操作面板，且操作过程正确	不能正确操作扣 2 分/次	20 分	
工件的设置及安装	能正确地设置工件大小，并能正确安装、装夹	（1）工件大小设置不合理的扣 5 分 （2）不能正确安装、装夹的扣 5 分	10 分	
模拟加工	顺利完成程序的模拟校验	不能正确进行模拟校验的扣 3 分/处	15 分	
工件的测量	工件的尺寸在公差范围内	尺寸超公差的扣 3 分/处	15 分	
总分				

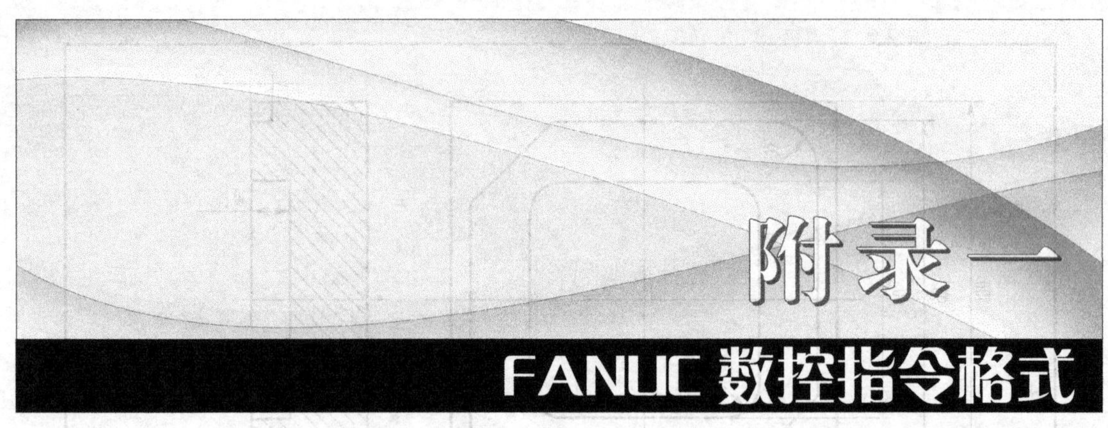

附录一

FANUC 数控指令格式

数控程序是若干个程序段的集合，每个程序段独占一行。每个程序段由若干个字组成，每个字由地址和跟随其后的数字组成。地址是一个英文字母。一个程序段中各个字的位置没有限制，但是，长期以来，以下排列方式已经成为大家都认可的方式。

N__	G__	X__Y__Z__	…	F__	S__	T__	M__	LF
行号	准备功能	位置代码	…	进给速度	主轴转速	刀具号	辅助功能	行结束

在一个程序段中间，如果有多个相同地址的字出现，或者同组中有几个 G 功能，取最后一个有效。

1. 行号

N××××表示程序的行号，可以省略，但是有行号，在编辑时会方便些。行号可以不连续，最大为 9 999，超过后再从 1 开始编排。

选择跳过符号“/”，只能置于一条程序的起始位置，如果有这个符号，并且机床操作面板上“选择跳过”功能打开，本条程序不执行。这个符号多用于调试程序，如在开冷却液的程序前加上这个符号，在调试程序时可以使这条程序无效，而在正式加工时使其有效。

2. 准备功能

地址“G”和数字组成的字表示准备功能，也称为 G 功能。G 功能根据其功能分为若干个组，在同一条程序段中，如果出现多个同组的 G 功能，取最后一个有效。

G 功能分为模态与非模态两类。一个模态 G 功能被执行后，直到同组的另一个 G 功能被执行时才失效。非模态的 G 功能仅在其被执行的程序段中有效。

例：

……

N10 G01 X250. Y320.

N11 G04 X100

N12 G01 Z-120.

N13 X380. Y400.

……

上例中，N12 这条程序中出现了“G01”功能，由于这个功能是模态的，所以尽管在 N13 这条程序中没有“G01”，但是其作用还是存在的。

3. 辅助功能

地址“M”和两位数字组成的字表示辅助功能，也称为 M 功能。

4. 主轴转速

地址“S”后跟 4 位数字表示主轴转速，单位为 r/min。

格式：S××××。

5. 进给速度

地址“F”后跟 4 位数字，表示进给速度，单位为 mm/min。

格式：F××××。

6. 尺寸字地址

尺寸字地址有 X、Y、Z、I、J、K、R 等，数值范围为+ 999 999.999～– 999 999.999mm。

附录二 FANUC 数控指令

1. FANUC G 指令列表

软件提供的 G 指令

	0-T	0-M		0-T	0-M		0-T	0-M
G00	√	√	G44		√	G75	√	
G01	√	√	G49		√	G76	√	√
G02	√	√	G50	√	√	G80		√
G03	√	√	G51		√	G81		√
G04	√	√	G52		√	G82		√
G15		√	G53	√	√	G83		√
G16		√	G54	√	√	G84		√
G17		√	G55	√	√	G85		√
G18		√	G56	√	√	G86		√
G19		√	G57	√	√	G88		√
G20	√	√	G58	√	√	G89		√
G21	√	√	G59	√	√	G90	√	√
G30	√	√	G68		√	G91		√
G31	√	√	G69		√	G92	√	√
G34	√		G70	√		G94	√	
G40	√	√	G71	√		G98	√	√
G41	√	√	G72	√		G99	√	√
G42	√	√	G73	√	√			
G43		√	G74	√	√			

2. G 功能的格式

（1）FANUC 数控铣床和加工中心 G 功能的格式

<table>
<tr><th>代　码</th><th>分　组</th><th>意　义</th><th>格　式</th></tr>
<tr><td>G00</td><td rowspan="4">01</td><td>快速进给、定位</td><td>G00 X__Y__Z__</td></tr>
<tr><td>G01</td><td>直线插补</td><td>G01 X__Y__Z__</td></tr>
<tr><td>G02</td><td>圆弧插补 CW（顺时针）</td><td rowspan="2">XY 平面内的圆弧：
$G17\begin{Bmatrix}G02\\G03\end{Bmatrix}X\_Y\_\quad\begin{Bmatrix}R\_\\I\_J\_\end{Bmatrix}$
ZX 平面的圆弧：
$G18\begin{Bmatrix}G02\\G03\end{Bmatrix}X\_Z\_\quad\begin{Bmatrix}R\_\\I\_K\_\end{Bmatrix}$
YZ 平面的圆弧：
$G19\begin{Bmatrix}G02\\G03\end{Bmatrix}Y\_Z\_\quad\begin{Bmatrix}R\_\\J\_K\_\end{Bmatrix}$</td></tr>
<tr><td>G03</td><td>圆弧插补 CCW（逆时针）</td></tr>
<tr><td>G04</td><td>00</td><td>暂停</td><td>G04 [P|X]单位为 s，增量状态单位为 ms，无参数状态表示停止</td></tr>
<tr><td>G15</td><td rowspan="2">17</td><td>取消极坐标指令</td><td>G15 取消极坐标方式</td></tr>
<tr><td>G16</td><td>极坐标指令</td><td>Gxx Gyy G16 开始极坐标指令
G00 IP_　极坐标指令
Gxx：极坐标指令的平面选择（G17、G18、G19）
Gyy：G90 指定工件坐标系的零点为极坐标的原点；
G91 指定当前位置作为极坐标的原点
IP：指定极坐标系选择平面的轴地址及其值
第 1 轴：极坐标半径
第 2 轴：极角</td></tr>
<tr><td>G17</td><td rowspan="3">02</td><td>XY 平面</td><td rowspan="3">G17 选择 XY 平面
G18 选择 XZ 平面
G19 选择 YZ 平面</td></tr>
<tr><td>G18</td><td>ZX 平面</td></tr>
<tr><td>G19</td><td>YZ 平面</td></tr>
<tr><td>G20</td><td rowspan="2">06</td><td>英制输入</td><td></td></tr>
<tr><td>G21</td><td>米制输入</td><td></td></tr>
<tr><td>G30</td><td rowspan="2">00</td><td>回归参考点</td><td>G30 X__Y__Z__</td></tr>
<tr><td>G31</td><td>由参考点回归</td><td>G31 X__Y__Z__</td></tr>
<tr><td>G40</td><td rowspan="3">07</td><td>刀具半径补偿取消</td><td>G40</td></tr>
<tr><td>G41</td><td>左半径补偿</td><td rowspan="2">$\begin{Bmatrix}G41\\G42\end{Bmatrix}$ Dnn</td></tr>
<tr><td>G42</td><td>右半径补偿</td></tr>
<tr><td>G43</td><td rowspan="3">08</td><td>刀具长度补偿+</td><td rowspan="2">$\begin{Bmatrix}G43\\G44\end{Bmatrix}$ Hnn</td></tr>
<tr><td>G44</td><td>刀具长度补偿－</td></tr>
<tr><td>G49</td><td>刀具长度补偿取消</td><td>G49</td></tr>
<tr><td>G50</td><td>11</td><td>取消缩放</td><td>G50 缩放取消</td></tr>
</table>

续表

代　码	分　组	意　义	格　式
G51	11	比例缩放	G51 X__Y__Z__P__：缩放开始 X__Y__Z__：比例缩放中心坐标的绝对值指令 P__：缩放比例 G51 X__Y__Z__I__J__K__：缩放开始 X__Y__Z__：比例缩放中心坐标值的绝对值指令 I__J__K__：*X*、*Y*、*Z* 各轴对应的缩放比例
G52	00	设定局部坐标系	G52 IP__：设定局部坐标系 G52 IP0：取消局部坐标系 IP：局部坐标系原点
G53		机械坐标系选择	G53 X__Y__Z__
G54	14	选工作坐标系 1	G××
G55		选工作坐标系 2	
G56		选工作坐标系 3	
G57		选工作坐标系 4	
G58		选工作坐标系 5	
G59		选工作坐标系 6	
G68	16	坐标系旋转	（G17/G18/G19）G68 a__b__R__：坐标系开始旋转 G17/G18/G19：平面选择，在其上包含旋转的形状 a__b__：与指令坐标平面相应的 *X*、*Y*、*Z* 中的两个轴的绝对指令，在 G68 后面指定旋转中心 R__：角度位移，正值表示逆时针旋转。根据指令的 G 代码（G90 或 G91）确定绝对值或增量值 最小输入增量单位：0.001deg 有效数据范围：−360.000～360.000
G69		取消坐标系旋转	G69：坐标系旋转取消指令
G73	09	深孔钻削固定循环	G73 X__Y__Z__R__Q__F__
G74		左螺纹攻螺纹固定循环	G74 X__Y__Z__R__P__F__
G76		精镗固定循环	G76 X__Y__Z__R__Q__F__
G90	03	绝对方式指定	G××
G91		相对方式指定	
G92	00	工作坐标系变更	G92 X__Y__Z__
G98	10	返回固定循环初始点	G××
G99		返回固定循环 *R* 点	

续表

代码	分组	意义	格式
G80	09	固定循环取消	
G81		钻削固定循环、钻中心孔	G81 X__Y__Z__R__F__
G82		钻削固定循环、锪孔	G82 X__Y__Z__R__P__F__
G83		深孔钻削固定循环	G83 X__Y__Z__R__Q__F__
G84		攻螺纹固定循环	G84 X__Y__Z__R__F__
G85		镗削固定循环	G85 X__Y__Z__R__F__
G86		退刀形镗削固定循环	G86 X__Y__Z__R__P__F__
G88		镗削固定循环	G88 X__Y__Z__R__P__F__
G89		镗削固定循环	G89 X__Y__Z__R__P__F__

（2）FANUC 系统数控车床 G 功能的格式

注意

系统中车床采用直径编程。G20、G21、G40、G41、G42、G54～G59 指令的格式与 FANUC 数控铣床相同，可参考上一节。

代码	分组	意义	格式
G00	01	快速进给、定位	G00 X__Z__
G01		直线插补	G01 X__Z__
G02		圆弧插补 CW（顺时针）	{G02 / G03} X_Z_ {R_ / I_K_}
G03		圆弧插补 CCW（逆时针）	
G04	00	暂停	G04 [X|U|P] X、U 单位为 s；P 单位为 ms（整数）
G20	06	英制输入	
G21		米制输入	
G30	0	回归参考点	G30 X__Z__
G31		由参考点回归	G31 X__Z__
G34	01	螺纹切削（由参数指定绝对值和增量）	Gxx X|U… Z|W… F|E… F 指定单位为 0.01mm/r 的螺距 E 指定单位为 0.000 1mm/r 的螺旋
G40	07	刀具补偿取消	G40
G41		左半径补偿	{G41 / G42} Dnn
G42		右半径补偿	
G50	00		设定工件坐标系：G50 X__Z__ 偏移工件坐标系：G50 U__W__
G53		机械坐标系选择	G53 X__Z__
G54	12	选择工作坐标系 1	G××
G55		选择工作坐标系 2	
G56		选择工作坐标系 3	
G57		选择工作坐标系 4	
G58		选择工作坐标系 5	
G59		选择工作坐标系 6	

续表

代　码	分　组	意　义	格　式
G70		精加工循环	G70 P（ns）　（Qnf）
G71		外圆粗车循环	G71 U（Δ*d*）　（R*e*） G71 P（ns）　Q（nf）　U（Δ*u*）　W（Δ*w*）F（*f*）
G72		端面粗切削循环	G72 W（Δ*d*）R（*e*） G72 P（ns）Q（nf）U（Δ*u*）W（Δ*w*）F（*f*）S（*s*）T（*t*） Δ*d*：切深量 *e*：退刀量 ns：精加工形状的程序段组的第一个程序段的顺序号 nf：精加工形状的程序段组的最后程序段的顺序号 Δ*u*：*X* 方向精加工余量的距离及方向 Δ*w*：*Z* 方向精加工余量的距离及方向
G73		封闭切削循环	G73 U（*i*）　W（Δ*k*）　R（*d*） G73 P（ns）　Q（nf）　U（Δ*u*）　W（Δ*w*）F（*f*）
G74	00	端面切断循环	G74 R（*e*） G74 X（U）__Z（W）__P（Δ*i*）Q（Δ*k*）R（Δ*d*）F（*f*） *e*：返回量 Δ*i*：*X* 方向的移动量 Δ*k*：*Z* 方向的切深量 Δ*d*：孔底的退刀量 *f*：进给速度
G75		内径/外径切断循环	G75 R（*e*） G75 X（U）__Z（W）__P（Δ*i*）Q（Δ*k*）R（Δ*d*）F（*f*）
G76		复合形螺纹切削循环	G76 P（*m*）（*r*）（*a*）Q（Δd_{min}）R（*d*） G76 X（U）__Z（W）__R（*i*）P（*k*）Q（Δ*d*）F（*l*） *m*：最终精加工重复次数，值为 1~99 *r*：螺纹的精加工量（倒角量） *a*：刀尖的角度（螺牙的角度）可选择 80、60、55、32、31、30 共 6 个种类 *m*、*r*、*a* 同用地址 P 一次指定 Δd_{min}：最小切深度 *i*：螺纹部分的半径差 *k*：螺牙的高度 Δ*d*：第一次的切深量 *l*：螺纹导程
G90	01	直线车削循环加工	G90 X（U）__Z（W）__F__ G90 X（U）__Z（W）__R__F__

续表

代　码	分　组	意　义	格　式
G92	01	螺纹车削循环 IU	G92 X（U）__Z（W）__F__ G92 X（U）__Z（W）__R__F__
G94		端面车削循环	G94 X（U）__Z（W）__F__ G94 X（U）__Z（W）__R__F__
G98	05	每 min 进给速度	
G99		每转进给速度	

3. FANUC 支持的 M 代码

代　码	意　义	格　式
M00	停止程序运行	
M01	选择性停止	
M02	结束程序运行	
M03	主轴正向转动开始	
M04	主轴反向转动开始	
M05	主轴停止转动	
M06	换刀指令	M06 T__
M08	冷却液开启	
M09	冷却液关闭	
M32	结束程序运行且返回程序开头	
M98	子程序调用	M98 P*xxnnnn* 调用程序号为 O*nnnn* 的程序 *xx* 次
M99	子程序结束	子程序格式： O*nnnn* … … … M99

附录三

数控仿真系统常见问题及解决方法

1. 检查学生机与教师机网络是否通畅的方法是什么？

答：选择“开始”—“运行”命令，系统弹出“运行”对话框，在“打开”输入框中输入“cmd”，在弹出的DOS窗口中输入“ping”及机器名或IP地址即可。

2. 首次运行加密锁管理程序时，跳出的注册码输入框中系列号显示全0是什么原因？如何解决？

答：(1) 可能加密锁未识别，可拔插一下加密锁，重启计算机再试；(2) 可能因接口接触不良，导致无法识别，可拔插一下加密锁；(3) 可能仿真软件安装有问题，可重新安装仿真软件。

3. 运行加密锁管理程序时，提示“未通过测试，请与管理员联系……”。出现此情况可能是什么原因？

答：(1) 加密锁损坏；(2) 接口接触不良；(3) 若是试用版加密锁，可能许可次数已用完。

4. 加密锁管理程序已正常运行，运行数控加工仿真系统时没有反应，无法跳出登录窗口，这是为什么？

答：(1) 可在桌面空白处单击鼠标右键，选择“属性”→“设置”→“高级”→“疑难解答”，将硬件加速调低些，重启计算机后再试；(2) 检查杀毒软件，看防火墙是否拒绝了“Machine”文件的运行；(3) 打开任务管理器，关闭“Machine”进程，再次打开软件试试。

5. 数控加工仿真系统窗口已打开，但是界面显示不完全，是为什么？

答：查看分辨率，支持该系统显示的最低分辨率为1 024 × 768。

6. 加工零件的过程中，工件或刀具显示呈黑色，如何改善或解决？

答：(WINXP 操作系统) 在桌面空白处单击鼠标右键，选择“属性”→“设置”→“高级”→“疑难解答”，将硬件加速调低些，重启计算机后再试。

7. 执行程序，系统提示“内存不足……”是什么原因？

答：(1) 程序中有死循环；(2) 循环次数单位不正确，以致循环次数过多。

8. 执行程序，系统提示“# n 后无数据……”是什么原因？

答：字母或数字输入错误，如将“G0”错输为“GO”。

9. 使用 FANUC 系统时，程序无误，但是自动加工运行机床不移动，且无报警提示，是为什么？

答：（1）查看程序中的数值是否加小数点，因为 FANUC 系统默认没有小数点的数值以千分之一 mm 为单位；（2）也可通过“系统管理”→“系统设置”→“FANUC 属性”修改默认设置；（3）机床被锁住。

10. 授课时，学生机可以打开仿真系统，但是显示大机床，不与教师机同步，可能是什么原因？

答：（1）检查仿真系统版本是否一致；（2）检查“教师机属性”、“学生机属性”，查看其中的“发送端口”、“接受端口”是否一致；（3）可能是防火墙阻止了系统的运行。

11. 授课时，学生机界面显示教师机操作有滞后或卡，可能是什么原因？如何改善？

答：（1）将“教师机属性”中发送速度 3 包数/时间片数值改大些；（2）选择仿真系统菜单栏“系统管理”→“系统设置”→“零件加工精度（铣床、加工中心）”，将授课、考试精度调低些；（3）局域网网络不通畅；（4）机器配置较低。

12. 设置好评分标准，学生进入考试，零件加工尺寸基本正确且正常交卷，但查询成绩结果为 0 分，是何原因？

答：检查“系统管理”→“系统设置”→“公共属性”选项卡中的“自动评分”选项是否勾选上。

13. 在车床中移动工件，每移动一格是多少？在铣床中，移动毛坯在夹具中的位置，每移动一格是多少？

答：分别是 10mm 和 5mm。

14. 执行程序时，系统提示“起点半径和终点半径之差超过规定值”，是什么原因？

答：（1）圆弧指令 G02/G03，半径 R 未加小数点；（2）G02/G03 指令中终点坐标值不正确；（3）G02/G03 指令的后一句指令，若是走直线段，未加指令 G00/G01。

15. 新程序名无法输入，可能是什么原因？

答：（1）工作模式不正确；（2）输入的新程序名已经存在。

16. 在授课模式下，教师机使用了观看学生当前操作后如何退出？

答：按组合键“Alt+R”或“Alt+E”。

17. Master CAM 导出的加工中心程序，进行仿真模拟加工时发现无法正常换刀，是什么原因？

答：仿真系统默认没有 G28 回参考点是不允许换刀的。

18. 打开数控加工仿真系统，弹出“登录”对话框，单击“快速登录”，出现“Machine 运行错误……”，单击“确定”按钮则软件自动关闭，是何原因？

答：（1）（Windows XP 操作系统）在桌面空白处单击鼠标右键，选择“属性”→“设置”→“高级”→“疑难解答”，将硬件加速调低些或关闭，重进仿真系统再试；（2）计算机感染病毒。

19. 系统提示：“系统没有准备好，本操作不能继续，请检查电源开关或急停开关!”是何原因？

答：机床未激活。

20. 系统提示“请回参考点后再继续本操作!”，是何原因？

答：开机后未进行回参考点操作。

参考文献

[1] 数控加工仿真系统 FANUC 系统使用手册．上海宇龙软件工程有限公司．

[2] 霍苏萍．数控编程与操作．北京：人民邮电出版社，2007

[3] 周虹．数控原理与编程实训．北京：人民邮电出版社，2005

[4] 李桂云．宇龙数控仿真软件使用指导．北京：高等教育出版社，2007

[5] 李洪智等．数控加工实训教程．北京：机械工业出版社，2006

[6] 李蓓华．数控机床操作工．北京：中国劳动社会保障出版社，2004

[7] 刘战术等．数控机床操作与加工实训．北京：人民邮电出版社，2006

[8] 沈建峰等．数控加工生产实例．北京：化学工业出版社，2007